JN196273

Python で学ぶ 第2版

統計学入門

THOMAS HASLWANTER 著

小 寺 正 明 訳

東京化学同人

Thomas Haslwanter
School of Medical Engineering and Applied
Social Sciences
University of Applied Sciences Upper Austria
Linz, Austria

First published in English under the title
An Introduction to Statistics with Python; With Applications in the Life Sciences
by Thomas Haslwanter, edition: 2
Copyright © Springer Nature Switzerland AG, 2022
This edition has been translated and published under licence from
Springer Nature Switzerland AG.
Springer Nature Switzerland AG takes no responsibility and shall not be made liable for
the accuracy of the translation.

表紙・本扉デザイン：三浦洋平

揺るぎないサポートをしてくれた妻の Jean,
そして長年わたってたくさんの喜びを与えてくれた
愛猫たち，Felix と Jessica に感謝します

序

初版への序文

　私自身の研究活動のデータ分析では，（1）統計学の知識が十分でないこと，（2）入手できる書籍では理論的な背景を説明できても，実際の実践の助けにはならないこと，の2点からしばしば作業が遅れることがあった．今，あなたが手にしている本は，まさにこの問題を解決してくれる一冊である．この本は，自分が何をしているのかがわかるように十分な基本的理解を与え，必要なツールを提供してくれる．この本で提供する最も基本的な統計的問題に対するPythonの解法は，ほとんどの物理学者，生物学者，医師が仕事で遭遇する問題の少なくとも90%に対応していると私は信じている．したがって，学位取得を目指す大学院生，あるいは最新の実験を分析する医学研究者であれば，必要なツールをここで見つけることができる——解説とソースコード付きで．

　上記の目的のため，この本では統計の基礎と仮説検定に焦点を当て，他の統計的アプローチについては簡単にしか触れなかった．紹介する検定のほとんどは，統計的モデリングを用いても実施できることは十分承知している．しかし，多くの場合，統計的モデリングは多くの生命科学系の論文誌で使われている方法論ではない．高度な統計解析はこの本の範囲を越えるものであり，正直なところ，私自身の統計学の知識を越えるものである．

　Pythonで解決策を提供しようと思ったのは，二つの理由からである．一つは，誰でも使えるようにしたいということである．*Matlab*，*SPSS*，*Minitab* などの商用ソリューションは強力なツールを提供しているが，高価なため，ほとんどの場合，学術的な環境にいる人しか使えない．これに対して，Pythonは完全に無料である（Pythonのコミュニティでは，"無料のビール"という言葉がよく聞かれる）．第二の理由は，Pythonが，私がこれまで出会った中で最も美しいプログラミング言語であること，そして2010年頃にPythonとそのドキュメントが成熟し，本格的なコードを書けない人でも使えるようになったことである．この本，Python，そして今日のPythonのエコシステムが提供するツールを組合わせると，ほとんどの研究者が生涯で必要とするすべての統計学をカ

バーする，美しく無料のパッケージとなる．

第 2 版への序文

初版の刊行以来，Python は継続的に人気を博し，統計データ解析のための主要なプログラミング言語の一つとして確固たる地位を築いている．すべてのコアパッケージは成熟している．また，インタラクティブなプログラミング環境である *Jupyter* の目覚ましい発展により，プログラミングの経験がほとんどない人々にとっても，Python は身近な存在となってきた．これらの発展を反映し，また，プレゼンテーション資料を改善するためにいただいた提案を取入れるために，Springer は "Introduction to Statistics with Python" の新版を出版する機会を与えてくれた．

初版と比較して，以下の点が変更されている．

- *pandas* パッケージと *DataFrame* は，インタラクティブなデータ環境のための *Jupyter* フレームワークと同様に，Python の科学計算に不可欠なものとなった，それに伴い，その紹介に多くのスペースを割いた．
- 新しいパッケージである *pingouin* は，多くの一般的な統計関数に対して，より簡素で強力なインターフェイスの提供を約束するものである．このパッケージを紹介し，多くの応用例を追加した．
- データの可視化も充実し，出版に適した図版も作成できるようになった．
- 実験計画法と検出力分析について，より詳細に説明した．
- 頻繁に使用される統計パラメータの信頼区間についての新しいセクションを追加した．
- 相関係数，相互相関，自己相関の紹介を含む，データのパターンの発見に関する章を追加した．これらの概念の応用として，時系列分析について簡単な紹介をした．

初版と同様，この本のすべての例題と解答（英語版）がオンラインで利用可能である．これには，コードサンプルやサンプルプログラム，追加情報と拡張情報を含む Jupyter Notebook，そしてほとんどの図を生成するために使用され

たデータと Python コードが含まれる．これらは https://github.com/thomas-haslwanter/statsintro-python-2e からダウンロードできる．

この本が皆様のデータの統計解析の役に立ち，時にぎこちない名前が付けられている統計解析手順の背後にあるシンプルな考え方を伝えられればと願う．

この本は誰のためにあるのか

この本は，以下のような前提で書かれている．

- 基本的なプログラミングの経験がある：プログラミングをまったくしたことがない人は，本文中にある素晴らしいリンクを使って Python から始めるとよいだろう．プログラミングと統計学を一緒に始めるのは少し大変かもしれない．しかし，ほとんどの章の最後にある演習の解答は，Python を使いこなすのに役立つはずである．
- 統計学の専門家ではない：統計学の高度な経験があれば，Python のオンラインヘルプと Python のパッケージだけで，すぐにほとんどのデータ分析ができるようになるかもしれない．この本は，Python を使い始めるのに役立つかもしれない．ただし，この本は統計学の基本的な考え方と仮説検定に重点を置いており，線形回帰モデリングとベイズ統計については最後の部分でのみ紹介する．

この本は，統計的データ解析に必要なツールのすべて（あるいは少なくともそのほとんど）を提供することを目的とする．私は，あなたが何をしているのかを自分で理解するために必要な背景情報を提供しようと努めている．私は定理を証明せず，必要な場合を除き，数学を適用しない．すべてのテストについて，動作する Python のプログラムが提供されている．原則的に，あなたは問題を定義し，対応するプログラムを選択し，あなたのニーズに合わせるだけでよい．これなら，Python の経験がほとんどなくても，すぐに始められるはずである．これは，私がソフトウェアを一つの Python パッケージとして提供しない理由でもある．私は，あなたがそれぞれのプログラムをあなたの特定の設定（データ形式など）に合わせて調整する必要があると考えている．

この本は三つのパートで構成されている．

　第 I 部では，Python の入門編として，セットアップ方法，使い始めるための簡単なプログラム，よくある失敗を避けるためのヒントなどを紹介する．また，さまざまなソースから Python にデータを読み込む方法と，統計データを可視化する方法も紹介する．

　第 II 部では，統計解析の入門として，研究計画の立て方，検出力分析，データ解析の最適な方法，確率分布，最も重要な仮説検定の概要について説明する．現代の統計学は統計的モデリングにしっかりと根ざしているにもかかわらず，仮説検定は依然として生命科学の分野を支配しているように思われる．各検定には，その検定がどのように実装されるかを示す Python プログラムが提供されている．

　第 III 部では，相関分析，回帰分析，時系列分析，統計モデリングの概要について紹介し，高度な統計解析の手順について説明する．また，ロジスティック回帰などの離散データに関する検定は，高度な"一般化線形モデル"を利用しているため，この部に収めた．この部の最後には，ベイズ統計学の基本的な考え方を紹介する．

　それらすべての目標をできるだけ早く達成するために，この本の付録 A では，正しく動作するコードを効率的に開発するためのヒントを紹介する．これを読めば，迅速に物事を成し遂げることができるようになるはずである．

謝　　辞

　Python はユーザーコミュニティからの貢献の上に成り立っており，この本のいくつかのセクションはウェブ上で入手可能な優れた情報に基づいている（著者から許可を得て，ここに寄稿内容を転載している）．

　特に，以下の方々に感謝を申し上げたい．

- Christiane Takacs は統計学の入門の部分を練り上げ，私に多大なる協力をしてくれた．
- Connor Johnson は，統計モデルに関するセクションの基礎となる *statsmodels* OLS コマンドの結果を説明する非常に素晴らしいブログを書いた．

- Cam Davidson Pilon は素晴らしいオープンソースの電子書籍，"Probabilistic-Programming-and-Bayesian-Methods-for-Hackers" を書いた．そこから，私はチャレンジャー号の爆発事故を例にして，ベイズ統計学を説明した．
- Fabian Pedregosa の順序ロジスティック回帰に関するブログのおかげで，このトピックを取上げることができたが，そうでなければ，私の技量では取扱えなかったことは明らかである．

また，第 2 版を出版する機会を与えてくれた Springer Publishing に感謝したい．入門の三つの章（Python，データインポート，データ表示）は，拙著 "Hands-on Signal Analysis with Python" の対応する章に基づいて作成した．

提案や修正がある場合は，私の勤務先のアドレス thomas.haslwanter@fh-ooe.at にメールを送っていただきたい．あなたのフィードバックに基づいて私が変更を加えた場合，特に指示がない限り，あなたを投稿者リストに追加する．その際には，ページ番号やセクション番号でも構わないが，間違いのある文章の一部でも添えていただければ，私が検索しやすくなるのでありがたい．

Linz, Austria
August 2022
Thomas Haslwanter

訳 者 序

　ある学校の卒業生の1人がメジャーリーガーになったとしよう．すると，他の卒業生の年収が特別高くなくとも，その学校の卒業生の"平均年収"は非常に高くなるだろう．それは極端な例だとしても，年収は通常，正規分布とは似ても似つかない形状の分布をしている．ある企業の平均年収の情報を得たとしても，社員の半数近くがそのくらいの年収を得ていると思うのは間違いである．ほとんどの社員は，その年収に手が届いていないだろう．ところが，計算手法が理解しやすいからだろうか，平均という"言葉"は広く使われる一方で，その"性質"は広く理解されていないように思われる．

　観測された2点があるとき，それらを結ぶ直線を表す方程式を算出するのは簡単だ．だが，観測点が3個に増えたら？ 10個に増えたら？ 100個に増えたら？ 誤差を最小にする回帰直線を得るために，どれほどの計算をしなければならないだろう？ そもそも直線で良いのか？ 2次式に回帰したほうが良い？ それとも3次式？ 学生時代の私は，回帰手法を理解するだけでも一苦労だったし，それを実データで計算するのは気が遠くなる作業だった．したがって，回帰直線を見てもそれが正しいか確認するのは難しいし，観測点のいくつかを除外した場合に回帰直線がどのくらいブレるかを確認するのは実質無理だった．回帰直線の傾きによって結論が変わりうる可能性が十分あるにもかかわらず……．

　統計学は，多くのデータを取扱う学問である．手計算したいと思える計算量ではない．広く使われる身近な学問でありながら，理解されにくい原因の一つはそこにあるだろう．

　本書のテーマは二つある．統計学とPythonだ．統計学に必要な計算をコンピュータに行わせるプログラミング言語は多数あるが，中でもPythonは，近年発達著しい生成AIなど人工知能技術を実装する際にも多数使われており，習得のメリットが大きい．

　統計学はコンピュータ誕生以前からあり，多数のデータをいかに少ない計算量で理解するかという先人の知恵が詰まっていた．コンピュータ誕生以降，可

能な計算手法もまた増えた．統計学は，実際に計算しながら学ぶのが近道である．したがって，統計学を理解したい読者に，本書は適している．

　これからプログラミングを覚えたい読者にも，本書は適している．プログラミング初心者の陥りやすい罠に"何ができるのかわからない"がある．プログラミングで可能になることは非常に多いが，多すぎて逆にイメージが湧きにくい．本書は，身近な学問である統計学をテーマにプログラミングを学ぶことができる．

　"統計学を学ぶ"，"Python を学ぶ"…"両方"学ばなければならない読者は辛いところだが，覚悟ができていれば十分読めるはずだ．インターネットで調べれば断片的な情報はいくらでも手に入るが，必要なことを順序立てて説明した資料として本書は良い羅針盤となるだろう．

　統計学も Python も，本書がすべてではない．それらの"世界"を認識し，入門するための入口は数多く存在するが，どの入口が入りやすいかは読者の好みや適性，きっかけやタイミングによって異なると私は考えている．多くの読者に，本書をその入口の一つとして手にとっていただけたならば，訳者として私の喜びとするところである．

　2024 年 12 月

小　寺　正　明

目　　　次

第 I 部　Python と統計学

第Ⅱ部 分布と仮説検定

第Ⅲ部　統計モデリング

━━━━ 付録 A～D について ━━━━

　付録 A～付録 D の PDF ファイルを下記の要領で取得できます．（購入者本人以外は使用できません．図書館での利用は館内での閲覧に限ります）

1) パソコンで東京化学同人のホームページ（https://www.tkd-pbl.com）にアクセスし，"Python で学ぶ統計学入門（第 2 版）"の書籍ページを表示させる．

2) 付録 をクリックし，下記ユーザー名およびパスワードを入力する．

　　　　ユーザー名: **tkdhas2**　　　パスワード: **aitswp2**

※ファイルは ZIP 形式で圧縮されています．解凍ソフトで解凍のうえ，ご利用ください．

〈データ利用上の注意〉

・本 PDF ファイルのダウンロードおよび利用に起因して使用者に直接または間接的損害が生じても株式会社東京化学同人はいかなる責任も負わず，一切の賠償などは行わないものとします．

・本 PDF ファイルの全権利は権利者が保有しています．本書購入者本人が利用する場合を除いて，本 PDF ファイルのいかなる部分についても，データバンクへの取込みを含む一切の電子的，機械的複製および配布，送信を，書面による許可なしに行うことはできません．許可を求める場合は，東京化学同人（東京都文京区千石 3-36-7, info@tkd-pbl.com）にご連絡ください．

・本サービスは予告なく内容を変更，終了することがあります．

略 語 の 説 明

ACF ［Auto-Correlation Function］　自己相関関数

AIC ［Akaike Information Criterion］　赤池情報量規準

ANOVA ［ANalysis Of VAriance］　分散分析

ARIMA ［Autoregressive Integrated Moving Average model］

自己回帰統合移動平均モデル

ARMA ［Autoregressive Moving Average model］　自己回帰移動平均モデル

BIC ［Bayesian Information Criterion］　ベイズ情報量規準

CDF ［Cumulative Distribution Function］　累積分布関数

CI ［Confidence Interval］　信頼区間

CQ ［Code Quantlet］

DF/DOF ［Degrees of Freedom］　自由度

EOL ［End Of Line］　行末

GLM ［Generalized Linear Models］　一般化線形モデル

GUI ［Graphical User Interface］　グラフィカル・ユーザー・インターフェイス

HDF5 ［Hierarchical Data Format 5］　階層的データ形式 5

HSD ［Honest Significant Difference］　正直有意差

HTML ［HyperText Markup Language］　ハイパーテキスト記述言語

IDE ［Integrated Development Environment］　統合開発環境

IQR ［Inter-Quartile-Range］　四分位数範囲

ISF ［Inverse Survival Function］　生存関数の逆関数

ISO ［International Organization for Standardization］　国際標準化機構

ISP2e ［https://github.com/thomas-haslwanter/statsintro-python-2e/tree/mas ter/src/
code_quantlets］

JPEG ［Joint Photographic Experts Group］　共同写真専門家集団

KDE ［Kernel Density Estimation］　カーネル密度推定

MCMC ［Markov Chain–Monte Carlo］　マルコフ連鎖モンテカルロ法

NAN ［Not-A-Number］　非数

NPV ［Negative Predictive Value］　陰性予測値

OLS ［Ordinary Least Squares］　普通の最小二乗法

PACF ［Partial Auto-Correlation Function］　偏自己相関係数

PDF ［Probability Density Function］　確率密度関数

PMF ［Probability Mass Function］　確率質量関数

PNG ［Portable Network Graphics］ 便携式網形画像

PPF ［Percentile Point Function］ パーセンタイル点関数

PPV ［Positive Predictive Value］ 陽性的中率

QQ-Plot ［Quantile-Quantile Plot］ 分位点–分位点プロット

ROC ［Receiver Operating Characteristic］ 受信者操作特性曲線

RVS ［Random Variate Sample］ 乱数変数のサンプル集合

SARIMAX ［Seasonal Autoregressive Integrated Moving Average Exogenous model］
外生因子を含む季節調整自己回帰和分移動平均モデル

SD ［Standard Deviation］ 標準偏差

SE/SEM ［Standard Error (of the Mean)］ 標本平均の標準誤差

SF ［Survival Function］ 生存関数

SQL ［Structured Query Language］ 構造化クエリ言語

SS ［Sum of Squares］ 偏差平方和

SVG ［Scalable Vector Graphics］ 拡大可能行列画像

TSA ［Time Series Analysis］ 時系列分析

Tukey HSD ［Tukey Honest Significant Difference test］ ツーキーの有意差検定法

第 I 部
Python と統計学

　本書の第 I 部は, Python を使った統計学の入門である. 30～40 ページで Python 全体を説明することは不可能なので, Python の初心者は, インターネットで入手できる Python 入門書で詳細を参照するとよい. 第 I 部は Python のキックスタートである. Windows, Linux, MacOS に Python をインストールする方法を示し, プログラミング例を通してステップ・バイ・ステップで説明する. Python の学習中に頻繁に遭遇する問題を回避するためのヒントも含まれている.

　統計解析のためのデータの多くは, テキストファイルや Excel ファイル, あるいは Matlab で前処理されたデータから取得するのが一般的なので, 第 3 章では, これらの種類のデータを Python に取込むための簡単な方法を紹介する.

　第 I 部の最後の章では, Python でデータを可視化するさまざまな方法を説明する. インタラクティブなデータ解析に対する Python の柔軟性は, 新しい Python プログラマーを挫折させるある種の複雑さにつながる. Python にはさまざまなタイプのインタラクティブなプロットのためのコードサンプルが用意されており, 将来の Pythonista がこれらの問題を回避するのに役立つはずである.

1

は　じ　め　に

統計学は，解明されていないものに光を当て，
分散を説明するものである．（詠み人知らず）

1・1　なぜ統計学なのか？

　私たちは日々，結果が不確実な状況に直面し，不完全なデータに基づいて意思決定を行わなければならない．"バスに乗るべきか？"，"どの株を買うべきか？"，"どの人と結婚すべきか？"，"この薬は飲むべきか？"，"子供に予防接種を受けさせるべきか？" これらの質問の中には，未知の変数が多すぎるため，統計学の領域を越えているものもある（"どの人と結婚すべきか？" など）．しかし，多くの場合，統計学は与えられた情報から最大限の知識を引き出し，わかっていることとわかっていないことを明確にするのに役立つ．たとえば，"この薬を飲むと吐き気がする"，"この薬を飲まないと死ぬかもしれない" といった曖昧な表現を，"この薬を飲むと 1000 人に 3 人が吐き気を訴える"，"この薬を飲まないと 95% の確率で死ぬ" といった具体的な表現に変えることができる．

　統計学がなければ，データの解釈に大きな欠陥が生じかねない．たとえば，"ドイツ戦車問題" として知られる第二次世界大戦中のドイツの戦車生産台数の推定値を考えてみよう．標準的な情報データによる 1 カ月あたりのドイツの戦車の生産台数の推定値は 1550 台だったが，観測された戦車数に基づく統計的推定値は 327 台で，実際の生産台数 342 台に非常に近かった（http://en.wikipedia.org/wiki/German_tank_problem）．

　同様に，間違ったテストを使用した場合も，誤った結果につながる可能性がある．

　一般に，統計は次のようなことに役立つ．

- 疑問点を明確にする．

- その疑問に答えるための変数とその変数の測定値を特定する.
- 必要なサンプルサイズを決定する.
- 変動を説明する.
- 推定されたパラメータについて定量的な記述をする.
- データに基づいて予測する.

本を読む 統計学はもともと, 他の多くのものと同様に, 有名な数学者C. F. Gauss^(ガウス) によって発明された. 彼は自分の仕事について, "Ich habe fleissig sein müssen; wer es gleichfalls ist, wird eben so weit kommen." (私は一生懸命働かなければならなかった. あなたも同じように一生懸命働けば, きっと成功する) と言った. ピアノの弾き方の本を読んでも立派なピアニストになれないのと同じように, この本を読んだだけでは統計的データ解析は学べない. もし, あなたが分析するためのデータをもっていないのなら, 収録されている演習問題を解く必要がある. 万が一, 挫折したり, 行き詰まったりしても, 付録の解答例で確認できる.

演習問題 ほとんどの章の終わりにある演習問題の解答は, 付録にある. 私の経験では, 大量の演習問題を自力で解く人はほとんどいないので, 本書には追加の演習問題を載せていない.

　もし, ここにある情報が十分でなければ, 他の統計学の教科書やウェブで追加の資料を見つけることができる.

書籍の紹介 統計学に関する良書は数多くある. 私のお気に入りはAltman (1999) である. コンピュータやモデリングに限ることなく, この分野, 特に生命科学や医学の応用に非常に役立つ入門書となっている. 本書の原稿の多くの定式化と例はこの本から引用している. より現代的な本としては, より分量が多く, 私見では少し読みにくいのだが, Riffenburgh (2012) がある. Kaplan (2009) は現代の回帰モデリングへの簡単な入門書である. 基本的な統計学を知っていれば, 一般化線形モデルの非常に良い入門書は, Dobson and Barnett (2018) にあり, 統計モデリングの健全で進んだ取扱いを提供している.

ウェブ ウェブ上では, 以下のサイトで統計に関する非常に幅広い情報を英語で見ることができる.

- http://www.statsref.com/
- http://www.vassarstats.net/
- http://www.biostathandbook.com/

- http://onlinestatbook.com/2/index.html
- http://www.itl.nist.gov/div898/handbook/index.htm

　統計と規制問題に関するドイツの優れたウェブページは，http://www.reiter1.com/ にある．

　Python は，皆さんが遭遇するほとんどの統計的問題に対して，明確で柔軟なツールを提供し，楽しく使えるプログラミング言語である．

1・2　約　束　事

本書では，以下の約束事を定める．

- コンピュータ上で入力されるテキストは Courier フォントで書く．例: `plot(x,y)`
- コマンドラインエントリーのオプションテキストは `<...>` で表現する．例: `<InstallationDir>`
- コンピュータプログラムやアプリケーションを指す名前は *Jupyter* のように斜体で書く．
- また，新しい用語や表現を初めて紹介する場合は，太字を使用する．
- 本当に大切なこと，絶対に覚えておくべきことは，網掛けをして表記する．

1・3　付　属　資　料

　本書で紹介する例題と解答は，すべてオンラインで入手可能である．これには，コードサンプルやサンプルプログラム，追加または拡張された情報を含む Jupyter Notebook，そして多くの図を生成するために使用されたデータと Python コードが含まれる．これらは，*GitHub* からダウンロードできる（https://github.com/thomas-haslwanter/statsintro-python-2e）．

　そこでは以下のようにフォルダーに整理されている．

data　　プログラムの実行に必要な生データ．

resources　　このリポジトリが使用する画像．

ipynbs　　Jupyter Notebook の例，および本書で紹介されている内容を越える追加・拡張情報を掲載したもの．

src/exercise_solutions　　ほとんどの章の最後に提示される演習問題の解答．

src/listings　　本書で明示的にリストアップされているプログラム．

src/figures　　本文中の Python の図を生成するために使われるコード．特に断りのない限り，Python の図のソースコードはソースファイル F<chapter-#>_<figure-#>_xxx.py で利用可能である．たとえば，図 8・4 は F8_4_anovaOnewayAnnotated.py の Python コードで生成することができる．

src/code_quantlets　　追加のコードサンプル．

　本書では，このリポジトリの src/code_quantlets-directory への参照を <ISP2e> と略記することにする．また，このアーカイブの一番上のフォルダーにある Errata.pdf があれば必ずご確認いただきたい．このファイルは，この本の出版後に発見された間違いの訂正のために，常に最新に保たれている．

　GitHub 上のパッケージは**リポジトリ**（repository）とよばれ，簡単にコンピュータにコピーすることができる．コンピュータに git がインストールされている場合，コマンドターミナルで git clone <RepositoryName>（ここでは上であげた statsintro-python-2e のリポジトリ名）と入力すると，コードとデータを含むリポジトリ全体をあなたのシステムに "clone" できる．あるいは，そこから ZIP アーカイブをあなたのローカルシステムにダウンロードすることもできる．

2

Python

　Python は無料で使うことができて，一貫して完全なオブジェクト指向プログラミング言語であり，多数の（無料の）科学ツールボックス（たとえば http://www.scipy.org/）を備えている．Python は，Google，NASA，その他多くの企業で使われている．Python に関する情報は http://www.python.org/ で見ることができる．Python を科学的なアプリケーションに使用したい場合，Python ディストリビューション，WinPython，または Continuum Analytics が提供する Anaconda のいずれかを使用するのが良い．これらのディストリビューションには，Python をベースにした数値計算，データ解析，データ可視化のための科学技術開発ソフトウェアが含まれる．また，Qt グラフィカルユーザーインターフェイスや，インタラクティブな科学/開発環境である Spyder も付属している．Matlab の経験がある場合，NumPy for Matlab Users（https://numpy.org/devdocs/user/numpy-for-matlab-users.html）という記事を参照すると，二つの言語の類似点と相違点を概観できる．

　Python は非常に高度な動的オブジェクト指向プログラミング言語である（図 2・1）．プログラミングしやすく，読みやすいように設計されている．1980 年に開発が開始され，その後，ウェブ開発，システム管理，理工系など幅広い分野で絶大な人気を誇っている．Python はオープンソースであり，最も成功したプログラミング言語の一つとなっている．私が他のプログラミング言語から Python に乗り換えた理由は三つある．

図 2・1　Python のロゴマーク

1. Python は，私が知る中で，最もエレガントなプログラミング言語である．
2. Python は，無料である．
3. Python は，強力である．

2・1　は　じ　め　に

2・1・1　ディストリビューションとパッケージ

Python コアディストリビューションは，一般的なプログラミング言語として必要な機能のみを備えている．Python そのものはインタープリター的なプログラミング言語であり，ベクトルや行列の操作やプロット作成に最適化されていない．Python の機能を拡張するパッケージは，明示的にロードする必要がある．科学的なアプリケーションに最も重要なパッケージは，ベクトルや行列を高速かつ効率的に扱える *numpy* と，グラフ出力を行うための最も一般的なパッケージである *matplotlib* である．*sciPy* には重要な科学的アルゴリズムが含まれている．そして，*pandas* は統計データ解析に広く使われるようになった．*pandas* は，ラベル付きの 2 次元データ構造である DataFrame を提供し，より柔軟で直感的なデータ操作を可能にしている．Python は，コマンドラインやターミナル，*Jupyter* や *IPython* を使った対話型，統合開発環境（IDE）など，さまざまなフロントエンドで使用することができる（図 2・2）．

IPython は対話的なデータ解析のためのツールを提供し，*Jupyter* は *IPython* のための

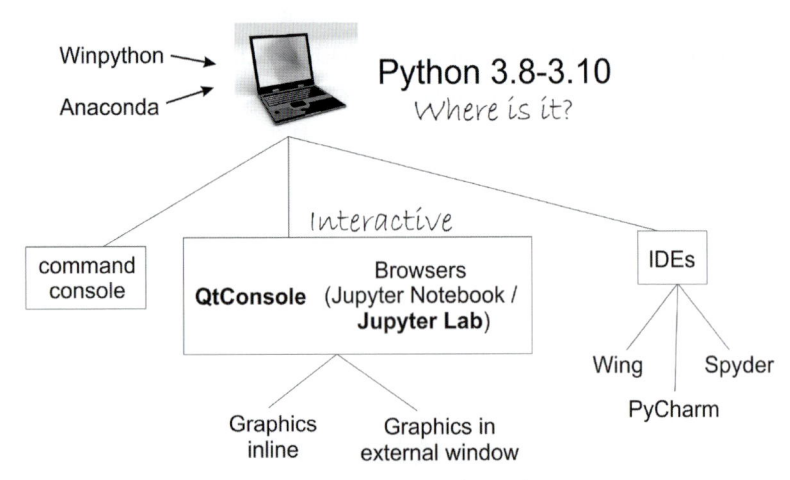

図 2・2　**Python** は，コマンドライン（左），対話型（中央），IDE（右）という異なるフロントエンドから使用できる．

さまざまなフロントエンドを提供する．*IPython* では，グラフの表示やディレクトリ
の変更，ワークスペースの探索，コマンド履歴の提供などを素早く行うことができ
る．

図 **2・3** は，本書で使用する最も重要な Python パッケージのモジュール構造を示し
ている．

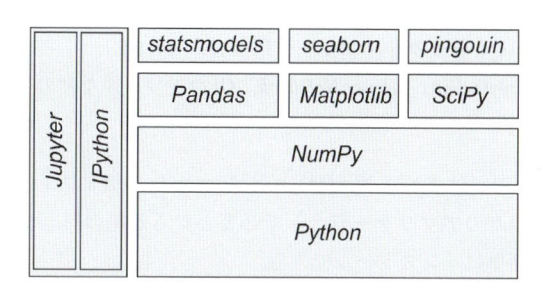

図 2・3　統計のための最も重要な **Python** パッケージの構造

Python を使いやすくするために，*Python* ディストリビューションとよばれる，最も
重要なパッケージのマッチングバージョンを集めたものがあり，私はその中の一つを
強く薦める．そうしないと，膨大な数の Python パッケージに圧倒されることになり
かねない．私のお気に入りの Python ディストリビューションは，

- Windows ユーザーには *WinPython*（https://winpython.github.io/）をお薦めする．
  執筆時点での，最新バージョンは 3.10.5 である．
- Windows, Mac, Linux 向けとして，Continuum 社の *Anaconda*（https://www.
  anaconda.com/products/individual）がある．執筆時点での，最新バージョンは
  Anaconda は 2020.11 で，Python 3.9 を搭載している．
  （訳注: 原著執筆時点での情報である）

現在，私はフリーでカスタマイズ可能な *WinPython* を使用している．*Anaconda* も
Mac OS と Linux で動作し，教育目的であれば無料で利用できる．
　本書の Python コードサンプルは，Python のバージョン 3.6 以降を想定している．
　本書に掲載されているプログラムは Windows と Linux で動作確認をした．Windows
では，以下のバージョンのパッケージを使用した．

- *python 3.8.9*　Python の基本的なインストール．
- *numpy 1.20.2＋mkl*　ベクトルや配列を扱う．
- *scipy 1.6.2*　科学的に必要なアルゴリズムをすべて網羅．

- *matplotlib 3.4.1* プロットや可視化のためのデファクトスタンダードモジュール.
- *pandas 1.2.4* Python で DataFrame という強力なスプレッドシート機能を追加する.
- *seaborn 0.11.1* 統計的可視化パッケージ.
- *pingouin 0.4.0* 最も広く使われている統計検定を実行する関数群.
- *statsmodels 0.12.2* 高度な統計モデリング用モジュール.
- *ipython 7.22.0* インタラクティブワーク用モジュール.
- *jupyter 1.0.0 JupyterLab, Jupyter Notebook, Qt* コンソールなどのインタラクティブな作業環境向け.

これらのパッケージはすべて *WinPython* と *Anaconda* のディストリビューションに付属している. 個々のアプリケーションで必要となる追加のパッケージは, pip や conda を使って簡単にインストールできる.

a. PyPI—The Python Package Index   Python Package Index (*PyPI*) (https://pypi.org/) は, プログラミング言語 Python のソフトウェアのリポジトリで, 390,000 以上！のプロジェクトが含まれている.

PyPI のパッケージは, Windows のコマンドシェル (cmd) または Linux のターミナルで次のようにコマンドを入力すればインストールできる.

```
pip install <package>
```

パッケージをアップデートするには次のコマンドを用いる.

```
pip install <package> -U
```

あなたのコンピュータにインストールされたすべての Python パッケージの一覧を取得するには, 次のコマンドを用いる.

```
pip list
```

また, 特定のパッケージタイプに関する情報を表示するには次のコマンドを用いる.

```
pip show <package>
```

Anaconda は cond という, より強力なインストールマネージャを使用する. しか

し，*pip* もまた *Anaconda* で動作する．

2・1・2　**Python** のインストール

Python と必要なパッケージは手動でインストールできるが，通常は完全な Python ディストリビューションから始める方がはるかに簡単である．

a. Windows の 場 合　　*WinPython* と *Anaconda* のどちらもインストールに管理者権限を必要としない．

1)　WinPython

以下では，<WinPythonDir> を *WinPython* のインストールディレクトリと仮定している．

ヒント：*WinPython* を Windows のプログラムディレクトリ（通常 C:\Program Files または C:\Program Files (x86)）にインストールしないよう注意されたい．

- *WinPython* を https://winpython.github.io/ からダウンロード．
- ダウンロードした .exe ファイルを実行し，*WinPython* をお好みの <WinPythonDir> にインストールする（私のシステムでは，*WinPython*, *vim*, *ffmpeg* など Windows レジストリを変更しないプログラムはすべて C:\Programs というフォルダに置いている）．
- インストール後，Win -> env -> Edit environment variables for your account と入力し，*Windows* 環境を変更する（システム環境とは異なることに注意されたい！）．
  - ディレクトリを追加する．
  <WinPythonDir>\python-3.8.9.amd64;
  <WinPythonDir>\python-3.8.9.amd64\Scripts\;（Python のバージョン番号は適切なものを入れる）を PATH に追加する．（これにより，Python と *IPython* は *Windows* 標準のコマンドラインから Win+cmd と入力することでアクセスできるようになる．）
  - PATH からデフォルトの %USERPROFILE%\AppData\Local\Microsoft\ WindowsApps を削除する（誤解を招く python.exe-link が含まれているため）．
  - 管理者権限をもっている場合は，以下の手順で起動する．
  <WinPythonDir>\WinPython Control Panel.exe -> Advanced -> Register Distribution.

（.py-files をこの Python ディストリビューションと関連づける.）

2) Anaconda

- *Anaconda* は以下からダウンロードする.

https://www.anaconda.com/download/

- ウェブページからインストール手順に従う. インストール中に, *Anaconda* があなたの環境 PATH に提案された変更を行うことを許可する.
- インストール後: *Anaconda Launcher* で, 最新バージョンを実行していることを確実にするために,（アプリのほかに）更新をクリックする.

b.　Linux の 場 合　　　以下の手順は, *Linux Mint 20.1* 上で動作する.

- *Anaconda* の最新バージョンをダウンロードする.
- ターミナルを開き, ファイルをダウンロードした場所に移動する.
- bash Anaconda<xx>-y.y.y-Linux-x86.sh で *Anaconda* をインストールし,
- sudo apt-get update で Linux のインストールを更新する.

1) Anaconda に関する注意事項

- *Anaconda* をインストールするには, ~/Anaconda などのユーザー書き込み可能なインストール場所を選択すれば, ルート特権は必要ない.
- 解凍が終了したら, *Anaconda* バイナリディレクトリを PATH 環境変数に追加する必要がある.
- *Anaconda* のすべては単一のディレクトリに含まれているので, *Anaconda* のアンインストールは簡単で, インストール先ディレクトリ全体を削除するだけである.
- もし, 問題があれば, Mac や Unix のユーザーは Johansson の installation tips (https://github.com/jrjohansson/scientific-python-lectures) を参照のこと.

c.　Mac OS X の 場 合

- https://www.anaconda.com/download/ にアクセスする.
- Mac インストーラを選択し（*Mac OS X Python 3.x Graphical Installer* を選択していることを確認のこと）, このボタンの横に表示される指示に従う.
- インストール後: *Anaconda Launcher* で, 最新バージョンを実行していることを確認するために,（Apps の横にある）update をクリックする.

　インストール後, *Anaconda* アイコンがデスクトップに表示される. 管理者パスワードは必要ない. このダウンロードしたバージョンの *Anaconda* には, *Jupyter*

Notebook，*Jupyter Qt* コンソール，および IDE *Spyder* が含まれている．

どのパッケージ（たとえば，*numpy, scipy, matplotlib, pandas*）があなたのインストールで紹介されているかを見るには，あなたの Python バージョンの *Anaconda Package List* を調べる．たとえば，Python-installer は *seaborn* を含んでいないかもしれない．追加のパックエイジ，たとえば *seaborn* を追加するには，ターミナルを開き，pip install seaborn を入力する．

2・1・3 *R* と *rpy2* のインストール

もしあなたが *R* を使ったことがなければ，このセクションは読み飛ばしてもよい．しかし，すでに *R* の熱心なユーザーであれば，以下の調整により，*rpy2* パッケージを使って Python の中で *R* を使える．

a. Windows の場合　　また，*R* はインストールに管理者権限を必要としない．最新版（原著執筆時は *R 4.1.0*）を http://cran.r-project.org/ からダウンロードし，お好みの <RDir> ディレクトリにインストールする．

● *R* のインストール後，以下のように二つの変数を *Windows* 環境変数に追加する．

```
Win -> env -> Edit environment variables for your account:

- R_HOME=<RDir> R-4.1.0
- R_USER=<YourLoginName>
```

最初のエントリーは *rpy2* のために必要である．最後の項目は特に必要ない．

1）Anaconda の場合

WinPython は *rpy2* がインストールされているが，*Anaconda* には *rpy2* がインストールされていない．そのため，*Anaconda* と *R* をインストールした後，*rpy2* をインストールする必要がある．

```
conda install -c conda-forge rpy2.
```

b. Linux の 場合
● *Anaconda* のインストールが終わったら，*R* と *rpy2* を次のようにインストールする．

```
conda install -c conda-forge rpy2.
```

2・1・4　Python リソース

　Python の科学的応用に関する私のお薦めの入門書は，Scopatz and Huff（2015）である．しかし，この本には統計に関する情報は載っていない．ある程度のプログラミング経験があれば，現在読んでいる本書でデータの統計解析を進めることができるかもしれない．必要であれば，チュートリアルや無料の書籍がオンラインで入手できる．以下のリンクは，Python を使い始める際にお薦めできる情報源である．

- *Scientific Python Lectures*：ほかに何も読まないなら，これを読むことを薦める！
  http://scipy-lectures.org/
- *NumPy for Matlab Users*：Matlab の経験があれば，ここから始めると良い．
  https://numpy.org/doc/stable/user/numpy-for-matlab-users.html
  http://mathesaurus.sourceforge.net/matlab-numpy.html
- *scientific-python-lectures*：JR Johansson による素晴らしい *IPython* ノートブック．
  https://github.com/jrjohansson/scientific-python-lectures
- *The Python tutorial*：Python チュートリアル公式入門書．
  http://docs.python.org/3/tutorial
- *PY₇*：私が編纂した Python への最初のステップをスムーズにするための教材．
  https://work.thaslwanter.at/py_intro/

　新しいコードを開発していて問題にぶつかったときには，Google などで検索すると良い．

　私はおもに Python の公式ドキュメントページと http://stackoverflow.com で調べ物をする．また，Python のユーザーグループは驚くほど活発で役に立つ！

2・1・5　簡単な Python プログラム

a．Hello World

1）Python シェル

　Python を起動する最も簡単な方法は，コマンドラインで python と入力することだ．（コマンドラインというのは，*Windows* では cmd で起動するコマンドシェルを指し，*Linux* や *Mac OS X* ではターミナルを指す）．そうするともう Python コマンドを実行し始めることができる．たとえば，print（'Hello World'）というコマンドで"Hello World"と画面に表示することができる．私の *Windows* コンピュータでは，この結果は次のようになる．

```
Python 3.8.9 (tags/v3.8.9:0a7dcbd, May 3 2021, 17:27:52)...
Type "help", "copyright", "credits" or "license" for more...
>>> print('Hello World')
Hello World
>>>
```

　しかし，ほとんどの場合，§2·3で詳しく説明する *IPython/Jupyter Qt* コンソールから始めることをより推奨する．たとえば，*Jupyter Qt* コンソールはインタラクティブなプログラミング環境であり，多くの利点がある．*Qt* コンソールで print(と入力すると，すぐに print コマンドの入力引数の情報が表示される．

2) Python モジュール

　Python モジュールは拡張子 .py をもつファイルで，Python コマンドをファイルに保存して後で使用するために使用される．helloWorld.py という名前で新しいファイルを作ってみよう．

```
print('Hello World')
```

　このファイルはコマンドラインで python helloWorld.py と入力することで実行できる．

　Windows では，ファイルをダブルクリックするか，.py という拡張子がローカルの Python インストールに関連づけられていれば，helloWorld.py とタイプするだけで実行できる．*Linux* と *Mac OS X* の場合，手順はもう少し複雑である．その場合，ファイルには Python のインストールパスを指定する最初の行を追加する必要がある．

```
#! \usr\bin\python
print('Hello World')
```

　この二つのシステムでは，helloWorld.py を実行する前に，

```
chmod +x helloWorld.py
```

とタイプして，ファイルを実行可能にしておく必要がある．

b. square_me　　複雑さを増すために，関数定義を含み，0から5までの数の二乗を出力する Python モジュールを書いてみよう（関数については§2·2·5で詳しく述

べる）ファイルを L2_1_square_me.py とよび，以下の行で構成する．

リスト 2・1　square_me.py

```
1  # このファイルには 0〜5 の二乗が表示される．
2
3  def squared(x=10):
4      return x**2
5
6  for ii in range(6):
7      print(ii, squared(ii))
8
9  print(squared())
```

このファイルで何が起こっているのか，1 行ずつ説明しよう．

- **1 行目**：最初の行は "#" で始まり，コメント行であることを示す．
- **3〜4 行目**：この 2 行は関数 squared を定義しており，入力として変数 x を受取り，この変数の二乗（x**2）を返す．この関数が入力なしで呼ばれた場合，x はデフォルトで 10 に設定される．この記法により，関数入力のデフォルト値を定義するのが非常に簡単になる．

  注：関数の範囲はインデントによって定義されることに注意！　これは多くの Python プログラマに愛されている機能だが，初心者には少しわかりにくいことがよくある．ここでは，インデントされた最後の行は 4 行目で，関数定義を終了する．
- **6〜7 行目**：ここでは，最初の六つの数字をループしている．また，for ループの範囲はコードのインデントによって定義されている．

  7 行目では，それぞれの数字とそれに対応する二乗の値が出力される．
- **9 行目**：このコマンドはインデントされていないので，for ループが終了した後に実行される．x にデフォルトのパラメータを使う "()" での関数呼び出しも動作するかどうかをテストし，結果を出力する．

注　意

- Python は 0 から始まるので，6 行目のループには 0 から 5 までの六つの数字が含まれる．
- 他のいくつかの言語とは対照的に，Python は関数呼び出しの構文と配列の要素などを指定する構文を区別している．7 行目のように関数呼び出しは丸括弧 (...) で示され，配列やベクトルの個々の要素は角括弧 [...] で指定される．

2・2　科学的 Python プログラミングの要素

　上記の単純な例と比べると，実世界のアプリケーションには個々の数値だけでなく，ベクトルや行列も含まれる．これらについて，最も重要な Python のデータ構造とファイル構造とともに，このセクションで説明する．

2・2・1　Python データタイプ

　Python は多くの強力なデータ構造を提供しており，それらに慣れておくことは有益だ．最も一般的なものは以下の通りである．

- 同じ型のオブジェクトをグループ化する**リスト**（list）．
- 数値データを扱うための **numpy 配列**．（numpy には np.matrix というデータ型もある．しかし，私の経験では np.array の方が適している．多くの数値関数や科学関数は行列形式の入力データを受付けないからだ.）
- 異なる型のオブジェクトをグループ化する**タプル**（tuple）．
- 名前付き，構造化されたデータ集合用の**辞書**（dictionary）．
- *pandas* の **DataFrame** は，データのインポートやエクスポートを簡単にしたり，統計的なデータ分析を行うことができる．

　簡単なプログラムでは，おもにリストと配列を扱うことになる．辞書は，関連する情報をグループ化するために使用する．タプルはおもに関数から複数のパラメータを返すために使う．

　以下では，§2・3で紹介する *IPython* の入出力フォーマットを Python コードに使用する．

リスト [ ]　　リストは通常，同じ型（数値，文字列，…）のアイテムを集めるのに使う．リストは"変更可能"であり，要素を変更できる．リストは"+"で連結できる．

```
In [1]: myList = ['abc', 'def', 'ghij']

In [2]: myList.append('klm')

In [3]: myList
Out[3]: ['abc', 'def', 'ghij', 'klm']

In [4]: myList2 = [1,2,3]
```

```
In [5]: myList3 = [4,5,6]

In [6]: myList2 + myList3
Out[6]: [1, 2, 3, 4, 5, 6]
```

配 列 [ ]　　数値データ操作のためのベクトルと行列で, *numpy* で定義されている. ベクトルと 1 次元配列は異なることに注意されたい. ベクトルは転置できない！配列の場合, "+" は対応する要素を加算する. 配列メソッド .dot はスカラー倍を行う (Python 3.5 以降, スカラー倍算は演算子 "@" でも実行できる).

```
In [7]: import numpy as np
...: myArray2 = np.array(myList2)
...: myArray3 = np.array(myList3)

In [8]: myArray2 + myArray3
Out[8]: array([5, 7, 9])

In [9]: myArray2.dot(myArray3)
Out[9]: 32

In [10]: myArray2 @ myArray3
Out[10]: 32
```

タ プ ル ( )　　アイテムの集まり. 一度作成されたタプルは変更できない. (Python を使い始めたころは, このことにとてもいらいらしたものだ. しかし, タプルを使うのはほとんど関数からパラメータを返すためだけなので, これは実質的な制限にはなっていない.)

```
In [11]: import numpy as np

In [12]: myTuple = ('abc', np.arange(0,3,0.2), 2.5)

In [13]: myTuple[2]
Out[13]: 2.5
```

辞 書 { }　　辞書は順序のない**キー**と**値**の組の集まりで, 値は dict['key'] として扱える. 辞書は dict コマンド, または中括弧 {...} で作成することができる.

```
In [14]: myDict = dict(one=1, two=2, info='some information')

In [15]: myDict2 = {'ten':1, 'twenty':20, info':'more
         information'}

In [16]: myDict['info']
Out[16]: 'some information'

In [17]: myDict.keys()
Out[17]: dict_keys(['one', 'info', 'two'])
```

DataFrame　　名前付き統計データを扱うために最適化されたデータ構造. *pandas* で定義されている（§2・2・4参照）.

2・2・2　インデックス付けとスライシング

　Python のリスト，タプル，*numpy* 配列の個々の要素をアドレス指定するルールは，*stackoverflow* の Greg Hewgill によってうまくまとめられている[1].

```
a[start:end] # start から end-1 まで
a[start:]    # start から最後まで全部
a[:end]      # 最初から end-1 まで
a[:]         # 配列全体のコピー
```

　また，上記のいずれかと併用できるステップ値もある.

```
a[start:end:step] # start から end-1 まで step 間隔で
```

　覚えておくべき重要な点は，インデックス付けは 1 ではなく 0 から始まるということ，そして :end 値は選択されたスライスに含まれない最初の値を表すということだ. つまり，end-start の差は選択された要素の数になる（step がデフォルトの 1 の場合）.

　start または end には負数を指定できる. その場合，カウントは配列の先頭ではなく末尾から行われる. つまり，

1）http://stackoverflow.com/questions/509211/explain-pythons-slice-notation.

```
a[-1]     # 配列の末尾のアイテム
a[-2:]    # 配列の末尾2アイテム
a[:-2]    # 全アイテムから配列の末尾二つを取除いた配列
```

その結果，a[:5] は最初の五つの要素（図2・4の *Hello*）を，a[-5:] は最後の五つの要素（*World*）を与える．

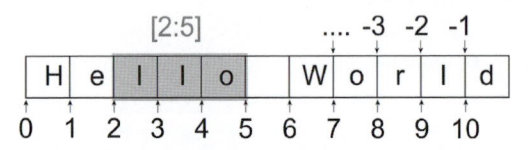

図2・4 最上段の式は，リストや配列の要素を選択するために可能な表記を示す　インデックスは0から始まり，スライスは最後の値を含まない．

2・2・3　numpy ベクトルと配列

numpy は Python のモジュールで，数値を効率的に扱うことができる．一般的に次のようにインポートする．

```
import numpy as np
```

デフォルトではベクトルが生成される．数値の生成によく使われるコマンドは以下の通りである．

np.zeros　　np.zeros はゼロを含む *numpy* 配列を生成する．np.zeros は一つ (!) の入力しか受付けないことに注意．ゼロの行列を生成したい場合，この入力は行/列の数を含むタプルまたはリストでなければならない！

```
In [1]: import numpy as np

In [2]: np.zeros(3)
    # デフォルトでは，numpy-functions は1次元ベクトルを生成する．
Out[2]: array([ 0., 0., 0.])

In [3]: np.zeros( [2,3] )
Out[3]: array([[ 0., 0., 0.],
               [ 0., 0., 0.]])
```

np.ones np.ones は 1 を含む *numpy* 配列を生成する.

np.random.randn np.random.randn は,平均 0,標準偏差 1 の正規分布の乱数を生成する.再現性のある乱数を生成するには,たとえば np.random. seed(...) で,任意の整数を使って乱数生成の開始点を指定する必要がある.

np.arange np.arange は数値の範囲を生成する.パラメータには start, end, steppingInterval がある.終了値は除外されることに注意! これは少し厄介な場合もあるが,連続したシーケンスが重なることなく,データ点を欠くことなく簡単に生成できるという利点がある.

```
In [4]: np.arange(3)
Out[4]: array([0, 1, 2])

In [5]: xLow = np.arange(0, 3, 0.5)

In [6]: xHigh = np.arange(3, 5, 0.5)

In [7]: xLow
Out[7]: array([ 0., 0.5, 1., 1.5, 2., 2.5])

In [8]: xHigh
Out[8]: array([ 3., 3.5, 4., 4.5])
```

np.linspace np.linspace は等差数列のように間隔をあけた数値を生成する.

```
In [9]: np.linspace(0, 10, 6)
Out[9]: array([ 0., 2., 4., 6., 8., 10.])
```

np.array np.array は与えられた数値データから *numpy* 配列を生成し,小さな行列を入力するのに便利な記法である.

```
In [10]: np.array([[1,2], [3,4]])
Out[10]: array([ [1, 2],
                 [3, 4] ])
```

Python には他のプログラミング言語と比べて特筆すべき点がいくつかある.

行 列 行列は単なる"リストのリスト"である.したがって,行列の最初の要素には 1 行目が,2 番目の要素には 2 行目が,といった具合である.

```
In [11]: Amat = np.array([ [1, 2],
                           [3, 4] ])

In [12]: Amat[0]
Out[12]: array([1, 2])
```

注意: ベクトルは1次元行列と同じではないことに注意! これは数少ない Python 独特の特徴の一つで, 直感的ではなく, 見つけるのが難しい間違いにつながることがある. たとえば, 行列は転置できるが, ベクトルは転置できない.

```
In [13]: x = np.arange(3)

In [14]: Amat = np.array([ [1,2], [3,4] ])

In [15]: x.T == x
Out[15]: array([ True, True, True])
# これは, ベクトルはベクトルのままであり,
# ".T"による転置はその形状に
# 影響を与えないことを示す.

In [16]: Amat.T == Amat
Out[16]: array([[ True, False],
               [False, True]])
```

np.r_   小さな行ベクトルをすばやくつくるのに便利なコマンド. このコマンドは手っ取り早く試してみたいときに使うことをお薦めする. 通常は, より明確で同等の機能をもつコマンド np.array([...]) を使うことをお薦めする.

```
In [17]: np.r_[1,2,3]
Out[17]: array([1, 2, 3], dtype=int32)
```

np.c_   小さな列ベクトルを素早くつくるのに便利なコマンド. 列ベクトルは np.newaxis コマンドでも生成できる.

```
In [18]: np.c_[[1.5,2,3]] # 二重括弧に注意!
Out[18]: array([[1.5],
               [2. ],
               [3. ]])
```

```
In [19]: x[:, np.newaxis]
Out[19]: array([[0],
                [1],
                [2]])
```

np.atleast_2d　　ベクトル（転置できない．上記参照）を対応する2次元配列（転置できる）に変換する．

```
In [20]: x = np.arange(5)

In [21]: x
Out[21]: array([0, 1, 2, 3, 4])

In [22]: x.T
Out[22]: array([0, 1, 2, 3, 4]) # 1次元ベクトルには影響しない

In [23]: x_2d = np.atleast_2d(x)

In [24]: x_2d.T
Out[24]: array([[0],
                [1],
                [2],
                [3],
                [4]])
```

np.column_stack　　列行列を生成するエレガントなコマンド．

```
In [25]: x = np.arange(3)

In [26]: y = np.arange(3,6)

In [27]: np.column_stack( (x,y) )
Out[27]: array([[0, 3],
                [1, 4],
                [2, 5]])
```

2・2・4　pandas DataFrame

pandas（http://pandas.pydata.org/）は広く使われている Python パッケージで，統

計解析やデータ操作に適したデータ構造を提供する．また，データ入力，データ整理，データ操作を容易にする関数も追加されている．

pandas は一般的に次のようなコマンドでインポートする．

```
import pandas as pd
```

pandas の公式ドキュメントには，非常に優れた "Getting started" のセクションがある（https://pandas.pydata.org/docs/getting_started/）．

a. DataFrame の基本構文　特に統計データ分析（"データサイエンス"とよばれる）では，pandas データ構造が非常に有用であることが判明している．このようなラベル付きデータを Python で扱うために，*pandas* はいわゆる "DataFrame" オブジェクトを導入している．DataFrame は 2 次元のラベル付きデータ構造で，異なる型の列をもつ．DataFrame は，スプレッドシートや SQL のテーブルのようなものである（図 2・5 参照）．DataFrame は最もよく使われる *pandas* オブジェクトである．

統計解析の場合，*pandas* は *statsmodels* パッケージ（https://www.statsmodels.org/）と組合わせると非常に強力になる．

pandas の DataFrame は，*numpy* の array に比べていくつかの明確な利点がある．

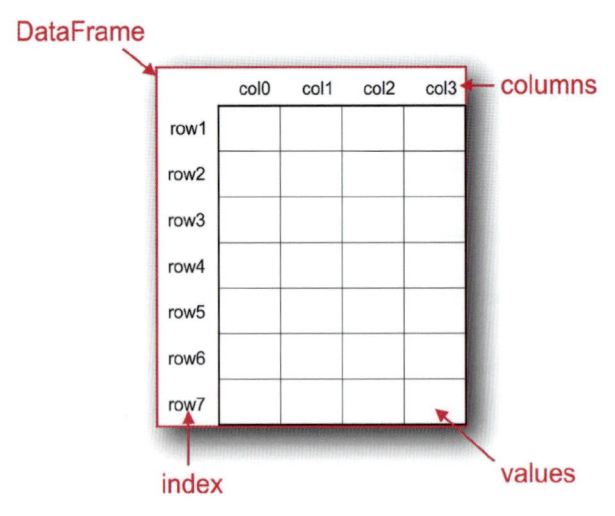

図 2・5　**pandas DataFrame**

- numpy の array は，均質なデータを必要とする．対照的に，pandas DataFrame では，各列に異なるデータ型（浮動小数点数，整数，文字列，日付など）をもつことができる（図 2・6）．

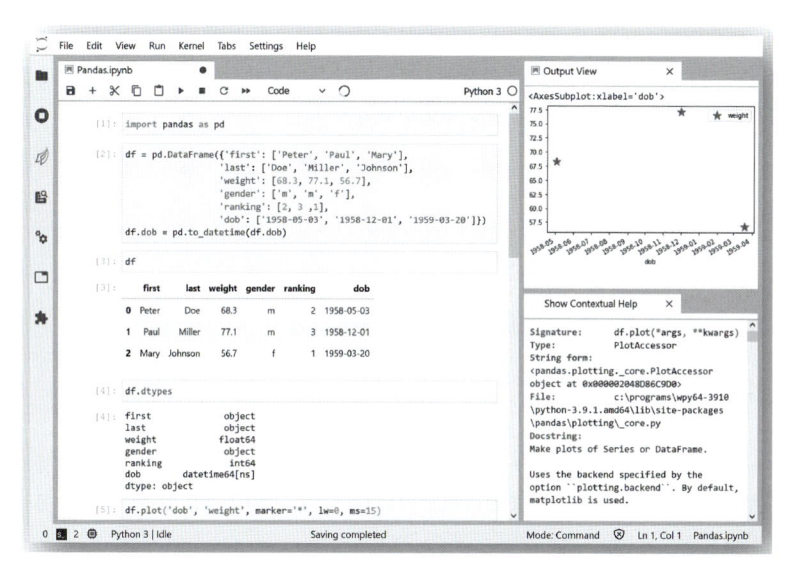

図 2・6　*JupyterLab* における **pandas DataFrame** のいくつかの機能のデモ（§2・3・2参照）　　np.array とは異なり，pd.DataFrame は異なるデータ型（ここでは，文字列，浮動小数点数，整数，日付：コマンド2〜4）を組合わせるために使用できる．また，日付と時刻のデータを効率的に扱える．（コマンド2と6，右側の "Output View" の "6" の出力にも注目してほしい．これは *JupyterLab* の新機能である）

- pandas には，一般的なデータ処理アプリケーションのための機能が組込まれている．たとえば，構文による簡単なグループ化，簡単な結合（pandas ではこれも実に効率的である），ローリングウィンドウなど．
- データを列名で指定できる DataFrame は，データの追跡に大いに役立つ．

さらに，*pandas* にはデータの入出力のための優れたツールがある．

まずは具体的な例として，"Time"，"x"，"y" という三つの列をもつ DataFrame を作成してみよう．

```
import numpy as np
import pandas as pd
```

```
t = np.arange(0, 10, 0.1)
x = np.sin(t)
y = np.cos(t)

df = pd.DataFrame({'Time':t, 'x':x, 'y':y})
```

pandas では，行はインデックスを通して，列は名前を通してアドレスできる．最初の列だけを扱うには，二つのオプションがある．

```
df.Time
df['Time']
```

同時に二つの列を抽出するには，変数名をリストに入れる．以下のコマンドで，Time と y の列を含む新しい DataFrame が生成される．

```
data = df[['Time', 'y']]
```

データを読み込んだ後，データが正しく読み込まれたかどうかをチェックするのは良い習慣である．最初の数行または最後の数行は，以下のように表示することができる．

```
data.head()
data.tail()
```

たとえば，次の文は5行目から10行目までを示している（これらは6行であることに注意）．

```
data[4:10]
```

（配列のインデックス付けには慣れるまで時間がかかる．インデックスは要素へのポインターであり，0から始まると考えるのが助けになる．図2・4参照）

　DataFrame の取扱いは，*numpy* 配列の取扱いとは多少異なる．たとえば，（番号の付いた）行と（ラベルの付いた）列は，以下のように同時に扱える．

```
df[['Time', 'y']][4:10]
```

次のメソッド iloc を適用すれば，標準的な行/列表記を使うことができる．

```
df.iloc[4:10, [0,2]]
```

　最後に，DataFrame ではなく，データに直接アクセスしたい場合もある．これは以下のようにして実現することができ，すべてのデータが同じデータ型であれば，*numpy* の配列を返す．

```
data.values
```

b. 注意：データ選択　　*pandas* の DataFrame は *numpy* の配列に似ているが，その考え方は異なる．*numpy* の構文は n 次元行列の数学的記述に由来する．対照的に，*pandas* は列指向のデータベース情報のデータ分析に起源をもつ．両者の違いで注意すべき点は以下の通りである．

- *numpy* は "行" を最初に扱う．たとえば，`data[0]` は配列の最初の行である．
- *pandas* は列から始める．たとえば，`df['values'][0]` は列 `'values'` の最初のエレメントである．
- DataFrame にラベルの付いた行がある場合，`df.loc['row_label']` を使って，たとえば "row_label" という行を抽出できる．たとえば，行番号 "15" のように，番号で行を指定したい場合は，`df.iloc[15]` を使用する．また，`iloc` は "行/列" を指定するのにも使える（例：`df.iloc[2:4,3]`）．
- たとえば，`df[0:5]` で最初の5行をスライスできる．ときどき紛らわしいのは，一つの行，たとえば "5" の行をスライスしたい場合は，`df[5:6]` を使わなければならない！

 python™

コード：`ISP_showPandas.py`[2) は，欠落データの処理，データ項目のグループ化とピボットのための pandas の強力な関数のいくつかを示している．

2・2・5　関数，モジュールおよびパッケージ

　Python には三つの異なるモジュール化のレベルがある．

関　数　　関数はキーワード `def` で定義され，Python のどこにでも定義できる．関数

2）<ISP2e>/02_GettingStarted/ISP_showPandas.py.

は return 文でオブジェクトを返す.

モジュール　　モジュールは .py という拡張子をもつファイルである. モジュールは有効な Python 文だけでなく, 関数や変数の定義を含むことができる.

パッケージ　　パッケージは複数の Python モジュールを含むフォルダで, __init__.py という名前のファイルを含めなければならない. たとえば, *numpy* は Python パッケージである. パッケージはおもに, より多くのモジュールをグループ化するために重要なので, この本では説明しない.

a. 関　　数　　関数とは, 入力を受取り, 特定の計算を行い, 出力を生成するステートメントの集合である. よく行われるタスクや繰返し行われるタスクをグループ化して関数にすることで, 異なる入力に対して同じコードを何度も書く代わりに関数を呼び出すことができる. Python では, 関数は def というコマンドでプログラムのどの時点でも宣言することができる.

　短い応用例をリスト 2・2 に示す. 関数定義の中で, 入力と戻り値の型を示すために, いわゆる "型ヒント" が使われていることに注意されたい（11 行目）. 型ヒントはオプションだが, コードを読みやすく理解しやすくする.

リスト 2・2　python_module.py

```
1  """ Python 関数のデモ """
2
3  # author:    Thomas Haslwanter
4  # date:      June-2022
5
6  # 標準的なパッケージのインポート
7  import numpy as np
8  from typing import Tuple
9
10
11 def income_and_expenses(data : np.ndarray) -> Tuple[float,
      float]:
12     """ 正の値の合計, 負の値の合計を求める
13
14     パラメータ
15     ----------
16     data : numpy array (,n)
17             入出金口座取引
18
```

```
19      戻り値
20      -------
21      収入 ： 受取取引の合計
22      支出 ： 出金口座取引の合計
23      """
24
25      income = np.sum(data[data>0])
26      expenses = np.sum(data[data<0])
27
28      return (income, expenses)
29
30
31  if __name__=='__main__':
32      testData = np.array([-5, 12, 3, -6, -4, 8])
33
34      # 本物の銀行がそうであればいいのだが ......
35      if testData[0] < 0:
36          print('Your first transaction was a loss and is
                  dropped.')
37          testData = np.delete(testData, 0)
38      else:
39          print('Congratulations: Your first transaction is a
                  gain!')
40
41      (my_income, my_expenses) = income_and_
              expenses(testData)
42      print(f'You have earned {my_income:5.2f} EUR, ' + \
43              f'and spent {-my_expenses:5.2f} EUR.')
```

　このコードの詳細を以下に説明する．リスト2・2の例は，関数の定義と使用方法を示している．

- **1行目**：モジュールヘッダ．一般的には複数行のコメント（`"""`<*xxx*>`"""`）として記述される．
- **3/4行目**：著者と日付の情報（モジュールヘッダとは別にする必要がある）[3]．
- **7行目**：必要な Python パッケージは明示的にインポートしなければならない．ここでは，*numpy* が必要であり，*numpy* を np としてインポートするのが通例である．

---

3) 残りの部分については，コードをよりコンパクトにするため，"著者/日付"の情報は省く．

- **8 行目**：typing パッケージの Tuple コマンドは，次の関数の"型ヒント"で使用される．型ヒントは，関数が使用するオブジェクトとその戻り値の型に関するヒントを与える．これらはオプションだが，コードの可読性を向上させる．
- **9/10 行目**：関数定義の前に 2 行空けておく．
- **11 行目**：関数のシグネチャー．
- **12〜23 行目**：関数を説明する複数行のコメント．このコメントには，関数が受取るパラメータや戻り値の要素に関する情報も含める必要がある．
- **11〜28 行目**：関数の定義．Python では関数ブロックはインデントで定義され，括弧や終了文では定義されないことに注意されたい！　これは多くの Python 初心者をいら立たせる機能だが，コードを明瞭で美しい書式に保つのに本当に役立つ．重要：Python はタブと同等の空白を区別する．そのため，自動的にタブをスペースに変換する優れた IDE を使おう！
- **25 行目**：
  - sum コマンドは *numpy* から取られているので，np を前に付けなければならない．
  - Python では，関数の引数は丸括弧（...）で示され，リスト，タプル，ベクトル，配列の要素は角括弧［...］で示される．
  - *numpy* では，配列の要素をインデックスで選択するか（35 行目参照），ブール配列で選択できる（25〜26 行目）．
- **28 行目**：Python は丸括弧も使って要素のグループ，いわゆる"タプル"を形成する．そして return 文は，関数から要素を返すという当たり前のことをする．
- **31 行目**：ここでは，Python のかなり新しい側面を紹介する．
  - 関数定義と同じように，if ループや for ループもインデントを使ってコンテキストを定義する．
  - ほとんどの Python コーダーが守っている慣例として，Python コードの非公開部分として扱われる変数やメソッドには，_geek や __name__ のようにアンダースコアを先頭に付ける．
  - これは Python インタープリターによって自動的に生成され，モジュール評価のコンテキストを示す．モジュールが Python スクリプトとして実行される場合，__name__ は自動的に __main__ に設定される．しかしモジュールがインポートされた場合（たとえばリスト 2・3 を参照），インポートされたモジュールの名前が設定される．こうすることで，モジュールが実行されたときだけ使われ，このモジュール内の関数が他のモジュールにインポートされたときには使われないコードを，関数に追加できる（下記参照）．これは，同じモジュールで定義された関数をテストする良い方法だ．

- **32 行目**: *numpy* 配列を定義.
- **41 行目**: 関数 income_and_expenses からタプルとして返される二つの要素は, 二つの異なる Python 変数, ここでは (my_income, my_expenses) に同時に代入できる.
- **42 行目**: フォーマットされた文字列を生成するさまざまな方法があるが, Python 3.6 で導入された "f 文字列" がおそらく最もエレガントだ. コロンの後の省略可能な式は, 書式化ステートメントを含む. ここで :5.2f は, "この数値を浮動小数点数として表現し, 5 桁のうち 2 桁はカンマの後にある" ことを示す[4]". また, 行末の '\' は行の継続を示す.

b. モ ジ ュ ー ル　　コマンドラインからモジュール L2_2_python_module.py を実行するには, python L2_2_python_module.py と入力する. Windows では, 拡張子 ".py" が Python プログラムに関連づけられている場合, モジュールをダブルクリックするか, コマンドラインで python_module.py と入力すれば十分である. *WinPython* では, 拡張子 ".py" と Python 関数の関連づけは, *WinPython Control Panel. exe* の *Advanced* メニューの *Register Distribution* ... で設定できる.

　IPython でモジュールを実行するには, マジック関数 %run を使う.

```
In [1]: %run L2_2_python_module
Your first transaction was a loss and is dropped.
You have earned 23.00 EUR, and spent 10.00 EUR.
```

　関数が定義されているディレクトリにいるか, フルパス名を指定しなければならないことに注意.

　別のモジュールで定義されている関数や変数を使いたい場合は, そのモジュールをインポートしなければならない. これには三つの異なる方法がある. 次の例では, 他のモジュールが new_module.py で, そこから必要な関数が new_function だとする.

- import new_module: この関数は new_module.new_function() でアクセスできる.
- from new_module import new_function: この場合, 関数は直接 new_function() を呼び出すことができる.

---

4) https://pyformat.info/ には Python でフォーマットされた出力の詳細がすべて含まれている.

- `from` new_module `import` *: これは new_module のすべての変数と関数を現在のワークスペースにインポートする. しかし, この構文の使用は推奨しない! インポートした変数と同じ名前の既存の変数を上書きしてしまう危険性もある.

モジュールを複数回インポートすると, Python はそのモジュールがすでに既知であると認識し, それ以降のインポートをスキップする.

次の例では, あるモジュールから別のモジュールに関数をインポートする方法を示す.

リスト2・3　python_import.py

```python
1  """ Python モジュールのインポートのデモ """
2
3  # 標準パッケージのインポート
4  import numpy as np
5
6  # 追加パッケージのインポート
7  import L2_2_python_module as py_func
8
9  # テストデータの生成
10 testData = np.arange(-5, 10)
11
12 # インポートしたモジュールの関数を使う
13 out = py_func.income_and_expenses(testData)
14
15 # 結果を表示
16 print(f'You have earned {out[0]:5.2f} EUR, '+\
17       f' and spent {-out[1]:5.2f} EUR.')
```

- **7行目**: L2_2_python_module（上で説明したモジュール）が py_func としてインポートされる.
- **13行目**: モジュール py_func から関数 income_and_expenses にアクセスするには module- と function-name を与えなければならない. py_func.income_and_expenses(...). ここでの out は両方のリターン変数を含んでいることに注意.

2・3　対話型プログラミング —— IPython/Jupyter

2・3・1　ワークフロー

プログラムを始める最良の方法は, 紙と鉛筆を持って, 実装するアルゴリズムを明

確に書き出すことである！　こうすることで，必要なプログラム作成ステップが明確
になり，どのパラメータを明示的に与えなければならないか，プログラムの実行中に
どのパラメータを計算しなければならないかが明確になる．ほとんどの場合，これは
新しいプログラムの開発を開始する最も効率的な方法でもある．

　次のステップは，コマンドの構文を工夫することだ．Python では，*IPython/Jupyter*
を使うのが最適である．*IPython*（http://ipython.org/）は，Matlab のコマンドライン
に似た，Python による対話的なコンピューティングに最適化されたプログラミング
環境を提供する．*IPython* には，コマンド履歴，インタラクティブなデータの視覚化，
コマンド補完，そしてコードを素早く簡単に試すための多くの機能が備わっている．

　各ステップが動作したら，*IPython* コマンドの %history を使って，使用したコマ
ンドを取得できる．その履歴をコピー＆ペーストするか，以下のようにファイルに直
接保存することができる．

```
%history -f [fname]
```

その後，統合開発環境（IDE）（私の場合は *Wing*）に切り替えて，最終的な動作プ
ログラムを生成できる．

　図2・7の例は，正弦波を生成するプログラムの最初のステップを示している．必要
なパラメータに下線を引くことで，プログラムの最初にどのパラメータを定義する必
要があるかがわかる．また，たとえば図2・7の4行目の時間ベクトルの生成など，各
ステップを明示的に綴ることで，プログラムの実装でどのパラメータが追加で発生す

図2・7　これでも，新プログラム開発を成功させるため
の最高のスタートである！

るかが明確になる．このアプローチはプログラムの実装をスピードアップし，ミスを
避けるための重要な第一歩となる．

2・3・2　Jupyter インターフェイス

IPython はターミナル環境でも実行できるが，*Jupyter* を使えばその能力をフルに発
揮できる．2013 年，Python のブラウザベースのフロントエンドである *IPython
Notebook* は，Python コミュニティで研究や結果を共有するための非常に人気のある
方法となった．2015 年，フロントエンドの開発はプロジェクト *Jupyter*（https://
jupyter.org/）とよばれる独自のプロジェクトとなった．今日，*Jupyter* は Python だけ
でなく，*Julia，R，*その他 100 以上のプログラミング言語で使用できる．

　Jupyter が提供する最も重要なインターフェイスは以下の通りである．

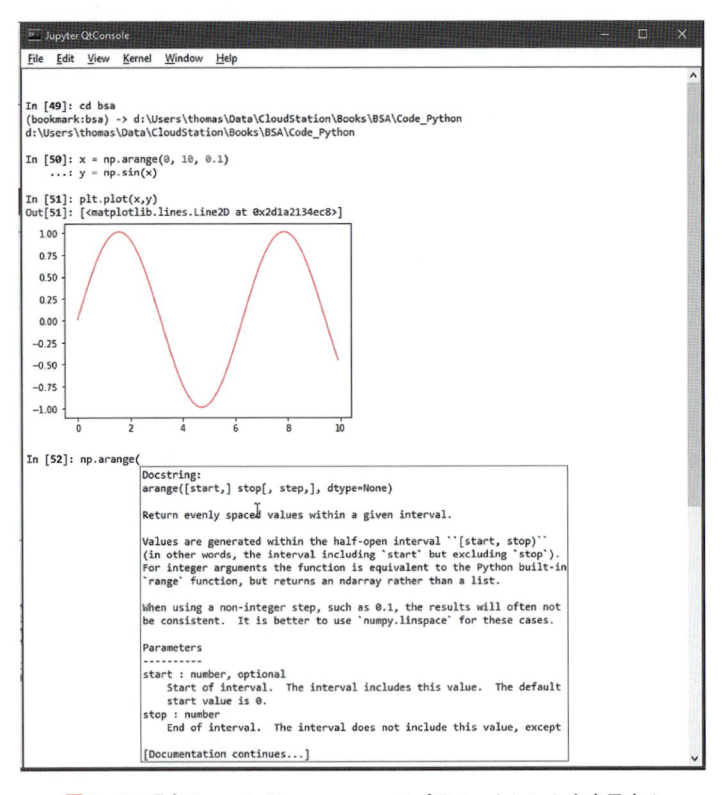

図 2・8　現在のコマンド np.arange のパラメータヒントを表示する
Qt コンソール

- *Qt* コンソール
- *Jupyter Notebook*
- *JupyterLab*

　ターミナルから以下のコマンドで起動できる.

```
jupyter <viewer>
```

　ここで viewer は qtconsole, ノートブック, ラボのいずれかである.

a. *Qt* コンソール　　*Qt* コンソール（**図 2・8** 参照）は, 特に正しいコマンド構文を理解するために, コーディングを始めるのに私が好んでよく使う方法である. *Qt* コンソールは, コマンド構文を即座にフィードバックしてくれるし, コマンド, ファイル名, 変数名のテキスト補完も充実している.

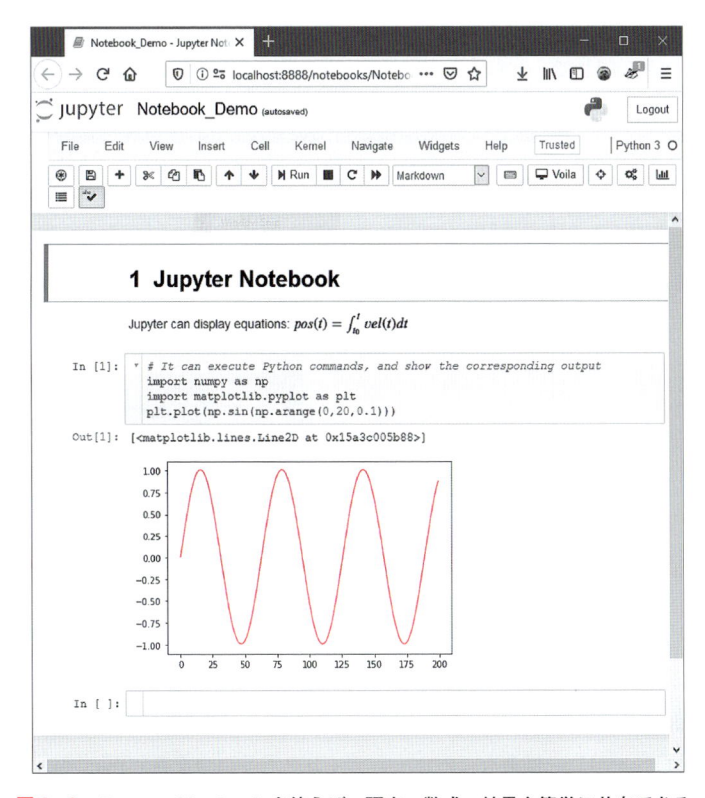

図 2・9　*Jupyter Notebook* を使えば, 研究, 数式, 結果を簡単に共有できる.

b.　Jupyter Notebook　　　Jupyter Notebook はブラウザベースのインターフェイス
で，特に教育，ドキュメンテーション，共同研究に適している．Jupyter Notebook で
は，構造化されたレイアウト，一般的な LaTeX 形式の数式，画像を組合わせることが
でき，Python コマンドの出力だけでなく，結果のグラフや動画も含めることができる
（図 2・9 参照）．*plotly*（https://plot.ly/）や *bokeh*（https://bokeh.org/）のようなパッ
ケージは，このようなブラウザベースの利点を基盤としており，Jupyter Notebook の
中でインタラクティブなインターフェイスを簡単に構築することができる．

　本書に付属するコードサンプルは *Jupyter Notebook* としても利用可能で，以下から
ダウンロードできる．

　　　　　https://github.com/thomas-haslwanter/statsintro-python-2e.

c.　JupyterLab　　　*JupyterLab* は *Jupyter Notebook* の後継である．図 2・10 が示すよう
に，ファイルブラウザ，コマンドやショートカットへの簡単なアクセス，柔軟な画像
ビューアなど，非常に便利な機能でノートブックを拡張している．ファイル形式は
ノートブックと同じで，どちらも .ipynb-files として保存される．

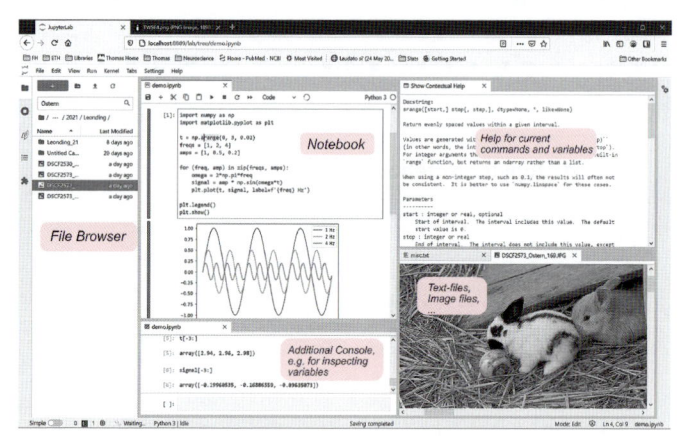

図 2・10　***JupyterLab* は *Jupyter Notebook* の後継である**　　赤いラベル
は *JupyterLab* の新機能を示す．

2・3・3　IPython/Jupyter のパーソナライズ

　新しい問題に取組むときは，*Qt* コンソールから始めるとよい（図 2・8 参照）．
　以下では，<mydir> はあなたのホームディレクトリ（つまり，Windows では cmd
を，Linux では terminal を実行したときに開くディレクトリ）に置き換えなければ

ならない．また，<myname> はあなたの名前か userID に置き換える．

　IPython をお好みのフォルダで，お好みのスタートアップスクリプトで起動するには，次のようにする．

a. Windows の場合

- Win+R と入力し，cmd でコマンドシェルを起動する．
- 新しく作成したコマンドシェルで，次のように入力する．

```
ipython profile create.
```

（これにより，ディレクトリ <mydir>\.ipython が作成される）．

- 変数 IPYTHONDIR を環境に追加し（§2・1・2参照），<mydir>\.ipython に設定する．このディレクトリには IPython セッションのスタートアップコマンドが含まれる．
- スタートアップフォルダ <mydir>\.ipython\profile_default\startup にて IPython を起動するたびに実行したいスタートアップコマンドを含む，たとえば <myname>.py という名前のファイルを置く．私の個人的なスタートアップファイルには以下の行があり，よく使うパッケージをインポートする．

```
import numpy as np
import matplotlib.pyplot as plt
import pandas as pd
from scipy import stats
```

- <mydir> に以下のコマンドを含むファイル "ipy.bat" を作成する．

```
jupyter qtconsole
```

- jupyter qtconsole をカスタマイズするには，次のように入力する．

```
jupyter notebook -generate-config.
```

　これで Jupyter フォルダに jupyter_qtconsole_config.py が作成される．Jupyter フォルダはホームディレクトリの ~/.jupyter サブフォルダにある．このファイルには，コマンド間の距離，使用するエディタ，プログラム開始時に表示されるヘッダなど，Qt コンソールを設定するための複数のオプションがある（同じ手

順で `jupyter notebook` と `jupyter lab` をカスタマイズできる).

たとえば, 本書に付属するすべての *Jupyter Notebook* を見るには, 以下のようにする.

- Win+R と入力し, `cmd` でコマンドシェルを起動する.
- 以下のコマンドを実行する.

```
cd <ipynb-dir>
jupyter lab
```

ここで, `<ipynb-dir>` はすべての *Jupyter Notebook* が保存されているディレクトリである.
- もし必要なら, このコマンドシーケンスをバッチファイルに入れることもできる.

b. Linux の場合
- Linux のターミナルを `terminal` コマンドで起動する.
- 新しく作成したコマンドシェルで, 次のコマンドを実行する.

```
ipython
```

(これで `.ipython` フォルダが生成される).
- `.ipython/profile_default/startup` のサブフォルダに, たとえば, `00<myname>.py` のような名前のファイルを置く.

```python
import numpy as np
import matplotlib.pyplot as plt
from scipy import stats
import pandas as pd
```

- `.bashrc` ファイル (シェルスクリプトの起動コマンドを含む) に, 次の行を入力する.

```
alias ipy='jupyter qtconsole'
IPYTHONDIR='~/.ipython'
```

- すべての Jupyter Notebook を見るには, 以下のようにする.
  - `<mydir>` に移動する.
  - 次の文を含む `ipynb.sh` ファイルを作成する

```
#!/bin/bash
cd <ipynb-dir>
jupyter lab
```

-chmod 755 ipynb.sh でファイルを実行可能にする.

これで, ipy とタイプするだけで *IPython* を, ipynb.sh とタイプするだけで *JupyterLab* を起動できる.

c. Mac OS X の場合

- 手動で *Spotlight* を開くか, ショートカット CMD＋SPACE で Terminal を入力し, "Terminal" を検索して *Terminal* を起動する.
- *Terminal* で ipython を実行すると, <mydir>/.ipython の下にフォルダが生成される.
- ターミナルに pwd コマンドを入力する. これで, <mydir> がリストアップされる.
- 次に *Anaconda* を開き, *spyder-app* や TextEdit などのエディタを起動する. コードを書くときに定期的に使用するコマンドラインを含むファイルを作成する (このファイルはいつでも開いて編集できる). 手始めに, 以下のコマンドラインでファイルを作成できる.

```
import pandas as pd
import os
os.chdir('<mydir>/.ipython/profile_<myname>')
```

- 次のステップは少々厄介だ. *Mac OS X* のデフォルトでは, "." で始まるフォルダは非表示になっている (cmd-shift-. で表示できる). そのため, .ipython にアクセスするには, File -> Save as... を開く. *Finder* ウィンドウを開き, "移動" メニューをクリックして "フォルダへ移動" を選択し, <mydir>/.ipython/profile_default/startup と入力する. これで, "startup" というヘッダーをもつ *Finder* ウィンドウが開く. このテキストの左側に, 青いフォルダアイコンがあるはずだ. このフォルダを "名前を付けて保存" ウィンドウにドラッグ＆ドロップすると, エディターが開く. IPython には命名規則を説明する *README* ファイルがある. 私たちの場合, ファイルは 00- で始まるはずなので, 00-<myname> と名づける.

- .bash_profile（シェルスクリプトの起動コマンドを含む）を開き，alias
ipy='jupyter qtconsole' という行を入力する．
- すべての IPython Notebook を見るには，以下のようにする．
　–<mydir> に行く
　–ipynb.sh ファイルを作成する．

```
#!/bin/bash
cd <ipynb_dir>
jupyter lab
```

　–chmod 755 ipynb.sh でファイルを実行可能にする．

2・3・4　インタラクティブ・セッションの例

　データ分析の重要な側面は，データのインタラクティブな視覚的検査である．私の個人的な好みとしては，*Jupyter Qt* コンソールでデータ分析を開始するとよい．

　この例では，コマンドラインから jupyter qtconsole というコマンドで *IPython* セッションを開始する．（*WinPython* の場合：cmd コンソールから *Jupyter* を起動するのに問題がある場合は，代わりに *WinPython* コマンドプロンプトを使うとよい）

　Python と *IPython* を使い始めるために，図 2・11 の *IPython* セッションを順を追って見ていこう．

- *IPython* は，使用されている *IPython* と *Python* のバージョンの一覧から始まる．
- **In [1]**：*numpy* を np としてインポートし，すべてのプロットコマンドを含む *matplotlib* モジュールである matplotlib.pyplot を plt としてインポートするのが通例である．CTRL＋Enter を押すことで，複数行のコマンドを実行できることに注意すること．（コマンドシーケンスは次の空行の後に実行される）
- **In [2]**：コマンド t = np.arange(0,10,0.1) は，0 から 10 までのベクトルを 0.1 のステップサイズで生成する．arange は *numpy* パッケージのコマンドである．
- **In [3]**：ω を計算する．π の値は *numpy* でのみ定義されており，Python には存在しないことに注意すること！
- **In [4]**：t はベクトルであり，sin は *numpy* の関数であるため，正弦値は t の各値に対して自動的に計算される．
- **In [5]**：IPython のマジック関数 "pwd" は "print working directory" の略で，まさにそれを実行する．ディレクトリの変更（%cd），ディレクトリのブックマーク（%bookmark），ワークスペースの検査（%who と %whos）などの対話型コンピュー

ティングでよく使われるタスクは、"IPython マジック関数"として実装されている。同じ名前の Python 変数が存在しない場合、"%"記号はこのように省略できる。

- **In [7]**: *IPython* は、図 2・11 に示すように、デフォルトで *Jupyter Qt* コンソールにプロットを生成する。図 2・11 に示すように、*IPython* はデフォルトで *Jupyter Qt* コンソールにプロットを生成する。グラフィックスファイルの生成も非常に簡単で、ここでは解像度 200 dpi の PNG ファイル "Sinewave.png"を生成している。

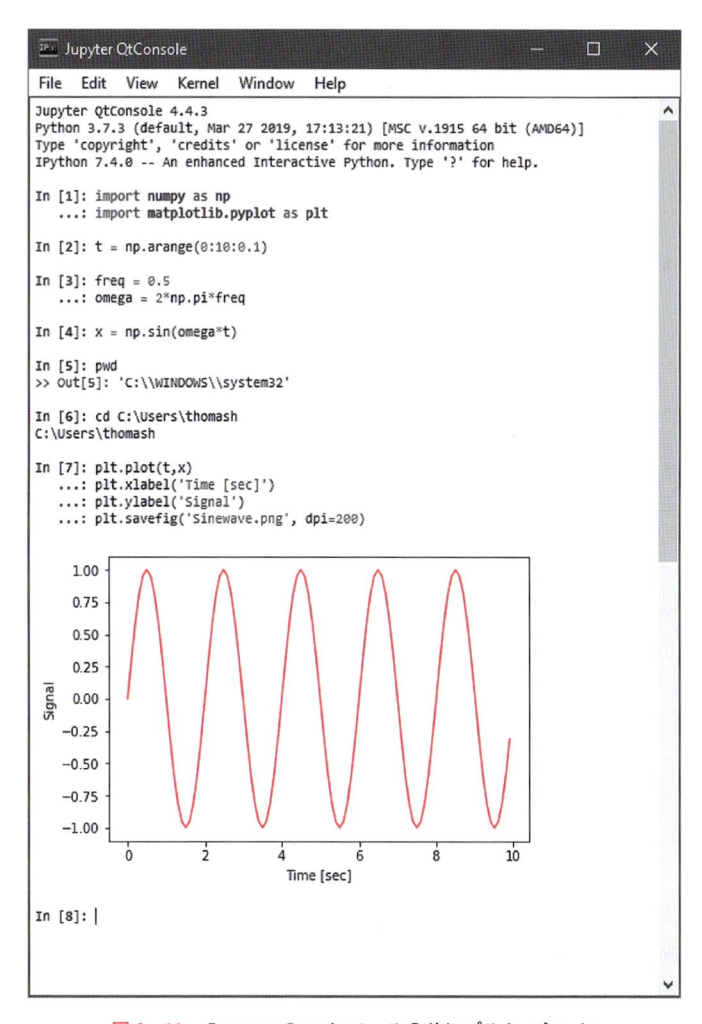

図 2・11 *Jupyter Qt* コンソールのサンプルセッション

　matplotlib が，グラフィックス出力を処理することは前述した．*Jupyter* では，`%matplotlib inline` と `%matplotlib qt5` で，インライングラフと外部グラフィックスウィンドウへの出力を切り替えることができる（図**2・12**参照）．（Python のバージョンによっては，`%matplotlib qt5` を `%matplotlib` または `%matplotlib tk` に置き換える必要があるかもしれない．）*matplotlib* のプロットコマンドは，Matlab の慣例に忠実に従う．

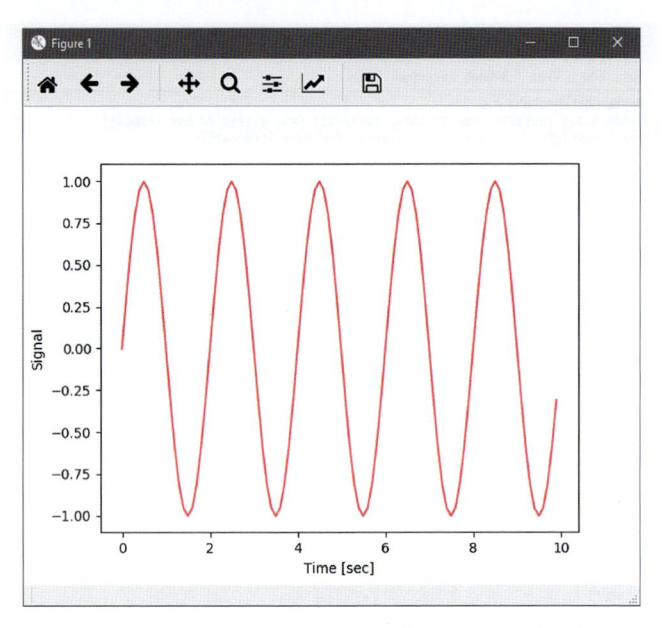

図 **2・12**　**Qt** フレームワークを使用したグラフィカルな出力ウィンドウ　　これにより，パン（キーボードショートカット p），ズーム（o），ホーム（h），グリッドの切り替え（g）が可能になる．`plt.ginput()` を使えば，インタラクティブな入力を得ることもできる（リスト2・4より）．

2・3・5　対話型コマンドを Python プログラムに変換する

　IPython は，コマンドの構文と順序を調べるのに非常に役立つ．次のステップは，これらのコマンドをコマンドラインから実行できるコメント付きの Python プログラムにすることである．このセクションでは，Python の規約と構文の特徴を紹介する．

　IPython コマンドをスクリプトに変換する効率的な方法は，次の通りである．

- %hist または %history コマンドでコマンド履歴を取得する（-f オプションをつけると，履歴を希望のファイル名で直接保存できる）．

- 履歴を優れた統合開発環境（IDE）にコピーする．推奨する IDE は *Wing*（http://www.wingware.com/）で，コードのバージョニング，テストツール，ヘルプウィンドウなどが統合され，強力なデバッガを備え，非常に快適で強力な作業環境を提供してくれる（図 2・13）．*Anaconda* や *WinPython* と一緒にインストールされるフリーのサイエンス指向 IDE である *spyder* の最新バージョンも，実に印象的である（*spyder4*, https://www.spyder-ide.org/）．他の有名で強力な IDE は，*pycharm*（https://www.jetbrains.com/pycharm/）と *Visual Studio Code*（https://code.visualstudio.com/）である．

- 関連するパッケージ情報を追加し，%cd のような IPython のマジックコマンドを Python の同等のものに置き換え，さらにドキュメントを追加することで，動作する Python プログラムに変えることができる．

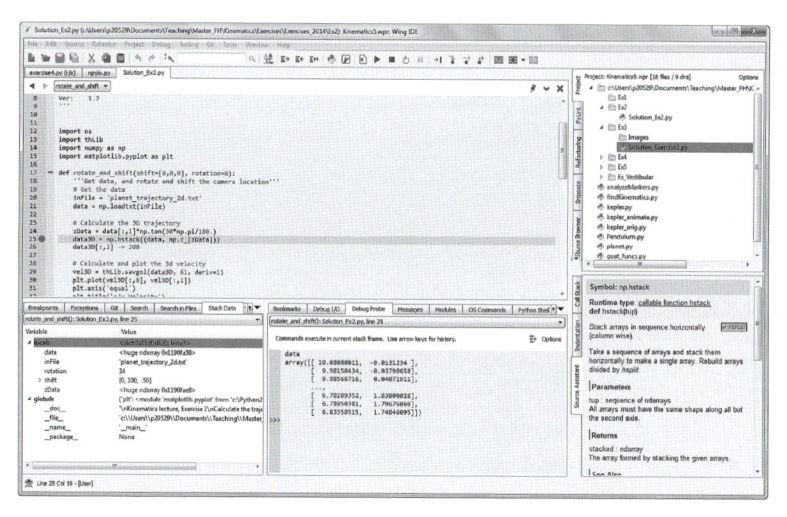

図 2・13　*Wing*（**https://www.wingware.com**）はお薦めの開発環境で，**Python** 用の既存のデバッガとしては最高のものの一つである　　ヒント：*Wing* で Python がすぐに実行されない場合，プロジェクト->プロジェクトのプロパティで，カスタム Python 実行ファイルや Python パスを設定する必要があるかもしれない．

　図 2・11 の対話型セッションのコマンドをプログラムに変換すると，次のようになる．

リスト 2・4　python_script.py

```
1  """ Python スクリプトの短いデモンストレーション
2  内容に関する短い 1 行の説明の後,
3  ヘッダーにはさらに詳細を書くことができる
4  """
5
6  # author: Thomas Haslwanter
7  # date:    June-2022
8
9  # 標準パッケージのインポート
10 import numpy as np
11 import matplotlib.pyplot as plt
12
13 # 時間値を生成する
14 t = np.arange(0, 10, 0.1)
15
16 # 周波数を設定し,正弦値を計算する
17 freq = 0.5
18 omega = 2 * np.pi * freq
19 x = np.sin(omega * t)
20
21 # データをプロットする
22 plt.plot(t,x)
23
24 # プロットのフォーマット
25 plt.xlabel('Time[sec]')
26 plt.ylabel('Values')
27
28 # 一つ上のディレクトリでフィギュアを生成し,
   それをユーザーに知らせる
29 out_file = '../Sinewave.jpg'
30 plt.savefig(out_file, dpi=200)
31 print(f'Image has been saved to {out_file}')
32
33 # スクリーンに映し出す
34 plt.show()
```

IPython の履歴から以下の修正を行った.

- コマンドは拡張子 .py のファイル，いわゆる Python モジュールに入れた.
- **1〜4 行目**: Python モジュールの前に "複数行" のヘッダーブロックを置くのは一般的なスタイルである. 複数行のコメントは三重引用符 `"""` で囲む. モジュールを記述する最初のコメントブロックの下には，作者と日付の情報を記述する. (Python の優れたスタイルガイドが https://pep8.org/ にある).
- **6 行目**: 1 行コメントは # を使用する.
- **29 行目**: Python では "/" も "\" もパスの区切り文字として正しく使えるが，"\\" は文字列のエスケープ文字としても使われる. 文字列中の "\" を文字通りに取るには，文字列の前に "r" ("raw string" の意) を付けなければならない. たとえば，`r'C: \Users\Peter'` と書くか，`'C: \\Users\\Peter'` と書く.
- **31 行目**: f 文字列は Python 3.6 で導入された. それ以前のバージョンでは，対応する構文は次のようになる.

```
print('Image has been saved to 0'.format(out_file)).
```

- **34 行目**: *IPython* は自動的にグラフ出力を表示するが Python プログラムは `plt.show()` で明示的に要求されるまで出力を表示しない. これはプログラムの速度を最適化し，必要なときだけグラフィカル出力を表示するためである. 出力は図 2・12 と同じように見える.

2・4　Python 用統計パッケージ

2・4・1　seaborn ── データの視覚化

seaborn (https://seaborn.pydata.org/) は *matplotlib* をベースにした Python 可視化

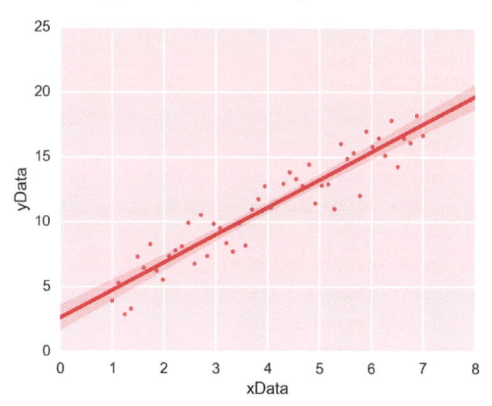

図 2・14　回帰プロット (*seaborn* より)　　主軸はデータ，ベストフィットの直線，フィットの信頼区間を示す.

ライブラリだ．そのおもな目的は，情報量が多く魅力的な統計グラフィックスを描画するための，簡潔で高レベルなインターフェイスを提供することである．

　たとえば，次のコードは，線フィットと信頼区間をもつ，きれいな回帰プロット（図 **2·14**）を生成する．

```python
import numpy as np
import matplotlib.pyplot as plt
import pandas as pd
import seaborn as sns

x = np.linspace(1, 7, 50)
y = 3 + 2*x + 1.5*np.random.randn(len(x))
df = pd.DataFrame({'xData':x, 'yData':y})
sns.regplot('xData', 'yData', data=df)
plt.show()
```

seaborn のプロット機能についてのより詳細な概要は，本書の github-archive にある *seaborn* のプロットに関する *Jupyter Notebook* に記載されている[5]．

2·4·2　pingouin

　`scipy` の `stats` サブパッケージは低レベルの統計関数を提供するが，最近の `pingouin` パッケージ（https://pingouin-stats.org/）はシンプルで網羅的な統計関数を提供している．例として，ノイズの多い直線への線形回帰フィットを比較する．

```python
In [1]: import numpy as np
   ...: import pingouin as pg
   ...: from scipy import stats

In [2]: np.random.seed(123)
   ...: x = np.arange(100)
   ...: y = 1.5*x + 50 + 10*np.random.randn(len(x))

In [3]: stats.linregress(x,y) # scipy を使った linefit
Out[3]: LinregressResult(slope=1.5028351171729766,
        intercept=50.130752434841256,
        rvalue=0.9678058655187531,
```

---

5) https://github.com/thomas-haslwanter/statsintro-python-2e/blob/master/ipynbs/2_seaborn_plotting.ipynb.

```
        pvalue=1.6044598942663455e-60,
        stderr=0.039481127739603966,
        intercept_stderr=2.2623409659387783)

In [4]: lm = pg.linear_regression(x,y) # pgを使ったlinefit
   ...: np.round(lm, 2)
Out[4]:
        names   coef    se      T  pval    r2  adj_r2  CI[2.5%]  CI[97.5%]
0  Intercept  50.13  2.26  22.16   0.0  0.94    0.94     45.64      54.62
1         x1   1.50  0.04  38.06   0.0  0.94    0.94      1.42       1.58
```

pingouinの出力は，より明確で有用な方法で情報を提示する．

2・4・3 statsmodels —— 統計モデリングのためのツール

statsmodels は *statsmodels* 開発チーム（https://www.statsmodels.org/）によってコミュニティに提供されたPythonパッケージである．*statsmodels* は，多くの異なる統計モデルの推定，統計検定，統計データ探索のためのクラスと関数を提供する．各推定量に対して，結果の統計量の広範なリストが利用可能である．

statsmodels は，*S* や *R* でも使用されている表記法（Wilkinson and Rogers 1973）に基づいた一般的な数式を使ったモデルの定式化も可能だ．たとえば，次の例は，*x* と *y* の間に線形関係を仮定したモデルを与えられたデータ集合に当てはめる．

```
import numpy as np
import pandas as pd
import statsmodels.formula.api as sm

# ノイジーラインを生成し，データを pd-DataFrame に保存する
x = np.arange(100)
y = 0.5*x - 20 + np.random.randn(len(x))
df = pd.DataFrame({'x':x, 'y':y})

# "patsy" パッケージによって追加された
# "formula" 言語を使って線形モデルを当てはめる
model = sm.ols('y~x', data=df).fit()
print( model.summary() )
```

これについては第12章 "線形回帰モデル" で詳しく説明する．

```
                          OLS Regression Results
==============================================================================
Dep. Variable:                      y   R-squared:                       0.996
Model:                            OLS   Adj. R-squared:                  0.996
Method:                 Least Squares   F-statistic:                 2.309e+04
Date:                Wed, 30 Jun 2021   Prob (F-statistic):          3.81e-118
Time:                        15:41:05   Log-Likelihood:                 -135.77
No. Observations:                 100   AIC:                             275.5
Df Residuals:                      98   BIC:                             280.8
Df Model:                           1
Covariance Type:            nonrobust
==============================================================================
                 coef    std err          t      P>|t|      [0.025      0.975]
------------------------------------------------------------------------------
Intercept    -19.9691      0.189   -105.872      0.000     -20.343     -19.595
x              0.5001      0.003    151.943      0.000       0.494       0.507
==============================================================================
Omnibus:                        0.023   Durbin-Watson:                   2.260
Prob(Omnibus):                  0.988   Jarque-Bera (JB):                0.025
Skew:                           0.007   Prob(JB):                        0.988
Kurtosis:                       2.924   Cond. No.                         114.
==============================================================================
```

　別の例としては，"成功" は "知性" と "勤勉さ"，そして両者の相互作用によって決まるとするモデルがある．パッツィーの数式を使えば，このようなモデルは次のように記述できる．

```
'success ~ intelligence * diligence'
```

　各推定量に対する結果統計量の広範なリストが利用可能である．すべての *statsmodels* コマンドの結果は，既存の統計パッケージに対してテストされ，正しいことが確認されている．機能は以下の通りである．

- 線形回帰
- 一般化線形モデル
- 一般化推定方程式
- ロバスト線形モデル
- 線形混合効果モデル
- ノンパラメトリック法
- グラフィック機能
- データ集合パッケージ
- 分散分析
- 時系列分析
- 生存期間分析のモデル
- 統計学（多重検定やサンプルサイズの計算など）
- 離散従属変数による回帰
- 一般化モーメント法
- 経験的尤度

２・５　プログラミングのヒント

２・５・１　プログラミングの一般的なヒント

- プログラミングを始める前に，やらなければならないステップを明確にし，コメントとして書き出す．ステップのリストは次のようになる．

  ```
  ＃パラメータを設定する．
  ＃入力ファイルを選択する．
  ＃データを読み込む．
  ＃データを分析する．
  ＃結果を表示する．
  ＃結果をアウトファイルに保存する．
  ＃アウトファイルの場所を表示する．
  ```

  これはコードを整理するのに役立つだけでなく，プログラムの最初の初歩的な文書にもなる．

- データ分析はインタラクティブな作業である．*IPython/Jupyter* が提供する強力な対話型プログラミング環境を活用し，まずは *Qt* コンソールや *JupyterLab* でステップ・バイ・ステップで分析を進めよう．

- 一つのブロックのデータ分析ができたら，history コマンドで履歴を取得し，それを関数にする．入力に何が必要か，出力はどうあるべきかを考える．

- 繰返しになるが，数学的なアルゴリズムを実装する前に，それを紙に書き出してほしい！　こうすることで，実装がより迅速になる．

- パッケージのドキュメント（*numpy*, *matplotlib*, *scipy*）や https://stackoverflow.com/ で提供されるヘルプを使用する．（最初のステップでは，検索をこれらのリソースだけに限定すること．Python のリファレンスやサンプルはウェブ上にたくさんあるので，簡単に迷子になる！）

- 可能であれば，簡単なダミーデータを使ってプログラムをテストすること．

- 明確な変数名を使うこと．そうすることで，コードがずっと読みやすくなり，長い目で見てメインテナンスしやすくなる．

- エディタのことをよく知ろう．特に，キーボードのショートカットを知っておくこと！

- デバッガの使い方を学ぶこと．デバッガはプログラムの実行エラーを追跡するのに非常に便利である（付録A・1参照）．個人的には，いつも IDE からデバッガを使うと，Python 組込みデバッガ pdb に頼ることはほとんどない．

● コードを繰返さない．もし2回以上コードの一部を使わなければならないなら，代わりに関数を書こう．Python の考え方は *The Zen of Python*（Python の禅）にうまくまとめられている．たとえば，Python のコンソールで import this.

2・5・2　Python のヒント

1. たとえ小さなプログラムをハックするだけでも，書いたコードは必ず保存すべきだ！　たとえ小さなプログラムをハックするだけであっても！　私は，"もう必要ないだろう"と思っていたコードを，何度も戻って修正しなければならなかったことに驚いてきた．また，コメントがない場合，自分のコードを理解するのに苦労することがよくある．Python で推奨されるベストプラクティスの完全な概要は，https://pep8.org/ にある．

2. 標準的な慣例に従うこと．

- すべての関数は，関数定義の下の行にドキュメント文字列（三重引用符 """ 内）をもつべきである．
- パッケージは，よく使われる名前でインポートすべきである．

```python
import numpy as np
import matplotlib.pyplot as plt
import scipy as sp
import pandas as pd
import pingouin as pg
import seaborn as sns
```

3. カレントディレクトリを取得するには，os.path.abspath(os.curdir) または os.path.abspath('.') を使う．また，Python モジュールでは，ディレクトリの変更は（*IPython* のように）cd では実行できず，代わりに os.chdir(...) というコマンドが必要である．

4. obj について調べるには，type(obj)（データ型を調べる）と dir(obj)（オブジェクトのメソッドとプロパティを調べる）を使う．

5. コードの重複を避けるために関数を使用し，if __name__=='__main__' の構文を理解する（p.30 を参照）．

6. 現在の作業ディレクトリとは異なる mydir ディレクトリに多くの個人用関数がある場合，以下のコマンドでそのディレクトリを PYTHONPATH に追加できる．

```python
import sys
sys.path.append('mydir')
```

7. Python の基本的な構文, 特にデータ構造を理解しているか確認すること. 可能な限りループの代わりに行列の乗算を使うようにすること.

8. また, 多くのコマンドは軸パラメータを使用し, 行, 列, またはすべてのデータに対して作用することができる.

```
In [1]: mat = [[1, 2],
               [3, 4]]

In [2]: np.max(mat)
Out[2]: 4

In [3]: np.max(mat, axis=0)
Out[3]: array([3, 4])

In [4]: np.max(mat, axis=1)
Out[4]: array([2, 4])
```

2・5・3 IPython/Jupyter のヒント

1. Jupyter *Qt* コンソールまたは *JupyterLab* で IPython を使用し, §2・3・3 で説明したようにスタートアップをカスタマイズすること！

2. たとえば plot のヘルプは, help(plot) か plot? (クエスチョンマーク一つ) でヘルプが表示され, クエスチョンマーク二つ (たとえば plot??) でソースコードも表示される. また, コマンド %quickref で表示されるヘルプのヒントもチェック. *JupyterLab* では, 以下のことができる.

   - Shift+Tab で現在のコマンドのヘルプを表示.
   - Ctrl+I でコンテキストヘルプが表示できる (マウスでタブヘッダーをクリックドラッグするだけで, 新しいタブを別のコンソールに移動できる).
   - Ctrl+Shift+C は, すべてのコマンドと対応するキーボードショートカットのリストを表示する.

3. ファイル名やディレクトリ名, 変数名, Python コマンドには TAB 補完を使おう. これはコーディングをスピードアップし, タイプミスを減らすのに役立つ.

4. インライングラフと外部グラフを切り替えるには, %matplotlib inline, %matplotlib または %matplotlib qt5 を使う.

5. `edit <fileName>` でローカルディレクトリのファイルを編集し，`%run` `<fileName>` で現在のワークスペースで Python スクリプトを実行できる．

6. `bookmark` コマンドを使うと，よく使うディレクトリに素早く移動できる．

2・6 演　習

1. ポイントの解釈

次のような Python スクリプトを書け．

- $P_0 = (0/0)$ と $P_1 = (2/1)$ の 2 点を指定する．各点は Python の `list([a,b])` で表現する，

- これら 2 点を `np.array` に結合する，

- 最初の座標に 3，2 番目の座標に 1 を加えてこれらのデータをシフトし，元の P_0 から元の P_1 への線をプロットし，同じプロット上にシフトした値の間の線もプロットする．

その結果を図 2・15 に示す．データ表示の詳細については，第 4 章を参照されたい．

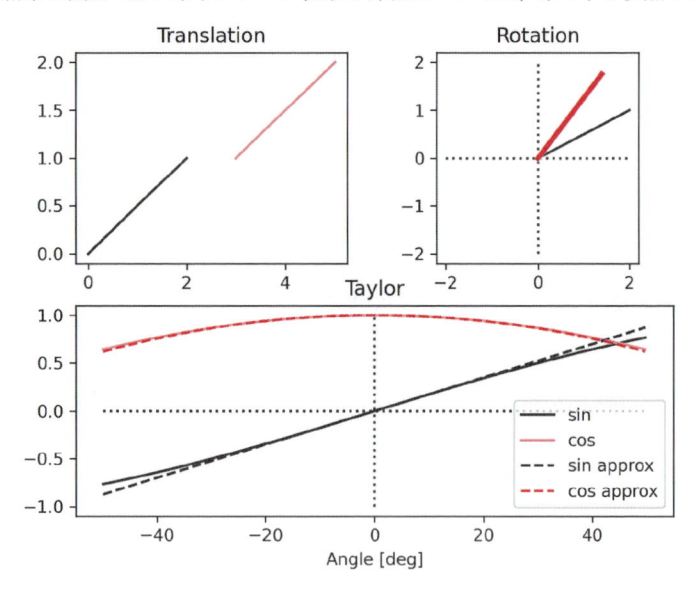

図 2・15　最初の 3 回の練習の結果

2. ベクトルの回転

$P_0 = (0/0)$ と $P_1 = (2/1)$ の 2 点を指定する Python スクリプトを書け．次に，以下の

Python 関数を書け.

- 入力パラメータとしてベクトルと角度を取る,
- 回転行列 **R** を掛け合わせることで, ベクトルを $25°$ 回転させ, 回転後のベクトルを返す.

  ヒント: 2D 回転行列は次のように定義され,

```
R = np.array([[np.cos(alpha), -np.sin(alpha)],
              [np.sin(alpha), np.cos(alpha)]])
```

  プロットについて少し試してみたいなら, 次のようにするとよい.

- P_0 から P_1 まで緑色の線を引く,
- このプロットを -2 から $+2$ までの座標系で重ね合わせる.
- 回転した線を赤で重ね合わせ, 線の太さを大きくする. (線の幅は, プロットパラメータ "linewidth=" で変更できる.)

3. テイラーシリーズ

- 正弦と余弦の 2 次近似を計算する関数を書け.
- 正確な値をプロットし, $-50°$ から $+50°$ の範囲で近似値と重ね合わせるスクリプトを書く.
- できあがった画像を PNG ファイルに保存する.

  ヒント: サインとコサインの 2 次近似は次式で与えられる.

$$\sin(\alpha) \approx \alpha \qquad \cos(\alpha) \approx 1 - \frac{\alpha^2}{2}$$

4. pandas とのはじめの一歩

- x 列のタイムスタンプは 0 から 10 秒まで, レートは 10 Hz, y 列のデータ値は 1.5 Hz の正弦, z 列は対応する余弦の値で, *pandas* DataFrame を生成する. x 列の時間, y 列の yvals, z 列の zvals にラベルを付ける.
- DataFrame の先頭を表示する.
- yvals と zvals から 10〜15 行目のデータを取り出し, ファイル out.txt に書き込む.
- データがどこに書き込まれたかをユーザーに知らせる.

ヒント: pandas についての簡潔で良い入門書

https://pandas.pydata.org/pandas-docs/stable/user_guide/10min.html

3

データの入力

この章では，さまざまなタイプのデータを Python に読み込む方法を示す．つまり，この章は Python の章と統計データ解析の最初の章をつなぐ役割を果たす．意外かもしれないが，正しいフォーマットでデータをシステムに読み込み，誤入力や欠落がないかをチェックすることは，データ分析において最も時間のかかる部分の一つだ．

テキストデータの入力は，データ項目間の異なる区切り記号（スペースやタブなど）や，ファイル末尾の空行など，多くの問題によって複雑になる可能性がある．さらに，データは *MS Excel*，HDF5（Matlab フォーマットも含む），データベースなど，異なるフォーマットで保存されていることもある．この章では，データ入力の始め方について概要を説明する．

3・1 テキストデータ

3・1・1 目　視

単純な ASCII テキストを読み込むのは，些細なことのように聞こえる．データ入力のための Python ツールは数多く開発されている．しかし，どのツールを使うにせよ，データを読み込もうとする前に，常に以下のことをチェックすべきである．

- データにヘッダやフッタはあるか？
- ファイルの最後に空行があるか？
- 最初の数字の前に空白があるか，各行の終わりに空白があるか？（後者はかなり見づらい）
- データはタブやスペースで区切られているか？〔ヒント：タブ，スペース，行末（EOL）文字を視覚化できるテキストエディタを使うべきである．テキストファイ

ルの検査に *MS Excel* を使わないことを薦める．Excel での数字の表現は，コンピュータの"地域設定"に依存するからである！〕

- 欠測値はあるか，また欠測値は一貫して表示されているか？
- 各変数（列）のデータ型は一貫しているか？

そして，データが読み込まれた後，以下をチェックすべきである．

- 1行目のデータは正しく読み込まれたか？
- 最終行のデータは正しく読み込まれたか？
- 列の数は正しいか？

図3・1は，テキストファイルでよく見られる可変的な側面のいくつかを示している．

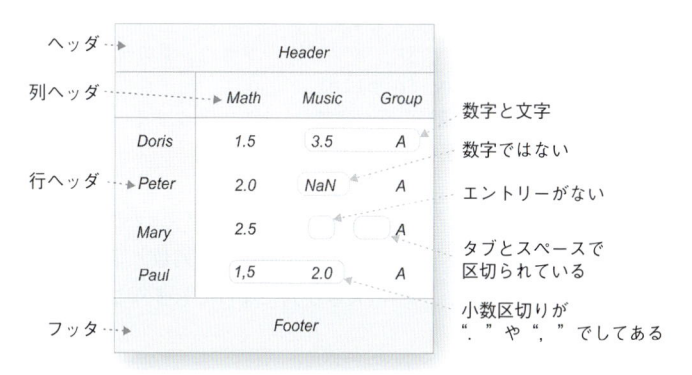

図3・1 **ASCII ファイルにはさまざまな種類がある** この図は，テキストデータを読み込もうとしたときに起こりうる落とし穴のいくつかを示している．

3・1・2 ASCII データを読み込む

データ分析は，*Jupyter Qt* コンソールまたは *Jupyter Notebook* でデータを読み込んで検査することから始めることを強くお薦めする．そうすることで，より簡単に動き回ることができ，いろいろなことを試して，コマンドがどの程度成功したかのフィードバックをすばやく得ることができる．データを読み込むための正しいコマンド構文が見つかったら，%history でコマンド履歴を取得し，お気に入りの IDE にコピーして，前の章で説明したようにプログラムにできる．

numpy コマンドの np.loadtxt は，単純にフォーマットされたテキストデータを読み込めるが，ほとんどの場合，*pandas* コマンド pd.read_csv を使用する方が簡単である．

典型的なワークフローには，以下のようなステップがある．

- データが保存されているフォルダに変更する．
- そのフォルダ内のファイルをリストアップする．
- これらのファイルから一つを選択し，対応するデータを読み込む．
- データが完全に，そして正しいフォーマットで読み込まれたかどうかをチェックする．

これらの手順は，たとえば *IPython* では以下のコマンドで実装できる．

```
In [1]: import pandas as pd
In [2]: cd 'C:\Data\storage'
In [3]: pwd       # 成功したかどうかの確認
In [4]: ls        # そのディレクトリのファイルをリストアップする
In [5]: in_file = 'data.txt' # パラメータをハードコードしない
In [6]: df = pd.read_csv(in_file)
In [7]: df.head()     # 最初の行が問題ないかチェックする
In [8]: df.tail()     # 最後の行をチェック
```

In[6] の後，データを正しく読み込むためには，pd.read_csv のオプションを調整しなければならないことが多い．列ヘッダの数が期待する列数と等しいことを確認されたい．すべてが読み込まれて，一つの大きな列になってしまうことがあるからである！

a. 単純なテキストファイル　　たとえば，次のような内容のファイル data.txt があるとする．

```
1, 1.3, 0.6
2, 2.1, 0.7
3, 4.8, 0.8
4, 3.3, 0.9
```

これを読み込んで表示するには次のようにする．

```
In [9]: data = np.loadtxt('data.txt', delimiter=',')

In [10]: data
```

```
Out[10]:
   array([[ 1. , 1.3, 0.6],
          [ 2. , 2.1, 0.7],
          [ 3. , 4.8, 0.8],
          [ 4. , 3.3, 0.9]])
```

　ここで，data は *numpy* の配列である．フラグ delimiter=',' がないと，関数 np.loadtxt はクラッシュする．これらのデータを読み込む別の方法は，

```
In [11]: df = pd.read_csv('data.txt', header=None)

In [12]: df
Out[12]:
    0    1    2
0   1  1.3  0.6
1   2  2.1  0.7
2   3  4.8  0.8
3   4  3.3  0.9
```

　ここで，df は *pandas* の DataFrame である．*pandas* の関数 pd.read_csv は，1列目をすでに整数として認識し，2列目と3列目は正しく浮動小数点数として認識されていることに注意されたい．header=None フラグを指定しないと，次のステップで示すように，最初の行のエントリーが列ラベルとして誤って解釈されてしまう．

```
In [13]: df = pd.read_csv('data.txt')  # 注意:
                                       # 誤って解釈される！
In [14]: df
Out[14]:
     1    1.3    0.6
  0  2    2.1    0.7
  1  3    4.8    0.8
  2  4    3.3    0.9
```

b. もっと複雑なテキストファイル　　データ入力に *pandas* を使う利点は，より複雑なファイルを使えば明らかになる．たとえば，以下の行（フッタを含む）を含む入力ファイル data2.txt を考えてみよう．

```
ID, Weight, Value
1, 1.3, 0.6
2, 2.1, 0.7
3, 4.8, 0.8
4, 3.3, 0.9

Those are dummy values, created by ThH.
May, 2020
```

pd.read_csvの入力フラグの一つにskipfooterがあるので，以下のようにすれば簡単にデータを読み込むことができる．

```
In [15]: df2 = pd.read_csv('data2.txt',
         skipfooter=3,
         delimiter='[ ,]*')
```

最後のオプションであるdelimiter='[,]*'は，**正規表現**（regular expression，下記参照）で，**一つ以上のスペースやカンマをエントリー値の区切りに使用することを指定する**．また，入力ファイルにカラム名のヘッダ行が含まれている場合，データは対応する列名で即座にアクセスできる．たとえば，

```
In [16]: df2
Out[16]:
   ID   Weight   Value
0   1      1.3     0.6
1   2      2.1     0.7
2   3      4.8     0.8
3   4      3.3     0.9

In [17]: df2.Value
Out[17]:
0    0.6
1    0.7
2    0.8
3    0.9
Name: Value, dtype: float64
```

ヒント: `pd.read_csv` コマンドのオプションの中でよく使われるものに `delim_whitespace` がある. このパラメータを `True` に設定すると, 一つ以上の空白（スペースまたはタブ）が一つの区切り文字として扱われる.

3·1·3 正 規 表 現

テキストデータを扱うには, しばしば簡単な正規表現を使う必要がある. 正規表現はテキスト文字列を検索したり操作したりする非常に強力な方法で, その構文は使用するプログラミング言語に依存しない. 正規表現はほとんどのプログラミング言語で直接サポートされている. 正規表現については多くの本が出版されているし, 正規表現に関する簡潔で良い情報は, たとえば以下のようにウェブ上で見つけることができる.

- https://www.debuggex.com/cheatsheet/regex/python
  このサイトには Python の正規表現の便利なキーボードショートカットの一覧が掲載されている.

- http://www.regular-expressions.info
  このサイトには正規表現の包括的な説明が掲載されている.

pandas が正規表現をどのように利用できるかは, 二つの例で説明できる.

1. カンマ, セミコロン, 空白の組合わせで区切られたファイルからデータを読み込む.

```
df = pd.read_csv(inFile, sep='[ ;,]*')
```

角括弧（"`[...]`"）は, 括弧内の要素の組合わせを示す.
また, 星印（"`*`"）は一つ以上の先行要素を示す.

2. *pandas* DataFrame から特定の名前パターンをもつ列を抽出する. 以下の例では, `Vel` で始まるすべての列が抽出され, 結合される.

```
In [18]: data = np.round(np.random.randn(100,7), 2)

In [19]: df = pd.DataFrame(data, columns=['Time',
         'PosX', 'PosY', 'PosZ', 'VelX', 'VelY', 'VelZ'])

In [20]: df.head()
```

```
Out[20]:
    Time  PosX  PosY  PosZ  VelX  VelY  VelZ
0   0.30 -0.13  1.42  0.45  0.42 -0.64 -0.86
1   0.17  1.36 -0.92 -1.81 -0.45 -1.00 -0.19
2  -3.03 -0.55  1.82  0.28  0.29  0.44  1.89
3  -1.06 -0.94 -0.95  0.77 -0.10 -1.58  1.50
4   0.74 -1.81  1.23  1.82  0.45 -0.16  0.12

In [21]: vel = df.filter(regex='Vel*')

In [22]: vel.head()
Out[22]:
    VelX  VelY  VelZ
0   0.42 -0.64 -0.86
1  -0.45 -1.00 -0.19
2   0.29  0.44  1.89
3  -0.10 -1.58  1.50
4   0.45 -0.16  0.12
```

3・2　Excel

pandas で *MS Excel* ファイルを読み込むには，read_excel 関数と ExcelFile クラスの二つのアプローチがある[1].

- read_excel は，ファイル固有の引数（つまり，シート間で同一のデータフォーマット）をもつ一つのファイルを読み込むためのものである．
- ExcelFile は，シート固有の引数（つまり，シート間で異なるデータ形式）をもつ一つのファイルを読み込むためのものである．

アプローチの選択は，コードの読みやすさと実行速度の問題が大きい．以下のコマンドは，1 枚のシートを読むための同等のクラスと関数のアプローチを示している．

```
# ExcelFile クラスを使って
xls = pd.ExcelFile('path_to_file.xls')
data = xls.parse('Sheet1', index_col=None,
                 na_values=['NA'])
```

---

[1] 以下は，*pandas* ドキュメントから抜粋したものである．

```
# read_excel 関数を使って
data = read_excel('path_to_file.xls', 'Sheet1',
        index_col=None, na_values=['NA'])
```

失敗した場合は，Python の *xlrd* パッケージで試してみることを薦める．

3・3 Matlab

Matlab ファイルに対する最適な入力方法は，ファイルの複雑さに依存する．文字列，数値，ベクトル，行列のみを含む .mat ファイルの場合，最も簡単な解決策は scipy.io.loadmat だ．以下のコマンドは，Matlab ファイル data.mat から文字列，数値，ベクトル，行列を Python 辞書に読み込んで返す．

```
from scipy.io import loadmat

matlab_file = 'data.mat'
data = loadmat(matlab_file, squeeze_me=True)

# フィールド名は Matlab の名前
text = data['my_text']
number = data['float_number']
vector = data['my_vector']
matrix = data['my_matrix']
```

.mat ファイルにセルや構造体も含まれているが，それ以上の複雑なデータ構造（たとえば，2 次元以上の配列や複素数の配列，スパース配列など）が含まれていない場合，mat4py パッケージが最適だ．mat4py は一般的な Python ディストリビューションには含まれていないので，手動でインストールする必要があることに注意されたい（pip install mat4py）．mat4py はデータを単純な Python データ型で返す（具体的には，配列を np.array ではなくリストとして返す）．

```
import mat4py

data = mat4py.loadmat(matlab_file)
array_data = np.array( data['my_matrix'] )

cell = data['my_cell']
```

コード: `ISP_matlab_data.py`[2)] は, データ .mat ファイルを読み取るさまざまな方法を示している.

3・4　バイナリデータ: NPZ フォーマット

　スペースや帯域幅が限られている場合や, 大きなデータ集合の場合は, バイナリ形式でデータを保存することが望ましい場合もある. 二つの一般的な有用なオプションは, *numpy* が提供する .npz ファイル形式と, いわゆる "構造化配列" である. 前者は, Python プログラムでデータを再度読み込む場合に便利だ. 後者は, データを他のアプリケーションでさらに処理する場合に望ましい.

　以下の例では, データを .npz 形式で保存する方法を示す. .npz 形式は, 含まれている変数にちなんで名付けられたファイルの zip アーカイブだ. アーカイブは圧縮されておらず, アーカイブ内の各ファイルには .npz 形式の変数が一つずつ含まれている.

```
In [1]: import numpy as np
In [3]: t = np.arange(0, 10, 0.1) # np 配列を生成する
In [4]: x = np.sin(t)
In [5]: data_dict = {'time': t, 'signal': x} # 辞書
In [6]: out_file = 'binary'
# dict を '.npz' に保存し, '.npz' ファイルを再度読み込む
In [7]: np.savez(out_file, **data_dict)
In [8]: new_data = np.load(out_file + '.npz')
# ロードされたデータを使用する
In [9]: plt.plot(new_data['time'], new_data['signal'])
In [10]: new_dict = dict(new_data) # dict に変換
```

3・5　他のフォーマット

クリップボード　　システムのクリップボードにあるデータは, 以下の方法で直接インポートできる.

---

2)　<ISP2e>/03_DataInput/ISP_matlab_data.py.

```
pd.read_clipboard().
```

他のファイルフォーマット　　また，SQLデータベースやその他のフォーマットも *pandas* でサポートされている．これらにアクセスする最も簡単な方法は，pd. read_+TAB と入力することで，*pandas* DataFrame にデータを読み込むために現在利用可能なすべてのオプションを表示できる．

ウェブ上の圧縮アーカイブ　　Python は zip で圧縮されたデータをウェブから直接読み込むこともできる．ISP_read_zip.py を参照されたい．

🐍 python™

コード: ISP_read_zip.py[3] は，ウェブ上の zip アーカイブに保存された *Excel* ファイルからデータを直接読み込む方法を示す．

3・6　演　　　習

1. データの読み込み

以下のファイルからデータをワークスペースに読み込む．（ファイルがまだ利用可能でない場合は，スクリプト S3_data_gen.py を実行することで生成できる）

data.csv: カンマ区切りデータファイル

data_tab.txt: タブ区切りのデータファイル

data_modified.txt: タブ区切りのデータファイル，ヘッダ付き

data.xls: エクセルファイル

data.mat: Matlab ファイル

data.raw: バイナリデータファイル

2. テキストファイルの修正虚数 （難易度高）

imaginary.txt ファイルには，各列のヘッダを含む複素数の実部と虚部が含まれている．これらのデータを読み込み，各データの極座標表現（半径/角度 [rad]）を各行に追加する Python スクリプトを書け．

ヒント: できあがったアウトファイルでは，ヘッダラベルと数字をシンプルなタブで区切る．

---

3) \<ISP2e\>/03_DataInput/ISP_read_zip.py.

3.　混 合 入 力

- ファイル .\swim\100m.csv には値と文字列が含まれている．データを読み込んで，最初の 5 点と最後の 5 点を表示せよ．
- MS Excel ファイル .\data\Table 2.8 Waist loss.xls の下の方にデータがある．データを読み込んで，最後の五つのデータポイントを表示せよ．
- **難易度高**：同じファイルを読み込め．ただし今回は次の zip アーカイブとする．
https://work.thaslwanter.at/sapy/GLM.dobson.data.zip.

4.　バイナリデータ

data.raw ファイルには 256 バイトのヘッダがあり，その後に 3 連のデータ (t, x, y) が浮動小数点数表現で格納されている．これらのデータを読み込み，x と y を t に対してプロットせよ．

コード：異なるフォーマットでデータを書き込む方法と，フォーマットされたテキスト文字列を生成する方法は，S3_data_gen.py に示されている．このスクリプトはこの章の演習の入力ファイルも生成する．

４

データの表示

　この章では，Python でのプロットの基本的な概念を説明する．また，Python のプロットをプレゼンテーション用の見ばえの良い図にするためのヘルプも提供する．さまざまな 2D と 3D のプロットタイプの例から，プロットパッケージ *matplotlib* の機能を初めて見ることができる．

　まず，単純な軌跡に沿った粒子の運動から始め，8 の字の軌跡（図 4・1 参照）に沿って移動する粒子の位置と速度を時間の関数として示す．

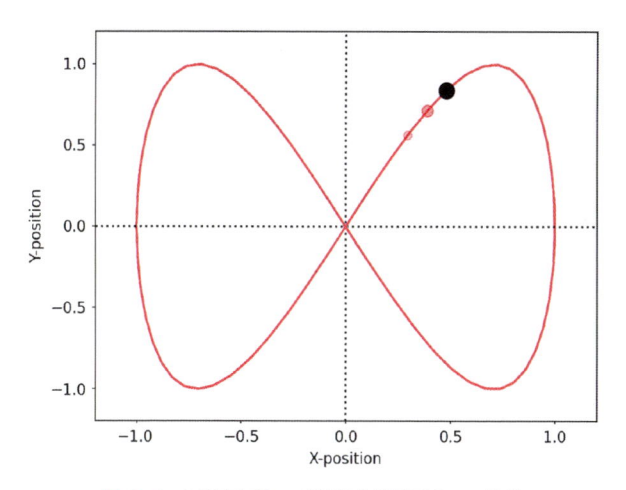

図 4・1　8 の字に沿って移動する粒子の x–y 軌跡

　このような粒子の位置と速度に基づいて，次のセクションでは Python でプロットを生成するための基本的な概念を説明する．また，コンピュータ画面上での図形の位置決めや，図形のキーボード入力の問い合わせなど，多くの便利な機能のコードサン

プルを紹介する．最後のセクションでは，Pythonの図をベクターベースの一般的なグラフィックプログラムにエクスポートする方法について説明する．

4・1 初 歩 的 な 例

リスト4・1のコードは，**図4・2**のプロットを生成する．

リスト4・1　simple_figure.py

```python
""" 二つの曲線の位置と速度を表示する基本的なプロットコマンド """

# 標準パッケージのインポート
import numpy as np
import matplotlib.pyplot as plt
from datetime import date
# データの作成
t = np.arange(0,10,0.1)

x = np.sin(t)          # 位置
y = np.sin(2*t)        # 速度

vx = np.cos(t)
vy = 2*np.cos(2*t)
# 位置を上に，速度を下にプロットする
# 一方を拡大すると両方のプロットが調整されることを確認する
fig, axs = plt.subplots(nrows=2, ncols=1,
            sharex=True)

# ここではプロット・パラメータを変更する
# 'linewidth=' と 'lw=' は同じ意味
axs[0].plot(t, np.column_stack([x,y]), linewidth=2)
axs[1].plot(t, np.column_stack([vx,vy]), lw=2)

# 軸ラベルの追加
axs[0].set_ylabel('Position [m]')
axs[1].set_xlabel('Time [sec]')
axs[1].set_ylabel('Velocity [m/s]')

# x-limit を設定する
```

```
# （x 軸は共有されているので，これは一度だけ行えばよいことに注意！）
axs[0].set_xlim([0, 10])

# 図には日付も記入
fig.text(0.8, 0.02, date.isoformat(date.today()))

# 図形要素のプロパティは，
# 描画後に変更することもできる
for ax in axs:
    lines = ax.get_lines()
    lines[0].set_linestyle('dashed')

# 最初の軸に凡例を追加する
axs[0].legend(['x', 'y'])

# 図を保存
out_file = 'simple_figure.jpg'
plt.savefig(out_file, dpi=200)

# コンピュータにファイルが追加または
# 変更された場合は，常にユーザーに通知
print(f'Image saved to {out_file}')

plt.show()
```

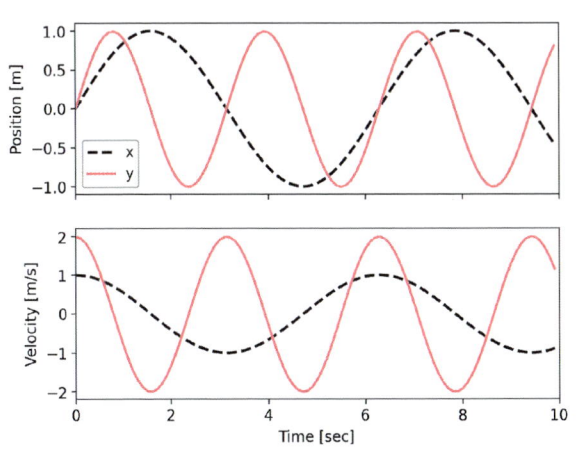

図 4・2　シンプルなデモ図（リスト 4・1 より）

数値を最適化するには，以下の基本ルールが役立つ．

- イラストは，できるだけ少ない要素で，必要な数だけ描かれるべき（図4・2）．
- 軸には必ずラベルを付け，ラベルに単位を含めること！
- ユーザーが読む量を最小限にする．たとえば，
  - 二つの軸が同じ x スケールで上にある場合は，下の軸にのみ x-tick-labels を使用する．
  - 二つの軸に同じ線スタイルとラベルがある場合は，一つの凡例のみを使用する．
- 数値に日付を入れることを検討する．特に，データ分析でいくつかのパラメータを変更した場合など．
- 図要素の生成を書式設定から分離する（次のセクションを参照）．これはコードを明確にするのに役立つ．
- 図をファイルに保存する場合，ファイルが生成/変更された場所とそのファイル名を常にユーザーに伝えること！

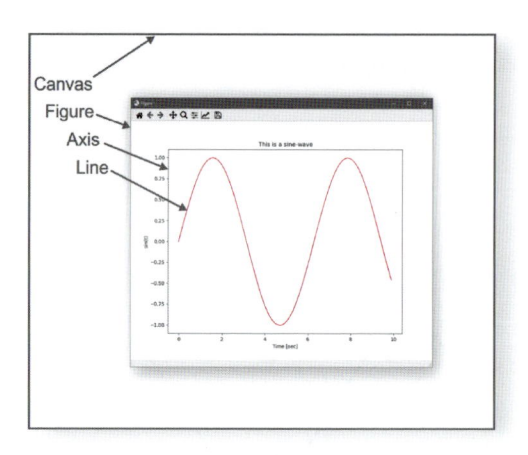

図 4・3　*matplotlib* における図の基本要素　　キャンバスは図ウィンドウであることもあるが，PDFファイルやブラウザのセクションであることもある．たとえば，コンピュータ画面上に図ウィンドウを配置する場合など．

4・2　Python でのプロット

データ解析の最初のステップは，常に生データの視覚的検査であるべきだ．

人間の大脳皮質のおもな仕事は，網膜上の活動パターンから視覚情報を抽出することである．そのため私たちの視覚システムは，視覚化されたデータ集合のパターンを

検出することに非常に長けている．その結果，データを定量的に分析する前に，何が起きているのかをほとんど常に見ることができる．また，視覚的なデータ表示は，パラダイムの実行ミスやデータ取得のミスに起因することが多い極端なデータ値を見つけるのにも役立つ．

グラフ出力は，HTMLページに画像としても表示できるし，インタラクティブなグラフィックスウィンドウにも表示できる．プロットは，ユーザーの注意を引くように要求もできるし（いわゆる"ブロック図形"），数秒後に自動的に閉じることもできる．次のセクションでは，ヒストグラム，エラーバー，3Dプロットなど，さまざまなタイプのプロットを紹介する．

Pythonコアにはプロットを生成するツールは含まれておらず，他のパッケージによって追加される．プロットのための最も一般的なパッケージは *matplotlib* だ．*WinPython* や *Anaconda* のような科学ディストリビューションでPythonをインストールした場合，*matplotlib* はすでに含まれている．*matplotlib* はMatlabのスタイルを模倣することを目的としている．そのため，ユーザーは関数型スタイル（"Matlabスタイル"）でプロットを生成することも，伝統的なオブジェクト指向のPythonスタイル（下記参照）でプロットを生成することもできる．

matplotlib（https://matplotlib.org/）にはさまざまなモジュールと機能が含まれている．

matplotlib.pyplot これは一般的にプロットを生成するために使用されるモジュールである．*matplotlib* のプロットライブラリへのインターフェイスを提供し，Pythonの関数やモジュールでは慣習的に `import matplotlib.pyplot as plt` でインポートされる．

　pyplot は，ユーザーがデータ分析に集中できるように，プロット用の図形や軸の作成など，多くの細かい処理を行う．

matplotlib.mlab `find` や `griddata` など，Matlabでよく使われる関数が多数含まれている．

backends *matplotlib* は，"バックエンド"とよばれるさまざまなフォーマットで出力できる．

- *Jupyter Notebook* や *Jupyter Qt* コンソールでは，`%matplotlib inline` コマンドを用いることで，現在のブラウザウィンドウに出力するよう指示できる．
- 同じ環境で，`%matplotlib qt5`[1]を用いると別のグラフィックスウィンドウに出力できる（図2・12）．これにより，プロットのズームなどが可能になり，plt.

---

[1] Pythonのビルドによっては，このコマンドは `%matplotlib tk` のときもある．

ginput コマンドでプロット上の点をインタラクティブに選択できる.

- plt.saveFig を使えば, PDF, PNG, JPG 形式などの外部ファイルに簡単に出力できる.

pylab は, matplotlib.pyplot (プロット用) と numpy (数学と配列操作用) を単一の名前空間で一括インポートする便利なモジュールである. 多くの例で pylab が使われているが, もはや推奨されていない.

matplotlib が提供する多くの画像タイプの実装を見つける最も簡単な方法は, *matplotlib* ギャラリー (https://matplotlib.org/stable/gallery/index.html) をブラウズして, 対応する Python コードをあなたのプログラムにコピーすることだ. その他の興味深いプロットパッケージやリソースは以下の通りである.

- また, *pandas* (*matplotlib* をベースにしている) は, DataFrame を視覚化する便利な方法をたくさん提供している. これは, 軸ラベルと線ラベルが列名によってすでに定義されているからである.

  https://pandas.pydata.org/pandas-docs/stable/user_guide/visualization.html
- *bokeh* は Python のインタラクティブな可視化ライブラリで, モダンなウェブブラウザでの表示ができる. *bokeh* はインタラクティブなプロット, ダッシュボード, データアプリケーションの作成を可能にする (図 4・4 参照).

  https://docs.bokeh.org/

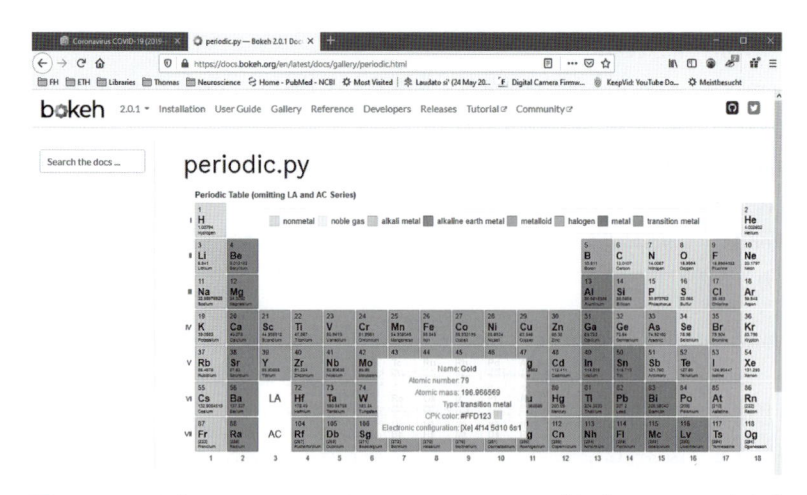

図 4・4　**bokeh (https://bokeh.org) では, インタラクティブなグラフィックスを生成できる**　この例では, カーソルの下にある要素に関する情報が表示される.

● https://plotly.com の Dash は，ウェブベースの分析アプリの生成に使用されている．

4・2・1　関数型アプローチとオブジェクト指向アプローチ

　Python のプロットは，関数的で Matlab のようなスタイルでも生成できるし，オブジェクト指向でより Python 的な方法でも生成できる．これらのスタイルは，それぞれに長所と短所がある．唯一の注意点は，あなた自身のコードの中でコーディングスタイルを混在させないことだ．

　まず，よく使われる関数型の "pyplot" スタイルを考えてみよう．

```python
# 必要なパッケージを
# 従来の名前でインポート
import matplotlib.pyplot as plt
import numpy as np

# データの作成
x = np.arange(0, 10, 0.2)
y = np.sin(x)

# プロットの生成
plt.plot(x, y)

# プロットをスクリーンに表示
plt.show()
```

　必要な図と軸の作成は *pyplot* が自動的に行うことに注意されたい．

　第二に，複数の図や軸を扱う場合，より Python 的なオブジェクト指向のスタイルの方が明確かもしれない．上の例と比べると，"#プロットの生成" というセクションだけが変わる．

```python
# プロットの生成
fig = plt.figure()          # 図の作成
ax = fig.add_subplot(111)   # 図に軸を追加
ax.plot(x,y)                # 軸にプロットを追加
```

　では，なぜ純粋な Matlab スタイルから離れると，余計なタイピングが増えるのだろうか？　この例のような非常に単純なものの場合，唯一の利点は学問的なものである．より複雑なアプリケーションの場合，この明確さと明瞭さはますます価値あるも

のとなり，より豊かで完全なオブジェクト指向インターフェイスは，プログラムをより書きやすく，保守しやすくするだろう．たとえば，次のコード行は，二つのプロットを上下に並べた図を作成し，どのプロットがどの軸に入るかを明確に示している．

```python
# 必要なパッケージのインポート
import matplotlib.pyplot as plt
import numpy as np

# データの生成
x = np.arange(0, 10, 0.2)
y = np.sin(x)
z = np.cos(x)

# 図と軸を同時に生成
fig, axs = plt.subplots(nrows=2, ncols=1)

# 第1軸に正弦波とyラベルをプロット
axs[0].plot(x,y)
axs[0].set_ylabel('Sine')

# 第2軸に余弦をプロット
axs[1].plot(x,z)
axs[1].set_ylabel('Cosine')

# 結果のプロットを表示
plt.show()
```

コード: `ISP_getting_started.py`[2) は科学的データ解析のための Python の短いデモストレーションである．

4・2・2　対話型プロット

 matplotlib は，ユーザーと対話するさまざまな方法を提供する．`ISP_interactive_plots.py` のサンプルは，インタラクティブなビジュアル・データ・インスペクションのためのユーザーインターフェイスを素早く作成するのに役立つ．

---

2)　\<ISP2e> /04_DataDisplay/gettingStarted/ISP_gettingStarted.py.

これらの例は，以下のような方法を示す．

- スクリーンに数字を配置する．
- 二つのプロットの間で一時停止し，数秒後に自動的に進む．
- クリックやキーボードの連打で進む．
- キーボード入力を評価する．
- 個々のデータポイントに関する情報をインタラクティブに表示し，外れ値の発見と評価を支援する．

コード：`ISP_interactive_plots.py`[3)]に対応するソースコードを示す．

4・3　図 を 保 存 す る

matplotlib は図のエクスポートに複数のオプションを提供する．一般的には，ピクセルベースのオプション（PNG や TIFF など），ベクターベースのオプション（SVG など），圧縮フォーマット（JPEG など）のいずれかを選択する．これらのフォーマットのうち，特に有用なものが三つある．

JPEG（"Joint Photographic Experts Group"）は，印刷したり，他のドキュメントにインポートしたりする図に推奨される圧縮フォーマットだ．JPEG にエクスポートする場合は，圧縮アーチファクトを避けるために，比較的高画質なレートを指定することをお薦めする．

SVG（"Scalable Vector Graphic"）は，図形を外部アプリケーションで修正する場合に便利だ．SVG はベクター・グラフィックス・フォーマットであり，次の節で示すように，外部アプリケーションでデータのさまざまな側面（LineStyle, LineWidth など）を変更できる．

PNG（"Portable Network Graphics"）は，圧縮されたラスター・グラフィックス・フォーマットである．ウェブでよく使われている．

```
out_file = 'my_figure.jpg'

# 解像度を 200 dpi に指定する
plt.savefig(out_file, dpi=200)
```

---

3) <ISP2e> /04_DataDisplay/interactivePlots/ISP_interactive_plots.py.

```
# より高い品質や低い品質が必要な場合は，次のようにする
# pil_kwargs = {'quality': 99}
# plt.savefig(out_file, dpi=200, pil_kwargs=
# pil_kwargs)

print(f'The figure has been saved to {out_file}')
```

ヒント: プログラムが新しいファイルを生成したときは，常にユーザーに知らせるべきである！

4・4　プレゼンテーションのための図の準備

4・4・1　一般的な検討事項

Python のすべての要素，したがって**グラフィカル・ユーザー・インターフェイス**（graphical user interface, GUI）のすべての要素はオブジェクトである（図4・3参照）．その結果，図の要素の特性は三つの段階で決定または変更できる．

1. オリジナルの図の要素を作成する．
2. 作成後，要素のプロパティを変更する（たとえば，線幅や色など）．
3. 外部グラフィックスプログラムへ．

Python では基本的な図形の調整のみを行うことを強くお薦めする．それから図を SVG 形式で保存し，外部のベクター・グラフィックス・プログラム（後述）で，個々の要素や，線幅や線色，テキストサイズなどの細かい部分を修正できるようにする．text-size などのプロパティは，図がどのように使用されるかによって変更される可能性があり，通常，図の計算をやり直す代わりに，グラフィックスプログラムでこれらのプロパティを変更する方がはるかに簡単だ．（この場合，データ解析プログラムがまだ動作していること，入力データがまだ利用可能であること，それらが正しい場所にあること，…）

人気のあるベクター・グラフィックス・プログラム

Adobe Illustrator　　以前はソフトウェアを購入することができたが，最近はソフトウェアのサブスクリプションしか提供しなくなった．

Affinity Designer　　手頃な価格で，評判も上々．

CorelDraw　　商用で，Illustrator より安いが，Inkscape より強力だ．

Inkscape　　オープンソースのフリーベクター描画プログラム．

　具体的な手順は使用するプログラムによって多少異なるかもしれないが，全体的な手順はほぼ同じである．

1. Python で作成された SVG ファイルは，ベクター・グラフィックス・プログラムにインポートされなければならない．
2. すべての要素はグループ化されていなければならない．（他のグループ内にグループ化された要素があるかもしれないことに注意！）
3. これで個々の要素を修正できるようになった．
4. わかりやすくするために，図のさまざまな要素（線，ラベル，注釈）にレイヤーを使用すると便利だ．

４・４・２　SVG 図形の修正

a. CorelDraw　　　以下では，*matplotlib* で生成された単純な正弦波である sine.svg から得られた図を修正するための CorelDraw のワークフローを説明する．

- File | Import → sine.svg を選択（図 4・5，左）．
- 図を挿入したい領域をクリックまたはクリック＆ドラッグで指定する．
- オブジェクト化 | グループ化 | すべてのオブジェクトのグループ解除．
- 背景を選択して削除する．（背景のレイヤーが二つある場合があるので，これは 2 回行う必要があるかもしれない）背景は白であることが多く，イラストのワイヤーフレームビュー（図 4・5，中央）でのみ見えるようになることに注意されたい．
- 線を選択する．
- 要素の線色（希望の色を右クリック）と塗りつぶし色（左クリック）を変更する．（"色なし"は，図をクリックすることで選択できる）
- 線幅と線スタイルを調整する．

　テキスト要素とラベルを調整する場合，通常，"レイヤー"を追加し，すべてのテキ

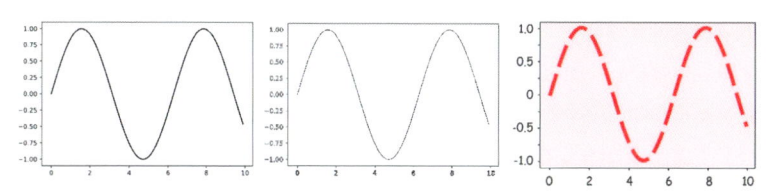

図 4・5　（左）元の SVG 図．（中央）Corel Draw にインポートした図のワイヤフレーム図．図を囲む背景の枠に注意．標準のビューでは見えない．（右）線スタイル，背景，目盛りラベルを修正し，JPEG ファイルにエクスポートした図

スト（軸ラベル，線ラベルなど）をそのレイヤーに移動することで作業を進める．こうすることで，カーブを気にすることなく，図を"ロック"し，ラベルを調整できる（図 4・6）.

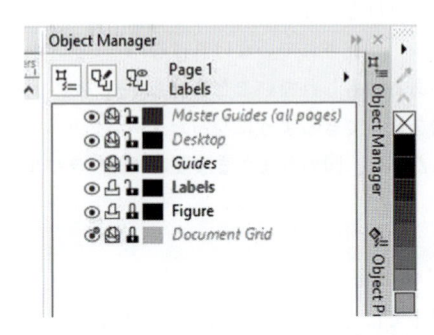

図 4・6 ***CorelDraw*** **のオブジェクトマネージャのスクリーンショット**　　右上の黒い矢印で新規レイヤーを生成できる.

- オブジェクトマネージャを開く (Windows | Dockers | Object Manager).
- オブジェクトマネージャの右上隅にある黒い矢印/三角形，または左下隅にある"新規レイヤー"をクリックして，新規レイヤーを追加する.
- 元のレイヤーを"Figure"，新しいレイヤーを"Labels"とよぶ.
- すべてのテキスト要素を選択し，"Figure"から"Labels"に移動/ドラッグする.
- "Figure"をロックする.
- "Labels"を選択し，必要なテキストを調整する.

b. Affinity Designer　　Affinity Designer のワークフローも同様である.
- File | Place → sine.svg を選択.
- 図を挿入する領域を指定.
- 図をダブルクリック.
- レイヤーを選択し，すべてを脱グループ化.
- 背景を選択して削除する.（背景のレイヤーが二つある場合があるので，これは2回行う必要があるかもしれない）背景は多くの場合白で，イラストの"ワイヤーフレーム"ビューでのみ見えるようになることに注意されたい（図4・5, 中央）.
- ノードツールで線を選択する.
- ショートカットキー X で塗りつぶしの色と線の色を切り替える．塗りつぶしを"色

なし”に変更し（色を左クリックして ⊠ を選択），色を好きな色に変更する.
- 線幅と線スタイルを調整する.

そして，すべてのテキストを独自のレイヤーで処理する.

- レイヤーパネルで，“レイヤーを追加”を選択する.
- 元のレイヤーを“Figure”，新しいレイヤーを“Labels”とよぶ.
- 移動ツールですべてのテキスト要素を選択し，CTRL+G でグループ化し，レイヤーパネルのテキストでグループにラベルを付ける.
- このグループを“Figure”から“Labels”に移動/ドラッグする.
- “Figure”をロックする.
- “Labels”を選択し，必要なテキストを調整する.

c. Inkscape　　Inkscape でも，手順は他のプログラムと同様である．これはフリーでオープンソースであり，仕事をこなしてくれる．しかし，商用プログラムに比べて直感的でなく，使い勝手が悪い.

- File ｜ Import → sine.svg を選択.
- 選択と移動ツールで図を選択し，右クリックしてグループ解除する.
- 選択した線を選択し，Ctrl+Shift+F を入力してフィルとストロークのプロパティを調整する.
- Ctrl+Shift+L を入力してレイヤーを表示し，テキスト用の新規レイヤーを追加してレイヤー1の上に配置する.
- 既存のラベルをレイヤー1からテキストレイヤーに移動するには，すべてのラベルをグループ化して選択し，Shift+PageUp とタイプする.

4・5　統計データ集合の表示

以下に，統計データを表示するための最も重要な *matplotlib* グラフィックスコマンドの一覧を示す．図4・17は，これらのさまざまなデータの表現が互いにどのように関連しているかを示す.

4・5・1　1変数のデータのプロット

以下の例はすべて同じ書式である．“プロット・コマンド”行だけが変わる.

```python
# 標準パッケージのインポート
import numpy as np
import matplotlib.pyplot as plt
import pandas as pd
import scipy.stats as stats
import seaborn as sns

# データの作成
x = np.random.randn(500)

# プロット・コマンド開始 ----------------------
plt.plot(x, '.')
# プロット・コマンド終了 ----------------------

# プロットを表示
plt.show()
```

a. 散 布 図　　これは“一変量”データ，すなわち単一変数をもつデータを表現する最も簡単な方法であり，個々のデータ点をプロットするだけである（図 4・7）．対応するプロットコマンドは，

```python
plt.plot(x, '.')
```

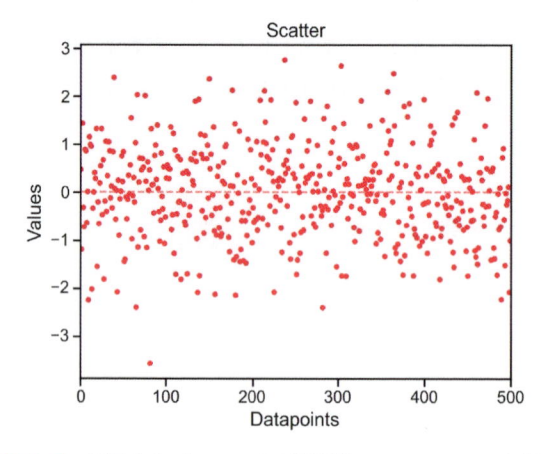

図 4・7　散布図（**code-quantlet**（**"CQ"**）**showPlots.py** から）

または，

```
plt.scatter(np.arange(len(x)), x)
```

散布図を作成する際に考慮すべきこととして以下のようなことがある．

- データがシーケンスの一部でない場合（たとえば，時間の関数としてのデータ），データ点を線で結ばない．
- データポイントが少ない場合は，プロットシンボルとして '.' の代わりに 'o' または '*' を使った方がより美しく，ドットサイズが大きくなる．

注： x軸上にいくつかの離散的な値しかない場合（たとえば *Group1*, *Group2*, *Group3*），各データ点を表示するために，重なっているデータ点を少し広げる（"ジッターを加える"ともいう）ことが役に立つかもしれない．

b. ヒストグラム　ヒストグラムは，データの分布を最初に概観するのに適している（図4・8）．ビンの幅は任意であり，ヒストグラムの滑らかさは選択したビンの幅に依存する．ヒストグラムは，単純に各ボックス内のサンプル数を数えることによって，度数ヒストグラムとして表せる．plt.histogram コマンドの density=True オプションを使うと，ヒストグラムを"正規化"でき，これは頻度カウントをサンプルの総数とビン幅で割ることに対応する．このモードでは，各ボックスの面積は，対

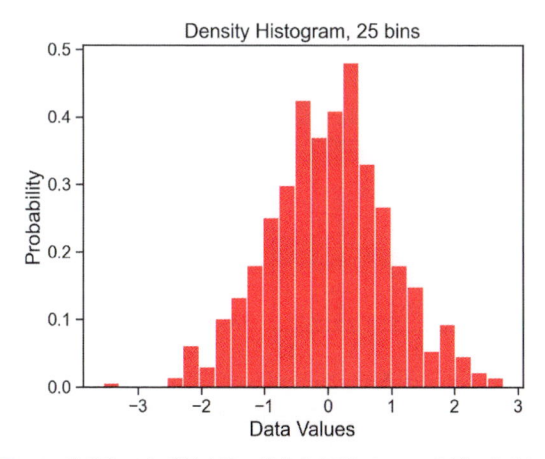

図4・8　密度ヒストグラムは，対応するビンに一つのデータサンプルが見つかる確率をバーで示す（**CQ** ISP_showPlots.py より）．

応するデータ範囲にデータ値を見つける確率に対応し，ヒストグラム全体の面積は
ちょうど1になる．

```python
plt.hist(x, bins=25, density=True)
```

c. カーネル密度推定（KDE）プロット　　ヒストグラムは不連続であり，その形状
が選択されたビン幅に決定的に依存するという欠点がある．滑らかな**確率密度**（prob-
ability density），すなわち，確率変数の値がその点に近い相対尤度を各点に与える曲
線を得るために，**カーネル密度推定**（Kernel Density Estimation，KDE）の技法が使
用できる．これにより，カーネルには通常正規分布が使用される．このカーネル関数
の幅は，平滑化の量を決定する．これがどのように機能するかを見るために，以下の
六つのデータポイントを用いて，ヒストグラムとカーネル密度推定量の構築を比較す
る．

$$x = [-2.1, -1.3, -0.4, 1.9, 5.1, 6.2].$$

　ヒストグラムでは，まず横軸をデータの範囲をカバーする小区間またはビンに分割
する．図 4・9（左）では，幅2のビンが六つあり，データ点がこの区間に入るときは，
高さ $1/12 = 1/(6*2)$ のボックスを置く．複数のデータ点が同じビンに入る場合は，
箱を重ねる．

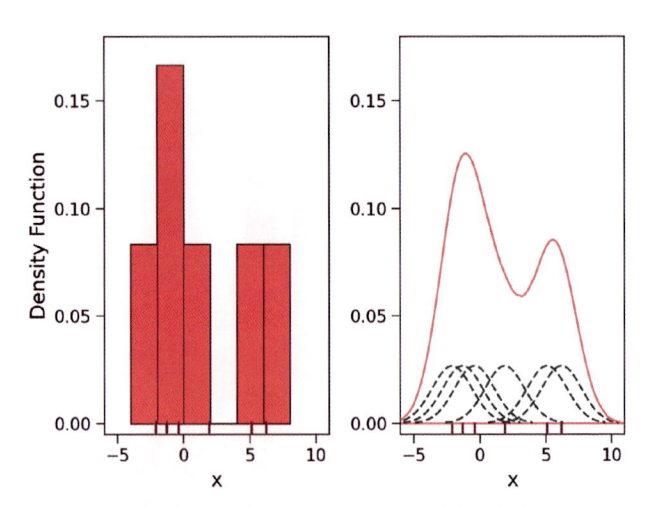

**図 4・9　同じデータを使って作成したヒストグラム（左）とカーネ
ル密度推定値（右）の比較**　　六つの個々のカーネルは破線の曲
線で，カーネル密度推定値は実線の曲線である．データ点は横軸
の"ラグプロット"である．

　カーネル密度推定では，分散 2.25 の正規カーネル（図 4・9 右，破線で示す）を各データ点 x_i に配置する．このカーネルを合計してカーネル密度推定値とする（実線の曲線）．カーネル密度推定値の滑らかさは明らかである．ヒストグラムの離散性に比べて，カーネル密度推定値は，連続的な確率変数の真の基底密度への収束が速い．

```
sns.kdeplot(x)
```

　カーネルの帯域幅は，各イベントからの寄与をどの程度平滑化するかを決定するパラメータである．その効果を説明するために，図 4・10（左）の横軸のラグプロットで赤色のスパイクとしてプロットされた，標準正規分布からの模擬無作為標本を取る．（ラグプロットとは，すべてのデータ項目が小さな垂直目盛りで可視化されたプロットである）右のプロットは真の密度を —— で表している（平均 0，分散 1 の正規密度）．比較すると，—— は，小さすぎる帯域幅 $h = 0.1$ を使用することから生じるスプリアスデータのアーチファクトが多すぎるため，平滑化されていない．--- は，帯域幅 $h = 1$ を使用すると基本的な構造の多くが不明瞭になるため，平滑化されすぎている．帯域幅 $h = 0.42$ の —— は，その密度推定値が真の密度に近いため，最適に平滑化されていると考えられる．

　ある条件下では，h の最適選択は次のようになる．

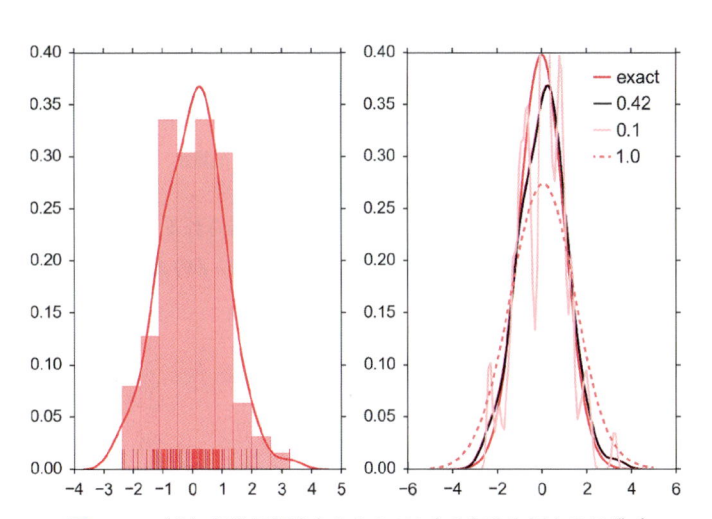

図 4・10　（左）標準正規分布からの 100 点の無作為標本のラグプロット，ヒストグラム，カーネル密度推定（**KDE**）　（右）真の密度分布（—），および異なる帯域幅の KDE．——: $h = 0.1$ の KDE，—: $h = 0.42$ の KDE，--: $h = 1.0$ の KDE

$$h = \left(\frac{4\hat{\sigma}^5}{3n}\right)^{\frac{1}{5}} \approx 1.06\hat{\sigma}n^{-1/5} \qquad (4 \cdot 1)$$

ここで，$\hat{\sigma}$ はサンプルの標準偏差である（"シルバーマンの経験則"）．

d. 累 積 度 数　累積度数（cumulative frequency）は，ある値より下にあるデータ点の数を示す．この数値を全ポイント数で割ると，その値以下のデータポイントの割合が求まり，一般に**累積分布関数**（cumulative distribution function, CDF, 図 4・11）とよばれる．この曲線は，たとえば全値の 95% を含むデータ範囲を知りたいときなど，統計分析に非常に役立つ．累積度数は，二つ以上の異なる個体群における値の分布を比較するのにも便利である．

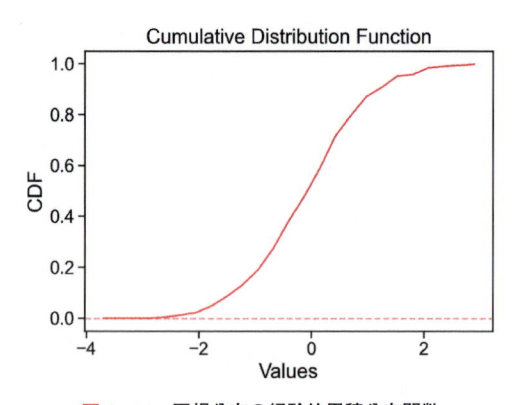

図 4・11　正規分布の経験的累積分布関数

累積度数は `scipy.stats` の `cumfreq` コマンドで得られる．このコマンドは累積度数，下限値，ビンサイズを返すので，対応する CDF は以下のようにプロットできる．

```python
n_bins = 25       # 図のビンの数

res = stats.cumfreq(x, numbins=n_bins)
lower_lim = res.lowerlimit
upper_lim = res.lowerlimit + n_bins*res.binsize
values = np.linspace(lower_lim, upper_lim, n_bins)
cdf = res.cumcount / len(x)

plt.plot(values, cdf)
```

```
plt.xlabel('Values')
plt.ylabel('CDF')
plt.title('Cumulative Distribution Function')
```

e. エラーバー　　　エラーバーは，測定値を比較するときに平均値とばらつきを示す一般的な方法だ（**図 4・12**）．エラーバーが標準偏差に対応するのか，データの標準誤差に対応するのかは，常に明示しなければならないことに注意する．標準誤差（§6・1・2参照）は，グループ間の統計的な差異を簡単に見分けることができる．二つのグループの標準誤差のエラーバーが重なっているときは，二つの平均値の差が統計的に有意ではない（$p > 0.05$）ことを確信できる．しかし，その逆が常に正しいとは限らない！

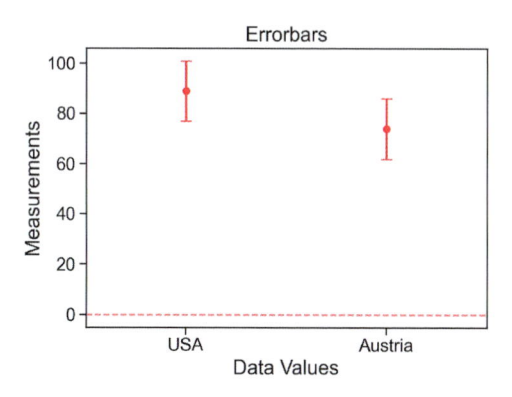

図 4・12　異なるグループの平均とばらつき（**CQ** `ISP_showPlots.py` より）

以下のコマンドは，x軸の目盛りラベルを文字列に置き換える方法も示している．

```
weight = {'USA':89, 'Austria':74}
sd_male = 12
plt.errorbar([1,2], weight.values(),
                  yerr=sd_male * np.r_[1,1],
                  capsize=5, lw=0,
                  elinewidth=2, marker='o')
plt.xlim([0.5, 2.5])
plt.xticks([1,2], weight.keys())
plt.ylabel('Weight [kg]')
plt.title('Adult male, mean +/- sd')
```

f. ボックスプロット（箱ひげ図）　　ボックスプロットは，二つ以上のグループの値を示すために，科学論文で頻繁に使用される（**図4・13**）．ボックスの底と頂はそれぞれ下四分位数（データの25%より大きい値）と上四分位数（データの75%より大きい値）を示し，したがってボックスの高さは**四分位範囲**（interquartile range，IQR）ともよばれる．

　ボックスの内側の線は中央値（データの50%より大きい値）を示す．言い換えると，ボックスの中にはデータサンプルの50%が含まれる．ひげは通常，ボックスから1.5 * IQR 以内の最も極端な値に対応する．

　より極端な値をもつサンプルは，定義上外れ値である．外れ値は統計解析に重要な寄与をすることが多いので，正しいかどうかを個別にチェックする必要があることに注意されたい！

```python
plt.boxplot(x, sym='*')
```

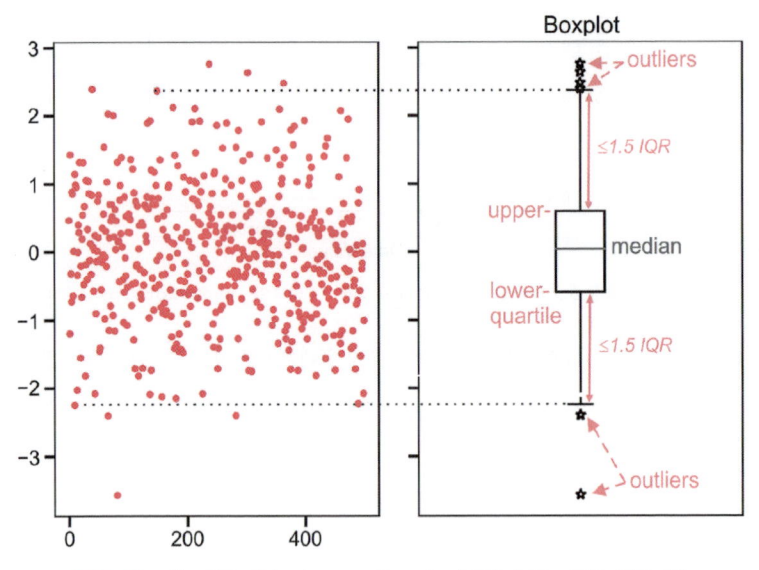

図4・13　ボックスプロット　　エラーバーを超えたデータは"外れ値"を示す．（CQ ISP_showPlots.py より．ラベルは手動で追加）

　pandas の DataFrame と *seaborn* のコマンド sns.boxplot を使えば，複数のグループの比較にボックスプロットを使うのは簡単だ（**図4・14**）．

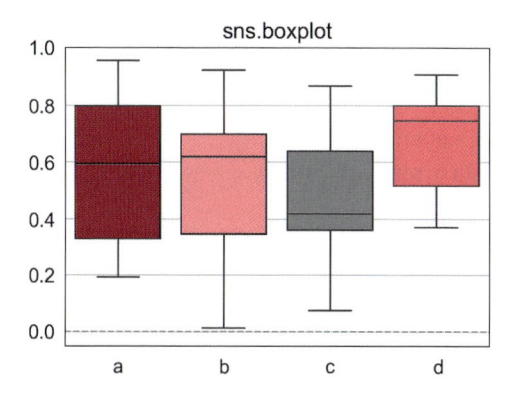

図4・14 列[‘a’, ‘b’, ‘c’, ‘d’]をもつ**DataFrame**のグループ化
ボックスプロット（**CQ ISP_showPlots.py**より）

g. グループ化された棒グラフ 一部のアプリケーションでは，*pandas*のプロット機能により，グループ化された棒グラフなどの有用なグラフの生成が容易になる（**図4・15**）．ここでは，一般的にsnsとしてインポートされる統計可視化パッケージ*seaborn*のカラーマップを使用している．*seaborn*は多くの統計可視化機能の中で，実用的なカラーマップも数多く提供している（https://seaborn.pydata.org/tutorial/color_palettes.html）．

```
df = pd.DataFrame(np.random.rand(10, 4),
                  columns=['a', 'b', 'c', 'd'])
df.plot(kind='bar', grid=False,
        color=sns.color_palette('muted'))  # 目に優しい
```

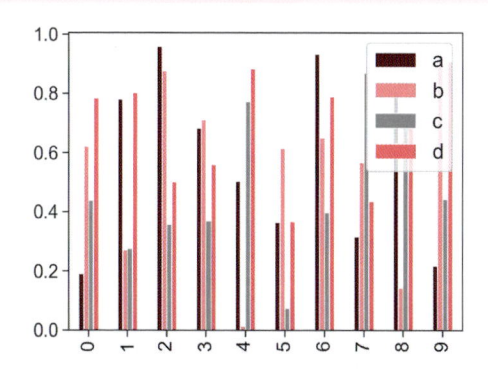

図4・15 *pandas*で作成されたグループ化された棒グラフ
（**CQ ISP_showPlots.py**より）

h. 円 グ ラ フ 円グラフ（pie chart）はさまざまなオプションで作成できる（図4・16）.

```python
import seaborn as sns
import matplotlib.pyplot as plt

txtLabels = 'Cats', 'Dogs', 'Frogs', 'Others'
fractions = [45, 30, 15, 10]
offsets =(0, 0.05, 0, 0)

plt.pie(fractions, explode=offsets, labels=txtLabels, autopct
    ='%1.1f%%', shadow=True, startangle=90, colors=sns.
    color_palette('muted'))
plt.axis('equal')
```

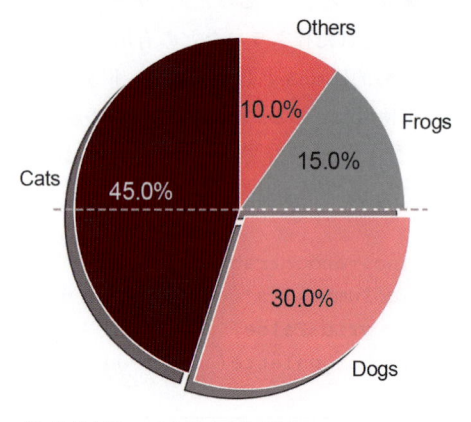

図4・16 "ときどき降ってくるもの"（CQ ISP_showPlots.py より）

i. プログラムデータ表示

コード: ISP_show_plots.py[4) はこのセクションのプロットを生成する Python コードを含んでいる.

j. 重要な単変量プロットのまとめ 図4・17 は一変量データのいくつかの重要な

---

4) <ISP2e> /code_quantlets/04_DataDisplay/ISP_showPlots.py.

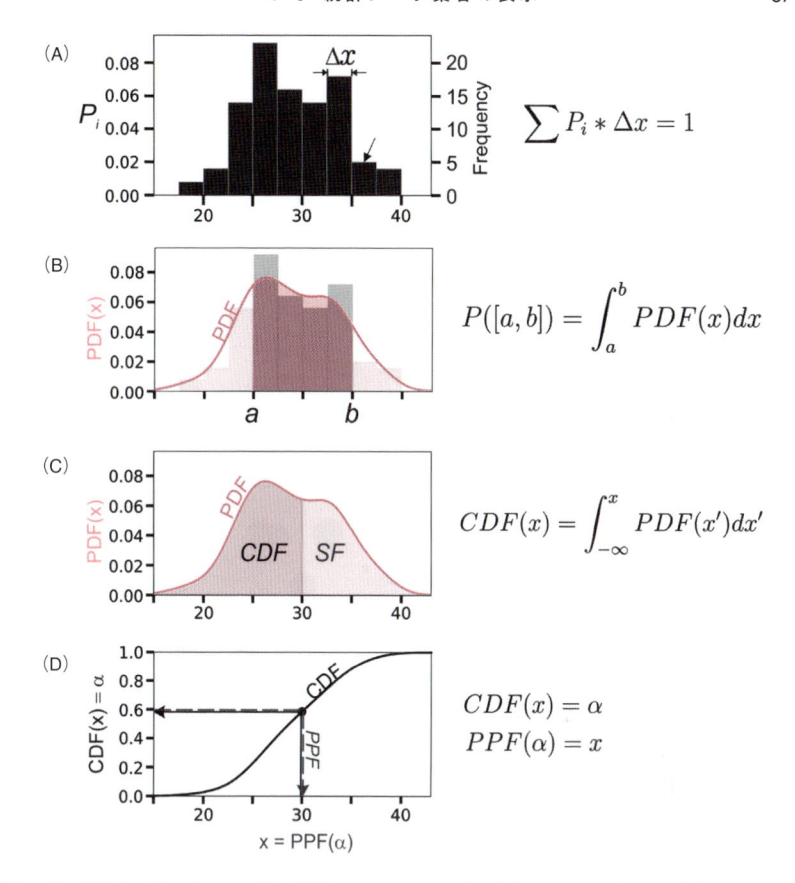

図4・17　重要な統計プロット間の関係のまとめ　　（A）確率のグラフ（左のy軸）では，各ビンの面積が，対応する値域の標本を見つける確率に対応する．ここでは，ビンの幅は "$\Delta x =$ 2.5" なので，35 と 37.5 の間の値（右から 2 番目の棒，黒い矢印，P = 0.02）を見つける確率は，$0.02 * 2.5 = 0.05 \equiv 5\%$ である．ここでは，N = 100 なので，その範囲に 5 人の被験者が見つかった（頻度ヒストグラム，右のy軸）．（B）カーネル密度推定（KDE）は，確率ヒストグラムの平滑化バージョンを提供する．対応する曲線は確率密度関数（PDF）である．a と b の間の値を見つける確率は，その範囲における PDF の下の面積で与えられ，ここでは赤色で示されている．どんな測定値も何らかの値をもたなければならないので，PDF は次のような値をもたなければならない．

$$\int_{-\infty}^{\infty} PDF(x)\,dx \;=\; 1$$

（C）x の累積分布関数（CDF）は，$x = 30$ より小さい値の標本を得る確率を与え，その値までの PDF の下の領域に対応する．生存関数（SF）は，単純に相補的な確率能力である．$SF(x) = 1 - CDF(x)$．（D）パーセンタイルポイント関数（PPF）は，CDF の逆関数である（PPF = CDF^{-1}）．この例では，トルコ石の矢印は，PDF の下の面積の 60% を得るためには，30 までの値をもつすべてのサンプルが含まれなければならないことを示している．

表現間の関係をまとめたものである．各グラフの右にある方程式の説明の詳細は次の章で述べる．

4・5・2　二つ以上の変数をもつデータのプロット

　シンプルさと情報密度の間には常にトレードオフの関係がある．より多くの情報を一つのグラフにまとめるようなプロットは，読者が理解しやすいように注意すべきである．

a. 散　布　図　　二次元データの散布図（"二変量データ"）は，記号の大きさによって付加的な情報を加えることができる（図4・18）．このタイプのプロットはまだ非常にわかりやすい．

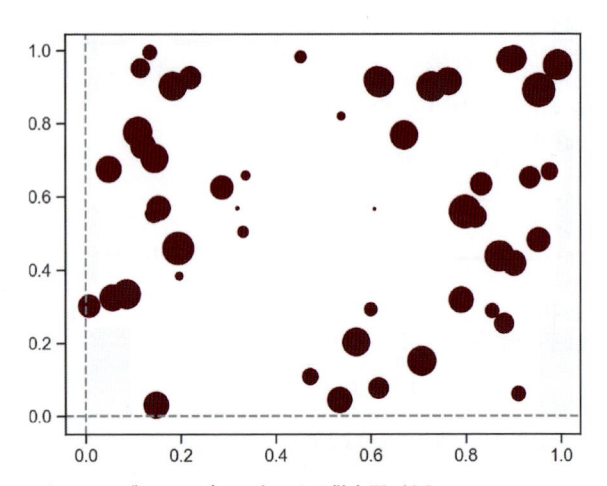

図4・18　スケーリングされたデータ点による散布図（**CQ** `ISP_showPlots.py` より）

　プロットの再現性を高めるために，`np.random.seed` コマンドで乱数生成の"種"を指定している．

```
np.random.seed(12)
data = np.random.rand(50, 3)
plt.scatter(data[:,0], data[:,1], s=data[:,2]*300)
```

b. 3 次 元 プ ロ ッ ト　　3 次元以上のデータを"多変量データ"とよぶこともある．3D プロットでは，*matplotlib* は別のモジュールをインポートする必要があり，3D プ

ロットの軸を明示的に宣言する必要がある（図4・19）.

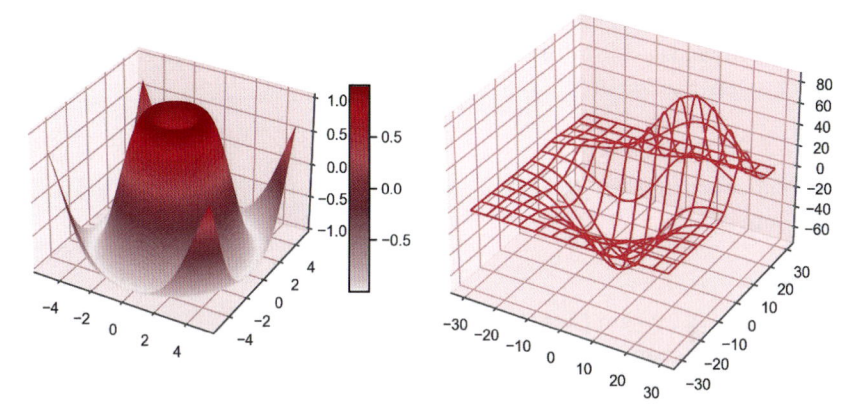

図4・19　2種類の3Dグラフ　（左）サーフェスプロット.（右）ワイヤーフレームプロット（CQ ISP_showPlots.py より）

注: 3D プロットの使用は控えめに. 通常, 3D プロットから定量的な関係を推定することはほとんど不可能だからだ.

　いったん 3D プロット軸が正しく定義されれば, プロットは簡単である. ここに二つの例を示す.

リスト4・2　plots3D.py

```python
""" 3D プロットのデモンストレーション """

# この例のプロットに固有のインポート
import numpy as np
import matplotlib.pyplot as plt
from matplotlib import cm
from mpl_toolkits.mplot3d.axes3d import get_test_data

# 横幅は高さの2倍
fig = plt.figure(figsize=plt.figaspect(0.5))

#---- 最初のサブプロット
# 3D プロットでは "projection='3d'" という宣言が
# 必要であることに注意
ax = fig.add_subplot(1, 2, 1, projection='3d')
```

```
# グリッドの生成
X = np.arange(-5, 5, 0.1)
Y = np.arange(-5, 5, 0.1)
X, Y = np.meshgrid(X, Y)

# サーフェスデータの生成
R = np.sqrt(X**2 + Y**2)
Z = np.sin(R)

# 表面をプロットする
surf = ax.plot_surface(X, Y, Z, rstride=1,
cstride=1, cmap=cm.GnBu, linewidth=0,
antialiased=False)
ax.set_zlim3d(-1.01, 1.01)

fig.colorbar(surf, shrink=0.5, aspect=10)

#---- 二つ目のサブプロット
ax = fig.add_subplot(1, 2, 2, projection='3d')
X, Y, Z = get_test_data(0.05)
ax.plot_wireframe(X, Y, Z, rstride=10, cstride=10)

outfile = '3dGraph.jpg'
plt.savefig(outfile, dpi=200)
print(f'Image saved to {outfile}')
plt.show()
```

4・6 演　習

1. データをプロットする

　コマンドラインから，以下のプロパティをもつノイズの多い正弦波を 2 サイクル作成せよ．

　　amplitude= 1, frequency = 0.3 Hz, sample_rate = 100 Hz.

　これらのデータに標準偏差 0.5 のガウスランダムノイズを加えよ．

- データをプロットし，x 軸と y 軸にラベルを付け，プロットにタイトルを付けよ．
- これがうまくいったら，コマンド履歴をクリーンアップし，次のような Python 関数を作成せよ．

　　−サイクル数と周波数を入力とする.

　　−上記のように残りのパラメータを設定する.

　　−結果のグラフを表示する.

● アンプリチュードが定義された後, 関数のどこかにブレークポイントを設定し, デ
　バッガを使ってその時点のワークスペース変数を調べよ. 振幅を 2 に変更せよ.

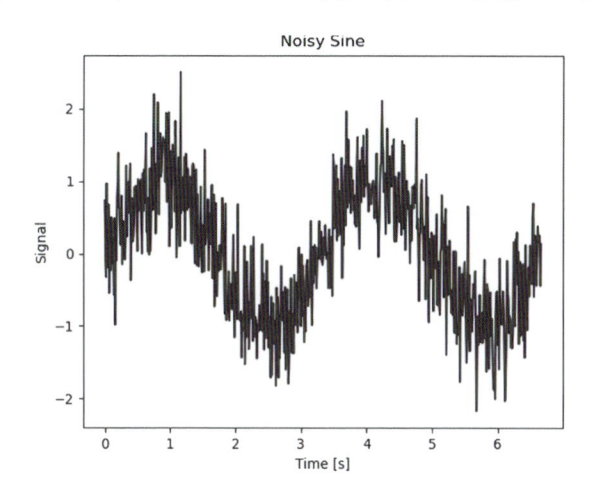

2. 図 の 修 正

　　まずは以下から始めよう.

● 正弦波をプロットする.

● y = 0.8 に水平線を加える.

● 次に, プロット上の点に注釈を付けるための *matplotlib* コマンドを見つけ, 水平線
　と正弦波との交点に注釈を付ける (図 4・20 左).

　　これで元の *matplotlib* の図が得られる (左のパネル参照).

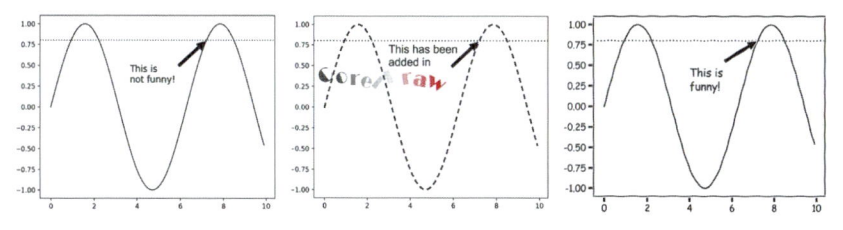

図 4・20　(左) 元の *matplotlib* の図, 注釈付き. (中央) ベクター・グラフィックス・プログ
ラムで修正した SVG 図. (右) 左図と同じだが, `plt.xkcd()` を使用.

- 次に，図を SVG 形式で保存する．ベクター・グラフィックス・プログラムを使って，プロットの線属性を修正し，注釈のテキストを修正する（図4・20, 中央）.
- 図4・20 右パネルに示すように，図を手描きのスケッチのようにする．この機能を提供する plt.xkcd() コマンドについては，*matplotlib* のドキュメントを確認してほしい.

第Ⅱ部
分布と仮説検定

この部では，Python から統計に焦点を移す．

第5章は，**母集団**と**標本（サンプル）**の概念，データ型，**確率分布**のような統計の基本を定義する役割を果たす．また，**研究デザイン**の簡単な概要も含まれている．誤った研究デザインはゴミのようなデータを生み出し，最高の分析をもってしてもその問題を改善できない（"Garbage in-garbage out"）．しかし，研究デザインが良ければ分析に欠陥があっても，新しい分析で状況を修正することができ，通常，まったく新しい研究を行うよりもはるかに短時間で済む．

第6章では，分布の位置とばらつきを特徴づける方法を示し，正規分布を使ってすべての分布関数に共通する最も重要な Python の手法を説明する．その後，最も重要な離散分布と連続分布を紹介する．

第7章では，まず統計データの分析における典型的なワークフローを説明する．そして**仮説検定**の概念，さまざまな種類の誤差，**感度**や**特異度**といった一般的な概念について説明する．

第8～10章では，連続変数とカテゴリー変数に関する最も重要な仮説検定について説明する．この問題は，ここで提示される他の仮説検定とは多少異なるアプローチを必要とするため，生存分析（材料故障と機械故障の統計的特徴づけも含む）については，別の章を設けている．これらの各章には，提示された各検定のための Python サンプルコード（必要なデータを含む）も含まれる．これにより，異なるデータ集合に対する検定の実装が容易になるはずだ．

統計の基本概念

　この章では，データの統計解析の基礎となるおもな概念を簡単に紹介する．離散確率分布と連続確率分布を定義し，次にさまざまなタイプの研究デザインを概観する．

5・1　母集団と標本

　データの統計分析では，通常，いくつかの選ばれた標本（サンプル）のデータを使って，その標本が採取された集団についての結論を導き出す．正しい研究デザインは，標本データが標本を採取した母集団を代表していることを保証しなければならない．

　母集団を特徴づけるパラメータは未知であるため，それらのパラメータの推定値を

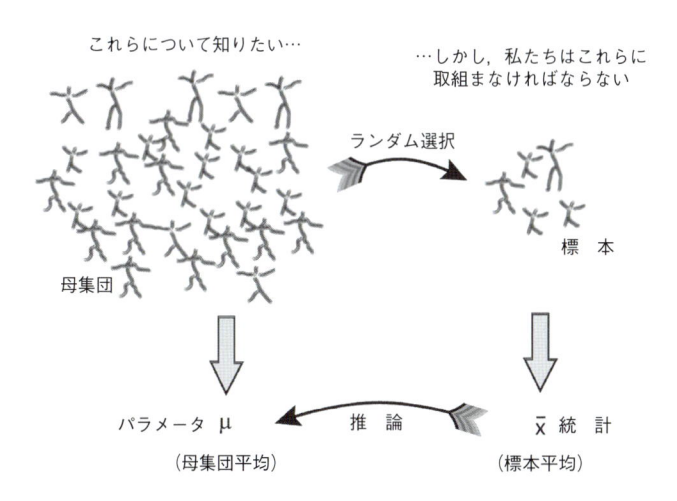

図 5・1　統計的推論では，標本からの情報を使って母集団からパラメータを推定する．

得るためには標本を使わなければならない（図**5・1**参照）.

母集団（population）　　あるデータ集合から得られるすべての要素が含まれる.

標本（サンプル，sample）　　母集団からの一つまたは複数の観測値で構成される.

　同じ母集団から複数の標本を採取できる.

　ある母集団のパラメータ，たとえばヨーロッパ人男性の体重の期待値を推定する場合，通常，すべての被験者を測定することはできない. この集団から採取した（できれば代表的な）標本を調査することに限定せざるをえない. 標本統計量，すなわち標本データから計算された対応する値に基づいて，統計的推論を用いて，母集団における対応するパラメータについての結論を導き出す.

パラメータ（parameter）　　母集団を記述する分布の特徴で，正規分布の平均や標準偏差など. ギリシャ文字で表記されることが多い.

統計（statistic）　　確率標本の性質を表す数値. 統計の例を以下に示す.

- 標本データの平均値.
- 標本データの範囲.
- 標本平均からのデータの偏差.

（経験的）標本分布〔(empirical) sampling distribution〕　　無作為標本に基づく統計量の確率分布.

統計的推論（statistical inference）　　母集団を代表する標本から計算された統計量に基づいて，母集団のパラメータを推測できる.

　パラメータと統計量の例を**表5・1**に示す. 母集団のパラメータはしばしばギリシャ文字で示され，標本の統計量は通常英文字で示される.

表**5・1**　標本統計と母集団パラメータの比較

	標本統計量	母集団パラメータ
平　均	$\bar{x}$	μ
標準偏差	sd	σ

5・2　データタイプ

　適切な統計的手法の選択はデータの種類によって異なる. データにはカテゴリー的なものと数値的なものがある. 変数が数値の場合，私たちはある統計的戦略に導かれる. 対照的に，変数が質的な分類を表す場合は，私たちは別の道をたどる.

情報科学分野の
好評書

DIGITAL FOREST

東京化学同人

Vol. 7

〒112-0011　東京都文京区千石 3-36-7　TEL:03-3946-5311　定価は 10％税込

ミュラー Python で実践する
データサイエンス 第2版

J. P. Mueller ほか著／佐藤能臣 訳
B5 判　368 ページ　定価 4400 円

ミュラー Python で学ぶ
深 層 学 習

J. P. Mueller ほか著
沼 晃介・吉田享子 訳
B5 判　256 ページ　定価 3850 円

Python, TensorFlow で実践する
深 層 学 習 入 門
しくみの理解と応用

J. Krohn 著
鈴木賢治 監訳
B5 判　304 ページ　定価 3960 円

[実践] データ活用システム
開発ガイド　10年使えるシステムへの
スモールスタート

徳永竣亮・本田志温・あんちべ 編著
B5 判　208 ページ　定価 3300 円

基礎講義 情 報 科 学
デジタル時代の新リテラシーを身につける

井上英史 監修／森河良太・西田洋平・野口 瑶 著
B5 判　248 ページ　定価 3300 円

Python 科学技術計算 第2版
物理・化学を中心に

Christian Hill 著
大窪貴洋・松本洋介・飯島隆広・堀田英之 訳
B5 判　464 ページ　定価 5720 円

定価は 10 % 税込

Python を完全習得したい人必携の本！

ダイテル
Python プログラミング
基礎からデータ分析・機械学習まで

P. Deitel，H. Deitel 著
史　蕭　逸・米岡大輔・本田志温 訳

B5 判　576 ページ　定価 5280 円
ISBN：978-4-8079-2002-0

世界的に評価の高いダイテルシリーズの
Python 教科書の日本語版

記述はシンプルで明快！独習にも最適な一冊！

5・2・1 カテゴリー変数

a. ブール値データ　　ブール値データ (Boolean data) とは，二つの値しかとりえないデータである．たとえば，

- 0/1
- はい/いいえ
- 喫煙者/非喫煙者
- 真/偽

b. 名目データ　　多くの分類は二つ以上のカテゴリーを必要とする．このようなデータは**名目データ** (nominal data) とよばれる．たとえば，既婚/独身/離婚などである．

c. 順序データ　　名目データとは対照的に，**順序データ** (ordinal data，順位データともよばれる) は順序づけされ，論理的な順序をもつ．

5・2・2 数　　値

a. 連続数値 (numerical continuous)　　可能な限り，データは連続形式で記録するのがベストである．もちろん，小数点以下の桁数を制限することは可能である．たとえば，体格を 1 mm 以上の精度で記録することは意味がない．椎間板の圧縮により，朝の体格と夕方の体格では体高の変化が大きいからだ．

b. 離散数値 (numerical discrete)　　数値データの中には整数値しかとれないものがある．このようなデータは離散数値とよばれる．たとえば，子供の数: $0, 1, 2, 3\cdots$

5・2・3 一つ，二つ，またはそれ以上の変数をもつデータ

　一変量データ (univariate data)，二変量データ (bivariate data)，多変量データ (multivariate data) を区別する．一変量データは，たとえば人の大きさなど，一つの変数のみのデータである．二変量データは二つのパラメータをもつデータで，たとえば平面上の x/y 位置や，収入対年齢などである．多変量データは三つ以上の変数をもつデータで，たとえば空間における粒子の位置などである．

5・3　確 率 分 布

5・3・1 定　　義

a. 無作為な確率変数と確率変量　　無作為な確率変数 (ランダム変数, random variable)

X は，ランダムな事象に依存する量である．たとえば，サイコロを振って出た目の値であり，1から6までの任意の数をとることができる．**確率変量**（variate）とは，確率変数の特定の結果である．たとえば，サイコロを3回振って [1,3,4] という値が出たら，その値は三つの確率変数である．

b. 確 率 分 布　　母集団や標本のデータのランダム性を記述する数学的手段は**確率分布**（probability distribution）である．離散分布の場合は，いわゆる**確率質量関数**（probability mass function，PMF，**図 5・2** 参照）を用い，連続分布の場合は**確率密度関数**（probability density function，PDF，**図 5・3** 参照）を用いる[1]．

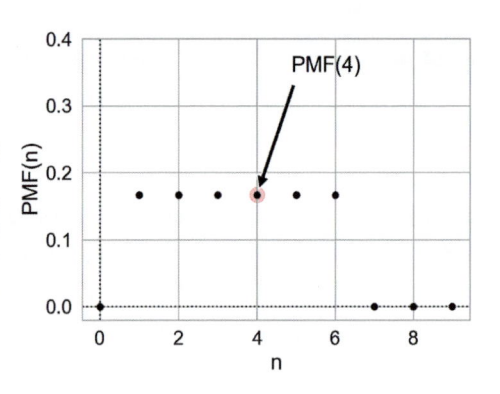

図 5・2　サイコロを振る際，1から6までの各数値が出る確率は 1/6 である　それ以外の数値が出る確率はゼロになる．これらの値がサイコロを振る際の確率質量関数（PMF）を定義する．ラベル付きの点は，4が出る確率が 1/6, つまり約 17% であることを示す．

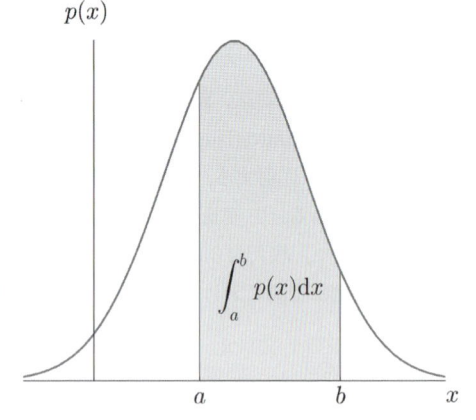

図 5・3　$p(x)$ をランダム変数 X の確率密度関数（PDF）とする　　a と b の間の $p(x)$ についての積分は，X の値がその範囲内に見つかる確率を表している．

---

1) Mathematica（有名な数式処理ソフトウェア）では，離散分布の分布関数も PDF とよぶ．

5・3・2　離　散　分　布

　離散確率分布の簡単な例は，サイコロを振るゲームである．各数字 $i = 1, \cdots, 6$ について，サイコロを振って i の数字を示す面が出る確率 P_i は，次のようになる（図５・2）．

$$P_i = \frac{1}{6}, \ i = 1 \cdots 6 \tag{5・1}$$

　これらすべての確率の集合 $\{P_i\}$ が，サイコロを振るときの確率分布を構成する．

　P_i の可能な最小値は 0 であることに注意されたい．また，サイコロを振るたびにサイコロの面の一つが出なければならないので，次のようになる．

$$\sum_{i=1}^{6} P_i = 1 \tag{5・2}$$

　これを一般化すると，離散確率分布は以下の性質をもつ $\{P_i\}$ をもつといえる．

- $0 \leq P_i \leq 1 \ \forall i \in \mathbb{Z}$（すなわち，すべての整数に対して）．
- $\sum_i P_i = 1$

　与えられた離散分布に対して，P_i はその分布の確率質量関数（PMF）とよばれる．

5・3・3　連　続　分　布

　多くの測定結果は，離散整数値に限定されない．たとえば，人の体重は任意の正の数になりうる．この場合，確率分布を記述する曲線，すなわち各値の確率は，（区分的な）連続関数 $p(x)$，**確率密度関数**（PDF）である．

　PDF（連続確率変数の密度）は，確率変数 X が x に近い値をとる相対確率を記述する関数である．

　PDF $p(x)$ は以下の性質をもつ（図５・3）[2]．

- $p(x) \geq 0 \ \forall \ x \in \mathbb{R}$（すなわち，すべての実数に対して）
- a と b の間の値が発生する確率は次のとおりである．

$$p(a < x < b) = \int_a^b p(x) dx$$

- $\displaystyle \int_{-\infty}^{\infty} p(x) dx = 1$

---

2) 本書では 1 次元の確率分布のみを扱う．

5・3・4　期待値と分散

a. 期 待 値　　PDFは，**期待値**（expected value）$E[X]$またはXの連続分布の1次モーメントを計算できる．

$$E[X] = \int_{-\infty}^{\infty} x \cdot p(x)\, dx \tag{5・3}$$

期待値は通常μで示される．確率変数を特徴づけるパラメータには"母集団"という属性があらかじめ付いていることがあるので，この値は**母平均**（population mean）ともよばれる．

離散分布の場合，x上の積分は，すべての可能な値上の合計に置き換えられ，それぞれの確率が掛けられる．

$$E[X] = \sum_i x_i P_i \tag{5・4}$$

ここでx_iは確率変数がもちうるすべての値を表す．期待値は確率分布にのみ依存する．

図5・1は，標本統計量と対応する母集団パラメータとの関係をスケッチしたものである．標本の標本平均$\bar{x}$は，標本の観察された平均値である．実験が正しく設計されていれば，標本平均に期待される不確かさは，標本に含まれるデータが増えるにつれて減少するはずだ．

b. 分　　　散　　確率変数Xの変動性は，その分散によって特徴づけられ，**第二標準化モーメント**（second standardized moment）ともよばれることがある．

$$Var(X) = E[(X - E[X])^2] = E[X^2] - (E[X])^2 \tag{5・5}$$

この**母分散**（population variance）もXの分布にのみ依存し，一般にσ^2で示され，σは対応する**母標準偏差**（population standard deviation）である．

標本分散（sample variance）を計算するとき，私たちは通常，$E[X] = \mu$の真の値を知らない．私たちができる最善のことは，μをデータ集合の平均値$\bar{x}$に置き換え，それによって平均二乗誤差を最小にすることである．期待される標本分散$\tilde{s}$〔**偏った標本分散**（biased sample variance）ともよばれる〕は，母分散よりもわずかだが系統的に低いことを示せる．

$$E[\tilde{s}^2] = \frac{n-1}{n}\sigma^2 \tag{5・6}$$

ここで n はサンプルサイズである. $\frac{n-1}{n}$ の係数を考慮すると,母分散の最良の推定値は,(不偏の)標本分散であり,s^2 で示される.

$$s^2 = \frac{n}{n-1}\tilde{s}^2 = \frac{\sum_i (x_i - \bar{x})^2}{n-1} \tag{5・7}$$

この(不偏)標本分散は,しばしば標本分散とよばれ,データを扱うときによく使われるものである.

c. 標 準 偏 差　標準偏差(standard deviation)は分散の平方根であり,X と同じ次元をもつという利点がある.**標本標準偏差**(sample standard deviation)は標本分散の平方根である.

$$s = \sqrt{\frac{\sum_i (x_i - \bar{x})^2}{n-1}} \tag{5・8}$$

表5・1に示すように,統計学では母集団の標準偏差を σ,標本標準偏差を s と表記するのが一般的である.わかりやすくするために,本書のコードセグメントでは,標本標準偏差を sd または std で示す.

5・4 自 由 度

自由度(degrees of freedom, DOF)の概念は,力学では明快に見えるが,統計的な応用では理解しにくいかもしれない.

力学では,平面上を移動する粒子は "2自由度" をもつ.各時点で,二つのパラメータ(x/y 座標)が粒子の位置を定義する.粒子が空間内を移動する場合,粒子は "3自由度"($x/y/z$ 座標)をもつ.

統計学では,n 個の値のグループは n 自由度をもつ.各値から標本平均を引くと,残りのデータは $n-1$ 自由度しかもたない.〔平均値(*mean*)と標本1(*val₁*)の値がわかれば,標本2(*val₂*)の値は $val_2 = 2 * mean - val_1$ で計算できる〕.

グループが多くなると,ケースはより複雑になる.たとえば,§8・3・1では,3群に分割された22人の患者の例がある.**分散分析**(analysis of variance, ANOVA)では,この例の DOF は次のように分割される.

● 全平均値に対して1自由度.

- 三つのグループのそれぞれの平均値について2自由度. 二つのグループの平均値と全体の平均値がわかれば，3番目のグループの平均値を計算できることを覚えておきたい.
- 残りの19自由度（＝22−1−2）は，グループ平均からの残留偏差.

5・5 研究デザイン

優れた研究デザインの重要性は，clinicaltrials.gov レジストリの導入効果を示す調査によって最近証明された（clinicaltrials.gov は米国の臨床試験に関するデータベース. Kaplan and Irvin 2015）. 1997年の米国の法律によりレジストリの作成が義務づけられ，2000年以降の研究者はデータを収集する前に試験方法とアウトカム指標を記録することが義務づけられた. Kaplan らは，心血管疾患の治療または予防のための薬物または栄養補助食品を評価する研究を調査した. その結果，clinicaltrials.gov が導入される以前は，57%の研究が肯定的な結果を示していたのに対し，導入後は，この数はわずか8%に激減した. 言い換えれば，厳密な試験計画がなければ，期待通りの結果が得られるかどうかに大きな偏りが生じるということである.

5・5・1 用語解説

研究デザインの文脈では，さまざまな用語が見られる（図5・4）.

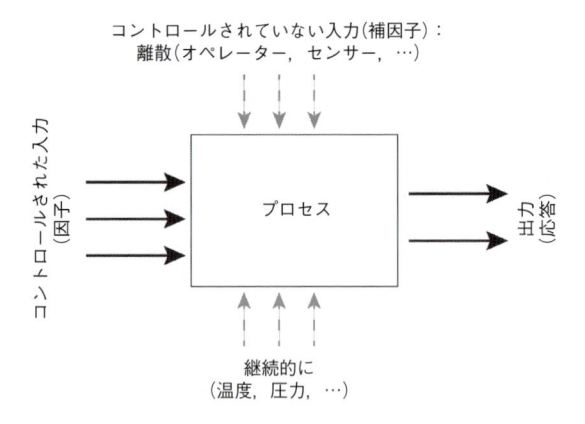

図5・4 プロセス概略図

- コントロールされた入力は，しばしば**因子**（factor）または**治療**（treatment）とよばれる.

- コントロールされていない入力は，**補因子**（cofactor），**厄介な因子**（nuisance factor），または**交絡因子**（confounding）とよばれる．

共変量（covariate）という用語は，研究されている結果を予測する可能性のある変数を指し，因子であることもあれば補因子であることもある．

二つの入力と一つの出力をもつプロセスをモデル化しようとするとき，数学的モデルはたとえば次のように定式化できる．

$$Y = \beta_0 + \beta_1 X_1 + \beta_2 X_2 + \beta_{12} X_1 X_2 + \epsilon \qquad (5\cdot9)$$

単一の $X(\beta_1, \beta_2)$ をもつ項を**主効果**（main effect），複数の $X(\beta_{12})$ をもつ項を**交互作用項**（interaction term）とよぶ．そして，β パラメータは式に線形にのみ入るので，これは**一般線形モデル**（general linear model）とよばれる．ϵ は**残差**（residual）とよばれ，モデルがデータを正しく記述していれば，ゼロ付近でほぼ正規分布することが期待される．

主要評価項目（primary outcome measure）とは，研究者が最も重要だと考える結果である．主要評価項目は，研究者が重要な結果を選んで，それを研究の主要な知見として発表することを防ぐために，データ収集の開始前に定義されるべきである．主要評価項目は，必要な標本数の算出の基礎となる（Andrade 2015）．

5・5・2 概　　要

研究デザインにおける最初のステップは，研究の目的を明確にすることである．

1. 二つ以上のグループを比較したいのか，一つのグループを固定値と比較したいのか？
2. 観察された反応をスクリーニングして，重要な因子/効果を特定したいのか？
3. 応答を最大化または最小化したいのか（変動性，目標までの距離，頑健性）？
4. プロセス入力に対する応答変数の依存性を定量化するために回帰モデルを開発したいのか？

最初の質問は**仮説検定**（hypothesis test）につながる．二つ目はスクリーニングのための調査であり，モデル内の因子が完全に独立していない場合には，アーチファクト（測定や計算の過程で混入してしまうノイズ）に注意しなければならない．3 番目の課題は**最適化問題**（optimization problem）である．そして最後の課題は，統計的モデリングの領域に入るものである．

何をしたいかが決まったら，どのようにしたらよいかを決めなければならない．必要なデータを得るには，**管理実験**（controlled experiment）と**観察**（observation）の

いずれかを用いることができる. 管理実験では, 通常一つのパラメータだけを変化させ, そのパラメータが出力に与える影響を調べる.

5・5・3　研究のタイプ

a. 観察研究か, 実験的研究か　　観察研究 (observational study) では, 研究者は情報を収集するだけで, 研究集団との相互作用は行わない. 対照的に, **実験的研究** (experimental study) では, 研究者は意図的に事象に影響を与え (たとえば, 新しいタイプの薬で患者を治療する), これらの介入の効果を調査する.

観察研究は非管理研究, 実験的研究は管理研究とよばれることもある.

b. 前向き研究か, 後ろ向き研究か　　前向き研究 (prospective study) では, データは研究の最初から収集される. 対照的に, **後ろ向き研究** (retrospective study) では, たとえば病院で行われる定期的な検査など, 過去のできごとから得られたデータを収集する.

c. 縦断的研究か, 横断的研究か　　縦断的研究 (longitudinal study) では, 研究者は一定期間にわたって情報を収集する. 対照的に, **横断的研究** (cross-sectional study) では, 個人は一度しか観察されない. たとえば, ほとんどの調査は横断的であるが, 実験は通常縦断的である.

d. 症例対照研究とコホート研究　　症例対照研究 (case control study) では, まず患者に治療が施され, その後, 一定の基準 (たとえば, ある薬物療法に反応したかどうか) に基づいて, その患者を研究対象として選択する. 対照的に, **コホート研究** (cohort study) では, まず対象となる被験者が選ばれ, その後, これらの被験者が, たとえば, 治療に対する反応について, 経時的に研究される.

e. 無作為化比較試験　　実験科学的臨床試験の黄金律であり, 新薬の承認の基礎となるのが**無作為化比較試験** (randomized controlled trial) である. ここでは, 被験者を**介入群** (intervention group) と**対照群** (control group) に分けることでバイアスを回避する. 群割り付けは無作為である.

計画された実験では, 因子とよばれるいくつかの条件があり, それらは実験者によってコントロールされる. 群間で治療という一つの要因だけを異ならせることで, 治療が患者に及ぼす影響を検出できるはずである.

無作為化により, 交絡因子は各群間でバランスがとれているはずである.

f. クロスオーバー試験　無作為化に代わる方法として，クロスオーバー試験がある．クロスオーバー試験は，縦断的研究で，被験者が一連の異なる治療を受けるものである．すべての被験者がすべての治療を受ける．対象者は，ある治療から次の治療に乗り換える．因果効果を避けるために，治療割り付けの順序は無作為化されるべきである．

　たとえば，立ったり座ったりすることが被験者の集中力に及ぼす影響を調べる調査では，各被験者が立ったまま課題を実行する場合と，座ったまま課題を実行する場合の両方を行う．立っているときと座っているときの順序は，順序効果を打ち消すためにランダムにする．

5・5・4 実験計画

ブロックできるものはすべてブロックし，残りはランダムにする！

　上述したように，私たちには（コントロールできる）因子と，結果に影響を与えるがコントロールや操作ができない厄介な因子がある．たとえば，結果が実験を行う人（たとえば被験者を検査する看護師）と時間帯に依存する実験があるとする．その場合，すべての検査を同じ看護師に行わせることで，看護師という因子をブロックすることができる．しかし，すべての被験者を同時に検査することは不可能である．そこで，被験者のタイミングをランダムに混ぜることで，時間の影響を平均化しようとするのである．反対に，午前中に患者を測定し，午後に健常者を測定した場合，必ずデータに偏りが生じる．

a. サンプルの選択　研究対象を選ぶ際には，以下の点に注意する必要がある．

1. サンプルは研究対象のグループを代表するものでなければならない．
2. 比較研究では，既知の変動因子（年齢など）に関して，グループが類似していなければならない．
3. **重要**: サンプル（被験者）の選択が，必要なすべてのパラメータを十分にカバーしていることを確認する！　たとえば，年齢が厄介な因子である場合，十分な数の若年，中年，高齢の被験者がいることを確認する．

追加1: たとえば，病院の患者から無作為に被験者を選ぶと，健康に問題のある被験者にサンプルが偏る．

追加2: たとえば，脳卒中患者に対する新しいリハビリテーション療法の有効性を検証する場合，脳卒中患者だけを対象とすべきではない．そうでなければ，脳卒中の後遺症がほとんどない，あるいはまったくない患者をおもに含むデー

　　タになってしまうかもしれない．（これは最も犯しやすい間違いの一つで，私
　　は何カ月も仕事をむだにした！）

　多くの調査や研究はこれらの基準に満たない（後述の"バイアス"の項を参照）．
"傾向スコアによるマッチング"という分野は，このような問題を修正しようとする
ものである（Rosenbaum and Rubin 1983）．

b. サンプルサイズ　　　また，多くの研究で失敗するのは，サンプルサイズが小さ
すぎて，望ましい大きさの効果を観察できないからである．サンプルサイズを決定す
る際には，次のことを知らなければならない．

- 調査対象のパラメータの分散はどのくらいか？
- パラメータの標準偏差と比較した，期待される効果の大きさはどのくらいか？

　これは**検出力分析**（power analysis）とよばれる．これは行動研究において特に重要
であり，慎重なサンプル数計算なしには研究計画は承認されない（§7・2・5も参照）．

c. バイアス　　　統計分析における選択バイアスの影響を説明するために，例とし
て1936年の米国大統領選挙を考えてみよう．共和党のA. Landonが現職大統領のF. D.
Rooseveltに挑戦した．当時最も有名な雑誌の一つであった *Literary Digest* 誌は，1000
万人の米国人に誰に投票するかを尋ねた．240万人が回答し，*Literary Digest* 誌は
Landonが57%の票を獲得し，Rooseveltの41%を上回ると予測した．しかし，実際の
選挙結果は，Rooseveltが62%，Landonが38%だった．つまり，膨大なサンプル数に
もかかわらず，予測はなんと19%も外れたのである！
　何が問題だったのか？
　第一に，サンプルの選び方がまずく，米国の有権者を代表するものではなかった．
調査用の住所録は，電話帳，クラブの会員リスト，雑誌の購読者リストからとられ
た．そのため，米国の中流階級や上流階級に強く偏っていた．そして第二に，アン
ケートに回答した人数は尋ねた人数の約4分の1にすぎなかった．そして，調査に回
答する人は，回答しない人とは異なる．いわゆる無回答バイアスである．この例は，
サンプル数が多いだけでは代表的な回答を保証できないことを示している．選択バイ
アスと無回答バイアスに注意しなければならない．
　一般的に，被験者を選ぶ際には，研究対象のグループを代表するような被験者を選
ぶようにし，他の研究者による調査を代表するような方法で実験を行うように努め
る．しかし，偏ったデータを得ることは非常に簡単である．

バイアスにはさまざまな原因がある.

- 被験者の選択
- 測定装置
- 実験の構成
- データの分析

データの偏りをできるだけ避けるように注意すべきである.

d. 無 作 為 化　これは実験計画の最も重要な側面の一つかもしれない. 無作為化はバイアスをできるだけ避けるために行われるが, 実験の無作為化にはさまざまな方法がある. 無作為化には, ほとんどのコンピュータ言語で利用できる乱数発生器を用いることができる. バイアスの可能性を最小限にするために, 無作為に割り振られた番号は, できるだけ遅く実験者に提示されるべきである.

実験によって, グループ割り当てを無作為化する方法はさまざまである.

1) 簡単な無作為化

この方法は, 選択バイアスや偶発的バイアスに対して頑健である. 欠点は, 結果として得られるグループのサイズが大きく異なる可能性があることである.

多くの種類のデータ分析では, 各グループのサンプル数を同じにすることが重要である. これを達成するために, 他のオプションが可能である.

2) ブロック無作為化

これは, 異なる群の被験者数を常に緊密にバランスさせるために使用される. たとえば, AとBの2種類の治療があり, ブロックサイズが4である場合, 次の順序で4人の被験者のブロックに二つの治療を割り当てることができる.

1. AABB
2. ABAB
3. ABBA
4. BBAA
5. BABA
6. BAAB

これに基づいて, 乱数発生器を用いて1から6の間の無作為な整数を発生させ, 対応するブロックを用いてそれぞれの治療を割り当てることができる. こうすることで, 各群の被験者数を常にほぼ等しく保つことができる.

3) 最小化

密接に関連していて, 完全な無作為ではないが, 治療を割り当てる方法として**最小**

化（minimization）がある．ここでは，被験者数が最も少ない治療法を選び，この治療法を次の患者に 0.5 より大きい確率で割り当てる．

　たとえば，新しい薬の無作為化比較試験を"プラセボ群"と"実薬群"で行うとする．試験の途中で，プラセボ群にはすでに 60 人の被験者がいて，薬物投与群には 40 人しかいないことに気づいたとする．このアンバランスを解決するために，プラセボの代わりに 60％の確率（以前は 50％）で薬を投与する．

4）層別無作為化

　さまざまな性格をもつ，よりバラエティに富んだ研究対象を選びたい場合もあるだろう．たとえば，若い被験者だけでなく，年配の被験者も選ぶことができる．

　この場合，各層内の被験者の数を均衡に保つようにしなければならない．そのためには，各被験者のグループごとに別々の乱数リストを作成しておく必要がある．

e. 盲 検 化　　意識的であろうとなかろうと，実験者は実験結果に大きな影響を与えることができる．たとえば，新しい治療法の"素晴らしい"アイデアをもつ若い研究者は，仮説が確認されるのを見るために，実験の実行やデータの分析に偏りをもつだろう．このような主観的な影響を避けるために，理想的には，被験者だけでなく実験者も治療法について盲検化されるべきである．これを**二重盲検化**（double blinding）という．分析者も被験者がどのグループに割り付けられたかを知らない場合は，**三重盲検化**（triple blinding）とよばれる．

f. 要 因 設 計　　各因子の組合わせがテストされるとき，私たちは実験の**完全要因計画**（full factorial design）とよぶ．

　分析を計画する際，被験者内比較と被験者間比較を区別しなければならない．前者の被験者内比較では，被験者間比較よりも同じ被験者数でより小さな差を検出することができる．

5・5・5 研究者への提言

　低倍率研究（すなわち，実際に存在する効果を発見する可能性が低い研究）に関する Button らによる非常に推奨される論文には，科学的研究に対する以下の推奨事項があげられている（Button *et al.*, 2013）．

a. プリオリパワー計算の実行　　既存の文献を利用して，求めている効果の大きさを推定し，それに従って研究を計画する．時間的または金銭的な制約により，研究の検出力が不足している場合は，そのことを明らかにし，結果の解釈においてこの限

界（または制限）を認めよう（この点については，§7・2・5のサンプルサイズの計算で詳しく説明する）．

b. 方法と結果の透明な開示　　意図した分析でヌル所見が得られ，他の方法でデータを探索することになった場合は，その旨を伝えよう．ファイルの引き出しに閉じ込められたヌル所見は，文献を偏らせる．一方，探索的分析は，注意点と限界を認めた場合にのみ有用で有効である．

c. 試験計画と分析計画の事前登録　　事前登録は，解析が確証的なものか探索的なものかを明確にし，十分な検出力のある研究を奨励し，透明性のないデータマイニングや選択的報告の機会を減らす．このためのさまざまな仕組みが存在する（たとえば，オープンサイエンスフレームワークやライフサイエンス研究．https://clinicaltrials.gov/）．

d. 研究資料とデータの公開　　研究資料を利用できるようにすることで，研究結果の複製や拡張を目的とした研究の質を向上させることができる．生データを利用できるようにすることで，データ集約やメタ分析の機会が増え，分析や結果の外部チェックが可能になる．

e. 共同研究で力を高め，発見を再現する　　データを組合わせることで，総サンプル数（ひいては検出力）を増やすと同時に，1人の貢献者にかかる労力とリソースの影響を最小限に抑えることができる．ヒト遺伝疫学のような分野における大規模な共同研究コンソーシアムは，これらの分野における研究結果の信頼性を一変させた．

5・5・6　個人的なアドバイス
1. 自分の仕事を現実的に考えよう．
2. 十分なコントロール/キャリブレーション実験を計画しよう．
3. メモを取ろう．
4. データを構造化して保存しよう．

a. 予備調査とマーフィーの法則　　たいていの調査は，実験と分析を1回以上行う必要がある．一般的には，まず仮説を立て，次に実験を行い，最後に仮説を受入れるか否かを判断する．

　私が実際に行った調査のほとんどは，それほど単純なものではなく，通常2回の実

験を繰返した．通常，私はまずアイデアを思いつく．まだ誰もその解決策を見つけていないことを確認した後，私は腰を下ろし，最初の計測を行い，データを分析するために必要な分析プログラムを書く．これによって，うまくいかないことのほとんどを見つけることができる．"間違う可能性のあることはすべて間違う"というマーフィーの法則にあるように．実験が成功すれば，その最初の調査によって，私の質問が扱いやすいものであるという"原理原則の証明"が得られる．さらに，典型的な回答のばらつきに関するデータも得ることができる．これによって，私の仮説を肯定または否定するために必要な被験者数/サンプル数の妥当な見積もりを得ることができる．この時点で，私はまた，自分の実験の設定が十分なのか，それとも別の，あるいはより良い設定が必要なのかを知ることができる．第2ラウンドの調査は，ほとんどの場合，本番であり，（運がよければ）研究結果を発表するのに十分なデータを得ることができる．

b. キャリブレーションラン　　データの測定は，数多くのアーチファクトの影響を受ける可能性がある．このようなアーチファクトを可能な限り抑制するためには，常に何か既知のものから実験記録を開始し，終了する必要がある．たとえば，動きの記録では，まず静止した点を記録し，それを前方，左方，上方に 10 cm ずつ動かすようにしている．何が起きているかを正確に把握した上で記録を行うことは，センサーのドリフトや実験セットアップの問題を検出するのに役立つだけでなく，このような記録は検証にも役立つ．これらの記録は，解析プログラムの精度を検証するのにも役立つ．

c. ドキュメンテーション　　結果に影響を与える可能性のあるすべての要因と，実験中に起こったことすべてを記録しておくこと．

- 実験が行われた日時
- あなたが決めた正確なパラダイム
- 実験者と被験者に関する情報
- 実験中に起こった特筆すべきこと

　できるだけ簡潔に，しかし実験中に起こった注目すべきことはすべて書き留めておく．記録したデータファイルの名前は，後でデータを分析するときに最初に必要になるので，特に明確にしておくこと．多くの場合，メモからすべての詳細を必要とすることはない．しかし，外れ値や異常なデータ点がある場合，これらのメモはデータ分析にとって貴重なものとなる．

d. データ保存　　明確で直感的，それに実用的な命名規則をもつことを心掛けよ

う．たとえば，異なる日に患者や健常人に対する実験をするときは，それらの記録を
"[患者/正常][年/月/日]_[x].dat"のように名付けるといい．例としては，"n20210329_a"
など．この規則で，自然にあなたのデータをグループ化し，日付で自動的にロジカル
にソートできる．

　常に，直ちに生データを保存すること．できれば別のディレクトリにするのがベス
トである．私はこのディレクトリを読み取り専用にすることを好む．それは価値ある
生データをうっかり削除しないためである．たいていの場合，分析の実行は簡単にや
り直せるが，実験を繰返すことはできない．

5・5・7　優れた試験デザイン：臨床試験計画

　臨床試験計画書（clinical investigation plan，CIP）の要件から，良い試験デザインの
ための多くのヒントを得ることができる（以下の9，17，18以外は一般的に統計的試
験に関連する）．医学研究を適切に計画するためには，臨床試験計画が望ましいだけ
でなく，ISO 14155-1:2003 "ヒトを対象とする医療機器の臨床試験（clinical investiga-
tions of medical devices for human subjects)"でも要求されている．この規格は，臨床
試験の多くの側面を規定している．CIP の作成を強制し，以下を規定している．

1. 試験の種類（二重盲検，対照群の有無など）
2. 対照群と割り付け手順の検討
3. パラダイムの説明
4. 本試験の主要評価項目の説明と妥当性
5. 選択した測定変数の説明と正当性
6. 測定装置とその校正
7. 被験者の包含基準
8. 被験者の除外基準
9. 組入れのポイント（"対象が研究の一部となるのはどのような場合か"）
10. 測定手順の説明
11. 脱落した被験者の基準と手続き
12. 選択した標本数と有意水準，およびその正当性
13. 悪影響または副作用の記録手順
14. 測定結果またはその解釈に影響を及ぼす可能性のある要因のリスト
15. 文書化の手順
16. 統計分析手順
17. 調査のためのモニターの指定
18. 治験責任医師の指定
19. データの取扱いに関する仕様

6

一 変 量 分 布

　一つの変数の分布は**一変量分布**（univariate distribution）とよばれる（本書では，一変量分布のみをとり上げる）．これらは，観測値が整数値のみをとる**離散分布**（discrete distribution，例：子供の数）と，観測値が連続値である**連続分布**（continuous distribution，例：人の体重）に分けられる．

　この章の冒頭では，統計分布の記述方法と扱い方を説明する．そして，最も重要な離散分布と連続分布について説明する．

6・1　分布の特徴づけ

6・1・1　分布の中央

　データ標本がある場合，異なるパラメータで分布の中心を特徴づけることができる．これにより，データは二つの方法で評価することができる．

1. その値による評価
2. ランク（つまり，大きさ順に並べたときのリスト番号）による評価

a. 平　　均　　普通，平均値について話すときは算術平均 $\bar{x}$ を意味する．

$$\bar{x} = \frac{\sum_{i=1}^{n} x_i}{n} \tag{6・1}$$

　配列 x の平均は np.mean コマンドで求めることができる．

　現実のデータには欠損値が含まれることが多く，多くの場合，欠損値は nan（nan は "Not-A-Number" の略）で置き換えられる．nan を含む配列の統計のために，

numpy には *nan...* で始まる関数がある．これらは，他の計算を実行する前に，標本から nan 値を取り除く．

```
In [1]: import numpy as np

In [2]: x = [0, 1, 2, 3, 4, 5, 6, 7, 8, 9]

In [3]: np.mean(x)
Out[3]: 4.5

In [4]: xWithNan = [0, 1, 2, 3, 4, 5, 6, 7, 8, 9, np.nan]

In [5]: np.mean(xWithNan)
Out[5]: nan

In [6]: np.nanmean(xWithNaN)
Out[6]: 4.5
```

注: np.mean は，他の多くの *numpy* コマンドと同様に，軸パラメータを使用して，行，列，またはすべてのデータに対して動作させることができる．

```
mat = [[1, 2],
       [3, 4]]
np.max(mat)              # >> 4
np.max(mat, axis=0)      # >> array([3, 4])
np.max(mat, axis=1)      # >> array([2, 4])
```

b. 中 央 値　中央値 (median) は，データ標本の上半分と下半分を分ける値であり，したがって奇数個の標本では標本の50パーセンタイルに対応する（下記参照）．平均値とは対照的に，中央値は外れ値のデータ点の影響を受けない．中央値は次のようにして求めることができる．

```
In [7]: np.median(x)
Out[7]: 4.5
```

この場合のように分布が対称となるとき，平均値と中央値は一致することに注意されたい．

c. 最 頻 値　　標本の**最頻値**（modal value）または**モード値**（mode value）は，その標本で最も頻繁に発生する値である．

　モード値を見つける最も簡単な方法は，*scipy.stats* の対応する関数で，モード値の値と頻度を得る．

```
In [8]: from scipy import stats

In [9]: data = [1, 3, 4, 4, 7]

In [10]: stats.mode(data)
Out[10]: ModeResult(mode=array([4]), count=array([2]))
```

d. 幾 何 平 均　　状況によっては，**幾何平均**（geometric mean）が役に立つこともある．これは値の対数の算術平均で計算できる．

$$mean_{geometric} = \left(\prod_{i=1}^{n} x_i\right)^{1/n} = \exp\left(\frac{\sum_i \ln(x_i)}{n}\right) \tag{6・2}$$

　ここでも，対応する関数は *scipy.stats* にある．

```
In [11]: x = np.arange(1,101)

In [12]: stats.gmean(x)
Out[12]: 37.9927
```

　幾何平均の入力数値は正でなければならないことに注意されたい．

6・1・2　ばらつきの定量化

a. 範　囲　　**範囲**（range）とは，単純にデータの最高値と最低値の差のことで，次のようにして求めることができる．

```
range = np.ptp(x)
```

　ここで *ptp* は "peak-to-peak" の略である．サンプルの範囲を計算するとき，唯一注意しなければならないのは，誤ったデータ点である．これはしばしば外れ値，つまり他のデータよりはるかに高い値や低い値をもつデータ点である．多くの場合，このよ

うな点はサンプルの選択ミスや測定手順のミスによって起こる．

外れ値をチェックするテストはいくつかある．その一つは，第1/第3四分位数（"四分位数"は次のセクションで定義する）の1.5＊四分位範囲（IQR）以上離れたデータをチェックすることである．

b. パーセンタイル　　パーセンタイル（percentile）ともよばれる**百分位数**（centiles）を理解する最も簡単な方法は，まず**累積分布関数**（cumulative distribution function，CDF）を定義することである．

$$CDF(x) \,=\, \int_{-\infty}^{x} PDF(x')\,dx' \tag{6・3}$$

CDF は離散分布にも存在し，ここで，

$$CDF(n) \,=\, \sum_{i=-\infty}^{n} PMF(i) \tag{6・4}$$

（PDF，CDF，パーセンタイルの関係を視覚的にまとめたものについては，図4・17を参照）．CDF は，PDF（確率密度関数）のマイナス無限大から与えられた値までの積分であり（**図6・1**参照），したがって，この値より下にあるデータのパーセンテージを指定する．CDF を知っていると，X の値が a と b の間に見つかる確率の計算が簡単になる（図5・3）．a と b の間の値を見つける確率は，その範囲のPDFの積分によって与えられ，対応する CDF 値の差によって求めることができる．

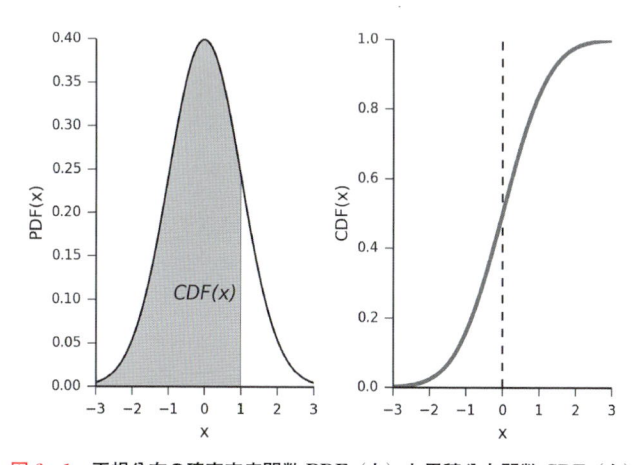

図6・1　正規分布の確率密度関数 PDF（左）と累積分布関数 CDF（右）

$$\mathbf{P}[a < X < b] = \int_a^b PDF(x)\,dx = CDF(b) - CDF(a) \qquad (6 \cdot 5)$$

離散分布の場合，積分は和に置き換えられなければならないが，終点を含めるかどうかは注意しなければならない．

連続分布のパーセンタイルに戻ると，パーセンタイルは CDF の逆関数であり，データ値のあるパーセンテージが発生する以下の値を示す（図 4・17 d の "PPF" を参照）．（離散分布の場合，パーセンタイルは一意に定義されない）．特定の百分位数に頻繁に遭遇することもある．

- データの 95% を含む両側範囲を求めるには，標本分布の 2.5 パーセンタイルと 97.5 パーセンタイルを求めなければならない（図 6・3 a）．
- 50 パーセンタイルは中央値である．
- また，上位四分位数と下位四分位数，すなわち 25 パーセンタイルと 75 パーセンタイルも重要である．その差は**四分位範囲**（inter-quartile range, IQR）とよばれる．

ボックスプロット（箱ひげ図）でのデータ表示には，中央値，上方四分位数，下方四分位数が使用される（図 4・13）．

Python では，分布のパーセンタイルは**パーセンタイルポイント関数**（percentile point function, PPF）で計算できる．たとえば，標準正規分布 stats.norm() の下位四分位数は次式で与えられる．

```
lower_quartile = stats.norm().ppf(25/100)  # -0.674
```

分散と標準偏差　　Python で分散と標準偏差を計算するとき，*numpy* は母集団パラメータと標本パラメータを区別するために除数のパラメータ（n-ddof）を使用する．ddof は "デルタ自由度（delta degrees of freedom）" の略である．

注：*numpy* では分散と標準偏差の計算における ddof のデフォルト値は ddof=0 に設定されているが，*pandas* ではデフォルトは ddof=1 である！

```
In [1]: data = np.arange(7,14)

In [2]: np.std(data, ddof=0)  # 母集団 SD
Out[2]: 2.0
```

```
In [3]: np.std(data) # デフォルト＝母集団 SD
Out[3]: 2.0

In [4]: np.std(data, ddof=1) # サンプル SD, 一般的に使用される
Out[4]: 2.16025

In [5]: df = pd.DataFrame(data)
   ...: std = df.std() # pandas の Series を返す
   ...: std.values # 対応する numpy 配列
Out[5]: array([2.1602469])
```

c. 標 準 誤 差　　標準誤差（standard error, SE）は推定量の標準偏差である．た
とえば図 6・2 では，約 5 に関する正規分布から 100 個のデータ点が得られている．平
均値を推定するためのデータ点が多ければ多いほど，平均値の推定はより良くなる．

　平均の標本標準誤差（standard error of the mean, SE または SEM）は次のとおりで
ある．

$$SEM = \frac{s}{\sqrt{n}} = \sqrt{\frac{\sum_{i=1}^{n}(x_i - \bar{x})^2}{n-1}} \cdot \frac{1}{\sqrt{n}} \tag{6・6}$$

したがって 100 点のデータでは，推定値の標準偏差，すなわち平均の標準誤差は，

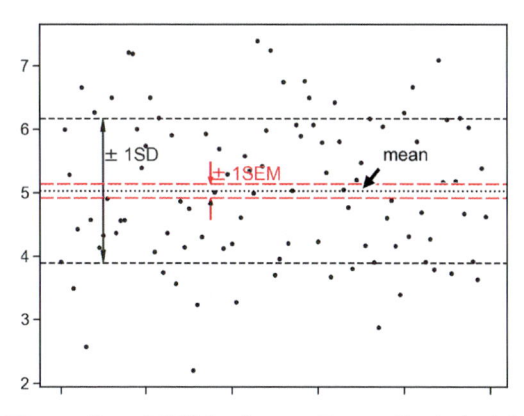

図 6・2　約 5 の正規分布からの 100 個のランダムなデータ点
標本の平均（点線）は実際の平均に非常に近い．平均の標
準偏差（±SEM, 赤色の破線），すなわち平均の標準誤差
（SEM）は，標本の標準偏差（±1SD, 短い破線）より 10
倍小さい．

標本の標準偏差よりも 10 倍小さくなる.

　モデルパラメータの標準誤差は，通常，線形回帰フィットの結果とともに提供される（p.243 を参照）.

d. 信 頼 区 間　　信頼区間（confidence interval, CI）は範囲の推定値であり，常に指定された**信頼水準**（confidence level）で計算される. 最も一般的な信頼水準は 95% である.

　データの場合，95%–CI はデータの 95% を含む値の範囲である.

　また，未知のパラメータの場合，95%–CI は 95% の確率でパラメータの真値を含む範囲を報告する. データの統計解析では，推定パラメータの信頼区間を記述するのが一般的である.

　信頼区間には片側と両側がある（**図 6・3** 参照）. この違いを説明するのに役立つ例がある. 長さ 10 cm の釘を製造したとする. 100 本の釘の長さを測定し，経験分布関数を求める. "製造された釘は意図した長さ 10 cm と一致しているか"，あるいは "釘の長さは 10 cm と異なっているか" という質問をする場合，基準値（ここでは 10 cm）が釘の両側 95%–CI 内にあるかどうかを調べなければならない. しかし，"釘の長さは 10 cm より長いか？" という質問であれば，下限 95%–CI が 10 cm より大きいかどうかをチェックしなければならない. また，"釘は 10 cm より短いか" という質問では，上側 95%–CI が 10 cm より小さいかどうかをチェックしなければならない.

　標本分布が対称で単峰性（最大値の両側で滑らかに減衰する）であれば，信頼区間を次のように近似できることが多い.

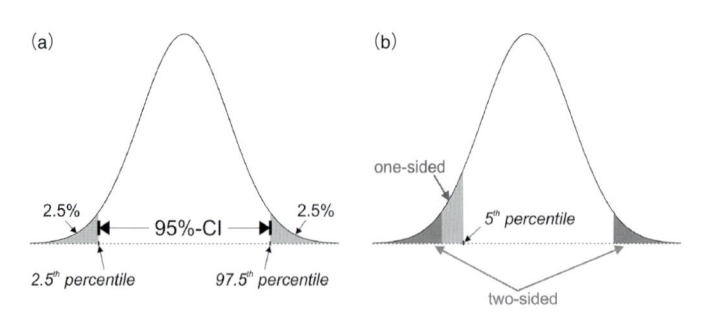

図 6・3　（**a**）デフォルトでは，信頼区間（**CI**）は "**両側**" である. （**b**）ただし，一部のアプリケーションでは "**片側**" **CI** が必要である. ここでは下限 **95%–CI** である.

$$ci \;=\; mean \;\pm\; std \;*\; N_{PPF}\!\left(\frac{\alpha}{2}\right) \qquad\qquad (6 \cdot 7)$$

ここで std は標準偏差，N_{PPF} は標準正規分布のパーセンタイルポイント関数（PPF），α は有意水準である（図 6・5 参照）．たとえば，95%両側信頼区間では，信頼区間の下限と上限を得るために，標準正規分布の `stats.norm.ppf(0.025)` と `stats.norm.ppf(0.975)` を計算しなければならない．正規分布の Python 実装は，p.130 にある．

注：
- 平均値の信頼区間を計算するには，標準偏差を標準誤差に置き換え，正規分布を一般的に t 分布に置き換えなければならない（式 6・14）．
- 分布が歪んでいる場合，式(6・7) は適切ではなく，正しい信頼区間が得られないので，対応する分布からの正確なパーセンタイルを使用しなければならない．

6・1・3 分布の形を表すパラメータ

scipy.stats では，連続分布関数はその**位置**（location）と**スケール**（scale）によって特徴づけられる．二つの例をあげると，正規分布の場合，(location, scale) は分布の (mean, sd) で与えられ，一様分布の場合，分布が 0 と異なる範囲の (start, end) で与えられる．

a. 位　　置　　位置パラメータ x_0 は，分布の位置またはシフトを決定する．

$$p_{x_0}(x) \;=\; p(x - x_0)$$

位置パラメータの例としては，平均値，中央値，最頻値などがある．

b. スケール　　スケールパラメータ s は，確率分布の幅を表す．スケールパラメータ s が大きければ，分布はより広がり，小さければ，分布はより集中する．確率密度が s のすべての値に対して存在する場合，密度（スケールパラメータのみの関数として）は連続分布に対して以下を満たす．

$$PDF_s(x) \;=\; PDF(x/s)/s$$

ここで，PDF_s は PDF の標準化されたバージョンである．

c. 形状パラメータ　　位置とスケール以外のすべてのパラメータを**形状パラメー**

タ（shape parameter）とよぶのが通例である．ありがたいことに，統計学で頻繁に使われる分布のほとんどは，一つか二つのパラメータしかもっていない．

歪度（skewness）　　分布が対称性から外れていれば"歪んでいる"といえる（**図 6・4 左**）．たとえば，正の値しかとりえない測定値の場合，標準偏差が平均値の半分以上であれば，そのデータは歪んだ分布をしていると推測できる．このような非対称性は正の歪度とよばれる．逆の負の歪度はまれである．

尖度（kurtosis）　　尖度は確率分布の"尖った度合"を表す尺度である（図 6・4 右）．正規分布の尖度は 3 なので，過剰尖度 ＝ 尖度 − 3 は正規分布では 0 となる．過剰尖度が負または正の分布は，それぞれ**緩尖的分布**（platykurtic distribution）または**急尖的分布**（leptokurtic distribution）とよばれる．

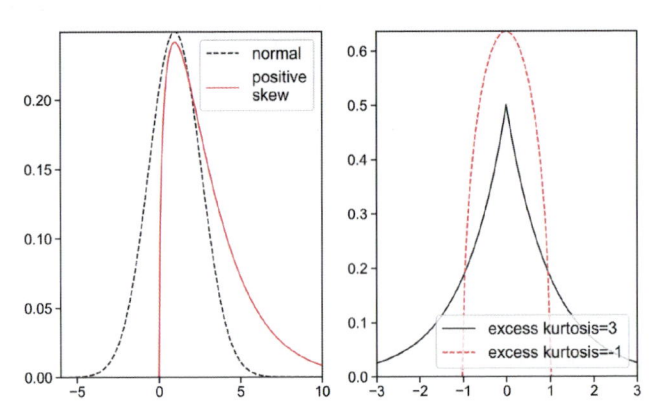

図 6・4　（左）正規分布，および正の歪度をもつ分布．（右）（緩尖的）ラプラス分布の過剰尖度は 3，（急尖的）ウィグナー半円分布の過剰尖度は −1 である．

6・1・4　確率密度関数の重要な方法

図 6・5 は PDF と等価な関数をいくつか示しているが，それぞれが確率分布の異なる側面を表している．男性被験者の身長を記述する正規分布について，それぞれの側面を示す例をあげる．括弧内の略号は，Python における対応するメソッドの名前である．

- 確率密度関数（PDF）：変数がある区間に現れる確率を得るには，その範囲にわたって PDF を積分しなければならないことに注意．
  例：ある男性の身長が 160 cm〜165 cm である確率は？

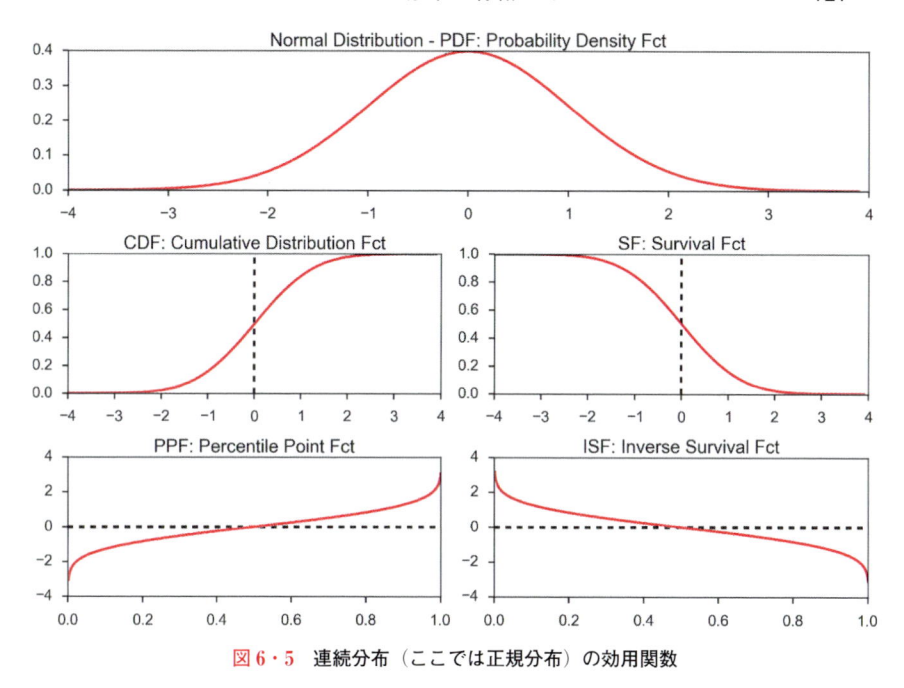

図6・5　連続分布（ここでは正規分布）の効用関数

- 累積分布関数（CDF）: 与えられた値より小さい値を得る確率を示す.

  例: ある男性の身長が165 cm未満である確率は？
- 生存関数（survival function, SF）＝ 1 − CDF: 与えられた値より大きな値を得る
  確率を示す. また, ある値より "生存" しているデータの割合と解釈することもで
  きる.

  例: ある男性の身長が165 cmより大きい確率は？
- パーセンタイルポイント関数（PPF）: CDFの逆関数. PPFは, "ある確率が与えら
  れたとき, CDFの対応する入力値は？" という質問に答えるものである.

  例: 他の男性の95％より小柄な男性を探しているとして, 対象者の身長は？
- 逆生存関数（ISF）: 名前がすべてを物語っている.

  例: 他の男性の95％より大きい男性を探しているとすると, 対象はどのくらいの身
  長でなければならないか？

もう一つのよく使われる方法は, **RVS**（random variate samples: 無作為分散標本）
である.

注: Python では，分布関数を扱う最もエレガントな方法は 2 段階の手順である（図 **6・6**）．

- 最初のステップでは，すべての必要なパラメータ（たとえば，nd = stats. norm(mu, sigma)）を使用して分布を作成する．これは分布（Python 用語では "凍結分布"）であり，まだ関数ではないことに注意されたい！
- 2 番目のステップでは，この分布からどの関数を使用するかを決定し，目的の x 入力に対する関数値を計算する（例: y = nd. cdf(x)）．

"Which distribution?"　　　Normal Distribution

Distribution + Parameters
=
"Frozen Distribution"

μ, σ

nd = stats.norm(mu, sigma)

"Which method?"

pdf　　mean
cdf　　rvs
sf　ppf　isf
interval(0.95)

Parameter (e.g. "x")　　pdf = nd.pdf(x)

図 **6・6**　"凍結分布"，すなわち，すべての必要なパラメータが固定された分布の概念は，**Python** での分布関数の作業を非常に容易にする．

```python
import numpy as np
from scipy import stats

my_dist = stats.norm(5,3)  # 凍結分布を作る

x = np.linspace(-5, 15, 101)
y = my_dist.cdf(x)  # 対応する CDF を計算する
```

6・2　離 散 分 布

　離散分布は**確率質量関数**（probability mass function，PMF）によって定義される．
離散分布には**二項分布**（binomial distribution，**図6・7**）と**ポアソン分布**（Poisson
distribution，**図6・8**）がよく使われる．

　この二つの分布の大きな違いは，二項分布の応用には固有の上限があることだ（た
とえば，サイコロを5回投げたとき，同じ目が出るのは最大5回まで）．一方，ポアソ
ン分布には固有の上限がない（たとえば，"あなたは何人の人を知っていますか" と

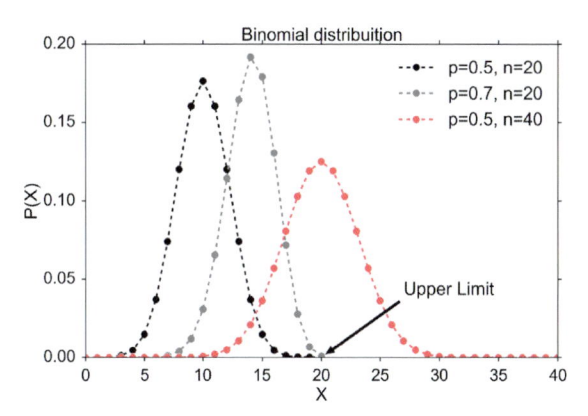

図6・7　二項分布　　整数のXに対してのみ有効な値が存在
することに注意．間の点線は，個々の分布パラメータへの値
のグループ化を容易にするために描いた．

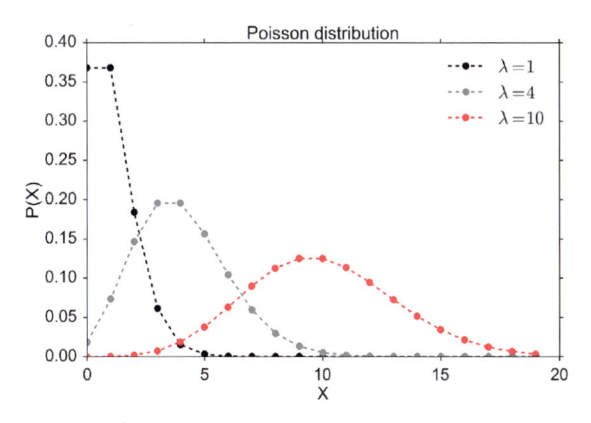

図6・8　ポアソン分布　　ここでも，有効な値は整数Xに対し
てのみ存在することに注意．間の点線は，個々の分布パラメー
タへの値のグループ化を容易にするために描いた．

いう質問に対する答えは，明確な上限がない）．

　二項分布に似た分布に超幾何分布がある．しかし，二項分布が独立した標本に基づいており，多くの場合，置換を伴うサンプリングであるのに対し，超幾何分布の標本は独立しておらず，多くの場合，置換なしのサンプリングである．

6・2・1　ベ ル ヌ ー イ 分 布

　一変量分布の最も単純なケースであり，二項分布の基本でもある**ベルヌーイ分布**（Bernoulli distribution）は，0 と 1 の二つの状態しかない．例として，簡単なコイン投げテストがある．コインを投げると（コインに仕掛けはない場合），"表" が出る確率は $p_{heads} = 0.5$ である．

　コイン投げテストを表す分布を以下のコマンドで実装する．

```
In [1]: from scipy import stats
In [2]: p = 0.5
In [3]: bernoulli_dist = stats.bernoulli(p)
```

　Python ではこれを**凍結分布関数**（frozen distribution function）とよぶ．たとえば，表が 0 回か 1 回出てくる確率は，確率質量関数（PMF）で与えられる．

```
In [4]: p_tails = bernoulli_dist.pmf(0)
In [5]: p_heads = bernoulli_dist.pmf(1)
```

　そして，10 回のベルヌーイ試行を次のようにシミュレートできる．

```
In [6]: trials = bernoulli_dist.rvs(10)

In [7]: trials
Out[7]: array([0, 0, 0, 1, 0, 0, 0, 1, 1, 0])
```

　6 行目の rvs はランダム分散を表す．

6・2・2　二 項 分 布

　コインを複数回投げて "何回表が出たか" と問えば，二項分布になる．一般に，二項分布は "与えられた（固定された）試行回数のうち，何回成功するか" という問いに関連している．二項分布でモデル化される質問の例をいくつかあげよう．

- コインを 10 回投げて，表が出るのは何回？
- ある日，ある病院で生まれた子供のうち，女の子は何人？
- ある教室で，緑色の目をしている生徒は何人？
- 蚊の群れに殺虫剤を散布すると，死ぬのは何匹？

n 回の繰返し実験を行い，その成功確率をパラメータ p で与え，成功回数を合計する．この成功回数を確率変数 X で表し，X の値は 0 から n の間になる．

確率変数 X がパラメータ p と n をもつ二項分布であるとき，それを $X \sim B(n, p)$ と書き，$X == k$ における確率質量関数は次式で与えられる．

$$P[X == k] = \begin{cases} \dbinom{n}{k} p^k (1-p)^{n-k} & 0 \le k \le n \\ 0 & \text{あるいは} \end{cases} \qquad 0 \le p \le 1, \quad n \in \mathbb{N} \quad (6 \cdot 8)$$

$$\text{ここで} \dbinom{n}{k} = \frac{n!}{k!(n-k)!}$$

Python では，手順は上記のベルヌーイ分布の場合と同じだが，一つ追加されたパラメータはコインを投げる回数である．まず，たとえばコインを投げる回数が 4 回の場合の凍結分布関数を生成する．

```
In [1]: from scipy import stats
In [2]: import numpy as np

In [3]: (num, p) = (4, 0.5)
In [4]: binom_dist = stats.binom(num, p)
```

そして，たとえば，0 から 4 までの値に対して PMF で与えられる 4 回投げる間に表が出る確率を計算することができる．

```
In [5]: binom_dist.pmf(np.arange(5))
Out[5]: array([0.0625, 0.25, 0.375, 0.25, 0.0625])
```

たとえば，表が一度も出ない確率は約 6%，一度だけ出る確率は 25% などである．また，すべての確率の合計は正確に 1 にならなければならないことに注意．

$$p_0 + p_1 + \ldots + p_{n-1} = \sum_{i=1}^{n-1} p_i = 1 \qquad (6 \cdot 9)$$

例: 二 項 検 定

あるゲームで，サイコロを 235 回振り，6 が 51 回出たとする．サイコロが公正であれば，6 が 235/6 = 39.17 回出ると予想される．サイコロが公正であるという帰無仮説のもとで，6 の割合が偶然に予想されるよりも有意に高いか？

二項検定を使ってこの問題の答えを見つけるために，$n = 235$，$p = 1/6$ の二項分布を参照し，各試行で 6 が出る真の確率が 1/6 である場合，235 の標本でちょうど 51 回の 6 が出る確率を PMF から決定する．次に 52 回，53 回，… と 235 回までの確率を求め，これらの確率を足し合わせる．このようにして，サイコロが公正であると仮定して，観察された結果（51 回の 6），またはより極端な結果（> 51 回の 6）を得る確率を計算する．この例では，結果は 0.0265 である．51 回の 6 を観察することは，多数回の 6 が出るように細工されていないサイコロでは可能性が低い（5% 水準で有意ではない）ことを示している（片側検定）．

明らかに，サイコロは 6 が多すぎるのと同じように 6 が少なすぎる可能性もあり，同様に疑わしいので，5% の確率を両側に分ける両側検定を使うべきである．この検定は scipy.stats に binomtest として実装されている（片側検定と両側検定の説明，p.172 も参照）．

```python
from scipy import stats
p = stats.binomtest(51, n=235, p=1/6) # >> 4.4%
```

python™

コード: ISP_binomial.py[1] は上述の例に対する片側および両側の二項検定の例を示している．

6・2・3　ポアソン分布

フランス語圏の人なら誰でも"ポアソン (Poisson)"が"魚 (fish)"を意味することに気づくだろうが，実際にはこの分布に怪しい (fishy) ところはない．実はとても単純なのだ．この名前は数学者 Siméon-Denis Poisson（1781～1840）に由来する．

ポアソン分布は二項分布によく似ている．ある事象が起こる回数を調べている．違いは微妙である．二項分布が一定の試行回数の中で何回成功するかを見るのに対し，ポアソン分布は連続した空間または時間の中で，離散的な事象が何回起こるかを測定する．"合計"値 n は存在せず，ポアソン分布は"期待値"という単一のパラメータ

---

1)　<ISP2e>/06_Distributions/binomialTest/ISP_binomialTest.py.

によって定義される.

　以下の質問はポアソン分布で答えることができる.

- 帰り道, 何枚の小銭に出会うだろう?
- 今日, 病院で生まれる子供の数は?
- 新しいテレビ CM を放映したら, 何個の商品が売れるだろうか?
- 殺虫剤を撒いた後, 今日は何回蚊に刺されたか?
- 販売されたロープ 100 m あたり何個の欠陥があるのか?

　この分布で少し違うのは, 事象の数を数える確率変数 X が, 負でない任意の整数値をとりうるということである. つまり, 私が家まで歩いて帰り, 道ばたに小銭が 1 枚も見つからないかもしれないし, 1 枚見つけることもできるかもしれない. また, 10枚, 100 枚, 10,000 枚の小銭を見つける可能性もある (ただし, 貨幣輸送車が近くで爆発でもしない限り, 可能性は低い).

　二項分布のように成分確率を表すパラメータ p をもつ代わりに, 今回はパラメータ"λ" をもち, これは起こる事象の "平均" または "期待" 数を表す. 二項分布とポアソン分布の平均と分散の式を**表6・1**に示す. また, ポアソン分布の確率質量関数は次式で与えられる.

$$P[X == k] = \frac{e^{-\lambda}\lambda^{k}}{k!} \tag{6・10}$$

表6・1　離散分布の性質 (§9・1参照)

	平 均	分 散
二項分布	$n \cdot p$	$n \cdot p \cdot (1 - p)$
ポアソン分布	λ	λ

コード: `ISP_distDiscrete.py`[2] はさまざまな離散分布関数を示している.

6・2・4　超 幾 何 分 布

　超幾何分布 (hypergeometric distribution) の名前は, 分布そのものよりもはるかに威圧的である. 実際, 独立事象を扱う二項分布に似ているが, 従属事象を扱うものである. 簡単な例でその違いを説明しよう.

---

2) <ISP2e>/06_Distributions/distDiscrete/ISP_distDiscrete.py.

　白いボール1個と黒いボール1個を用意する．この母集団から最初のボールを選ぶ
と，白いボールが出る確率は50%である．ボールを戻して選び直すと，再び白いボー
ルが出る確率は，また50%になる．しかし，たとえば白いボールを選択し，ボールを
戻さなかった場合，黒いボールだけが残り，再び白いボールを選択する確率は0%に
なる．つまり，置換を伴う（ボールを戻す）選択（二項）と置換を伴わない（ボール
を戻さない）選択（超幾何）には明らかに違いがある．

　もう一つの良い応用例が*scipy*のドキュメントにある．20匹の動物のコレクション
があり，そのうち7匹が犬だとする．そして，20匹の中から無作為に12匹を選んだ
ときに，指定された数の犬が見つかる確率を知りたければ，凍結分布を初期化して確
率質量関数をプロットすればよい（**図6・9**）．

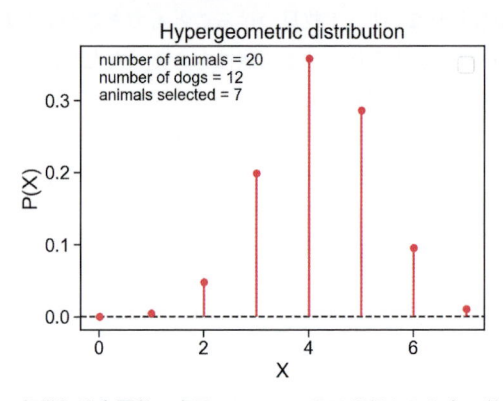

図6・9　超幾何分布関数の応用　　ここでXは選択された犬の数である．

　サンプルサイズが全母集団の5%を超えない場合，超幾何分布と二項分布の違いは
ほとんどない．

6・3　正 規 分 布

　正規分布（normal distribution）または**ガウス分布**（Gaussian distribution）は，すべ
ての分布関数の中ではるかに重要である．これは，すべての分布関数の平均値が，十
分大きな標本数で正規分布に近似するという事実によるものである（§6・3・2参
照）．数学的には，正規分布は平均値 μ と標準偏差 σ によって特徴づけられる（**図6・
10**）．

$$p_{\mu,\sigma}(x) \;=\; \frac{1}{\sigma\sqrt{2\pi}}\, e^{-(x-\mu)^2/2\sigma^2} \tag{6・11}$$

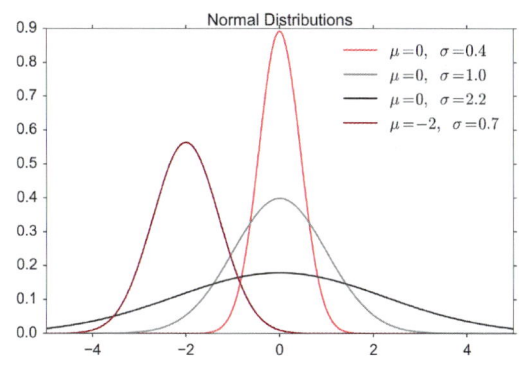

図6・10 μとσのパラメータを変えた正規分布

　ここで，$-\infty < x < \infty$ であり，$p_{\mu, \sigma}$は正規分布の確率密度関数（PDF）である．離散分布の PMF（確率質量関数）が離散整数に対してのみ定義されるのとは対照的に，PDF は連続値に対して定義される．**標準正規分布**（standard normal distribution）は，平均が 0，標準偏差が 1 の正規分布であり，**z 分布**（z-distribution）とよばれることもある．

　標本数が少ない場合，標本分布はかなりの分散（ばらつき）を示すことがある．た

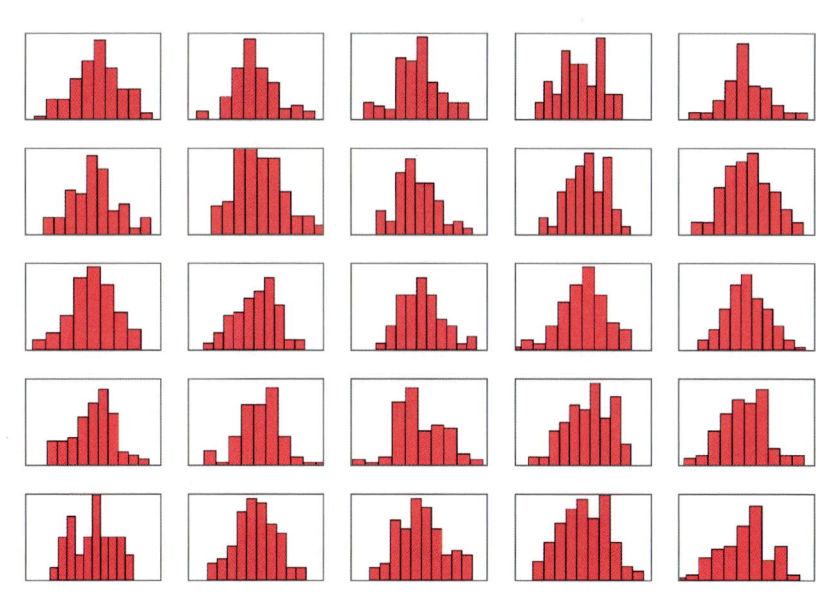

図6・11　標準正規分布から無作為に生成された100点の25サンプル

とえば，正規分布から100個の数値をサンプリングして生成された25個の分布を確認
されたい（図 **6・11**）．

　パラメータ μ と σ をもつ正規分布は $N(\mu, \sigma)$ と表記される．X の確率変量（rvs）が
平均値 μ と標準偏差 σ をもつ正規分布である場合，$X \in N(\mu, \sigma)$ と書く．**図 6・12** と
表 6・2 に 1，2，3 標準偏差の信頼区間を示す．

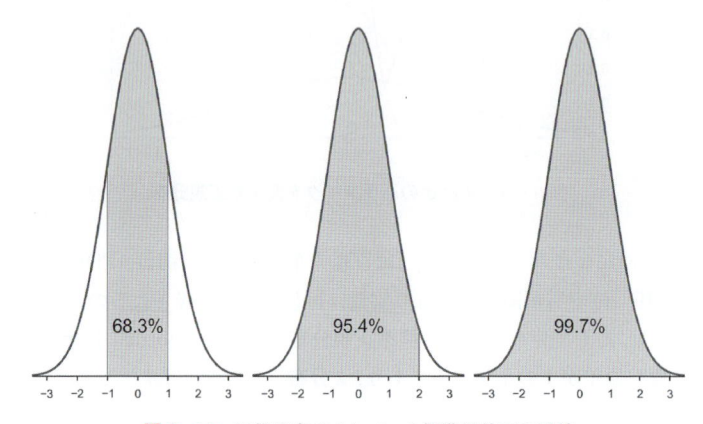

図 **6・12**　正規分布の±1，2，3標準偏差下の面積

表 **6・2**　正規分布の裾　平均からの距離は
標準偏差（sd）で表される．

距 離	確 率	
	範囲内（%）	範囲外（%）
平均±1sd	68.3	31.7
平均±2sd	95.4	4.6
平均±3sd	99.7	0.27

コード: ISP_distNormal.py[3]は正規分布関数の簡単な操作を示す．

　次のコード例は，図 6・10 の濃い紫色の曲線について，データの 95% を含む PDF
の両側区間を計算する方法を示す．

```
In [1]: import numpy as np
In [2]: from scipy import stats
```

---

3) <ISP2e>/06_Distributions/distNormal/ISP_distNormal.py.

```
In [3]: mu = -2
In [4]: sigma = 0.7
In [5]: my_dist = stats.norm(mu, sigma)
In [6]: alpha = 0.05

In [7]: my_dist.interval(1-alpha)
Out[8]: array([-3.3720, -0.6280])
```

正規分布の和　　正規分布の重要な特性は，二つの正規分布の和（または差）も正規分布となることである．たとえば，もしも，

$$X \in N(\mu_X, \sigma_X^2)$$
$$Y \in N(\mu_Y, \sigma_Y^2)$$
$$Z = X \pm Y$$

ならば，

$$Z \in N(\mu_X \pm \mu_Y, \sigma_X^2 + \sigma_Y^2) \tag{6・12}$$

あるいは，言葉で表現すると．

> 正規分布の場合，和の分散は分散の和である．

6・3・1　正規分布の例
- 平均的な男性の身長が 175 cm で標準偏差が 6 cm の場合，無作為に選んだ男性の身長が 183 cm になる確率は？
- 缶の標準偏差が 4 g であると仮定した場合，すべての缶の 99 % が少なくとも 250 g の重量をもつためには，平均重量はいくらにする必要があるか？
- 平均的な男性の身長が 175 cm で標準偏差が 6 cm，平均的な女性の身長が 168 cm で標準偏差が 3 cm の場合，無作為に選んだ男性が無作為に選んだ女性より身長が低くなる確率は？

6・3・2　中心極限定理
　　中心極限定理（central limit theorem）は，十分に多数の同一分布の確率変量の平均がほぼ正規分布になることを述べている．言い換えれば，分布に関係なく平均の標本分布は正規性に向かう傾向があるということだ．**図6・13**は，一様に分布する 10 個の

データを平均すると，すでに滑らかでほぼガウス分布になることを示す．

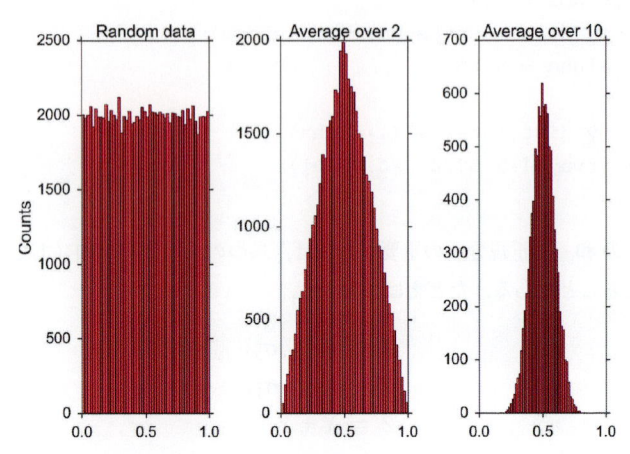

図 6・13　一様分布の中心極限定理を示す　（左）0 から 1 の間で一様に分布する無作為データのヒストグラム．（中央）2 点のデータの平均のヒストグラム．（右）10 点のデータの平均のヒストグラム．

コード: `ISP_centralLimitTheorem.py`[4]は，10 個の一様分布のデータ点を平均すると，ほぼガウス分布になることを示している．

6・3・3　分 布 と 仮 説 検 定

　分布関数と仮説検定の関係を説明するために，次の問題を順を追って分析してみよう．

　米国の新生児の平均体重は 3.5 kg で，標準偏差は 0.76 kg である．典型的な新生児と有意差のある新生児をすべて調べたい場合，体重 2.6 kg で生まれた新生児についてはどのように考えればよいだろうか？

　この問題を**仮説検定**（hypothesis test）の形で言い換えることができる．仮説は，**この新生児は健康な新生児の集団から生まれた**というものである．この仮説を維持できるだろうか？　それともこの新生児の体重からその仮説を棄却すべきだろうか？

　この問いに答えるには，次のようにすればよい．

---

　4)　<ISP2e>/06_Distributions/centralLimitTheorem/ISP_centralLimitTheorem.py.

- 健康な新生児を特徴づける（凍結）分布を求めよ → $\mu = 3.5$, $\sigma = 0.76$.
- 注目する値における CDF を計算する → $CDF(2.6\,\text{kg}) = 0.118$. 言い換えると，健康な新生児が平均的な新生児より少なくとも 0.9 kg 軽い確率は 11.8% である.
- 正規分布なので，健康な新生児が平均的な新生児より少なくとも 0.9 kg 重い確率も 11.8% である.
- 結果を解釈する → **この新生児が健康であれば，体重が平均値から少なくとも 0.9 kg ずれる確率は $2 * 11.8\% = 23.6\%$ である．これは有意ではないので，仮説を棄却する十分な証拠はなく，新生児は健康であるとみなされる**（図 **6・14** 参照）.

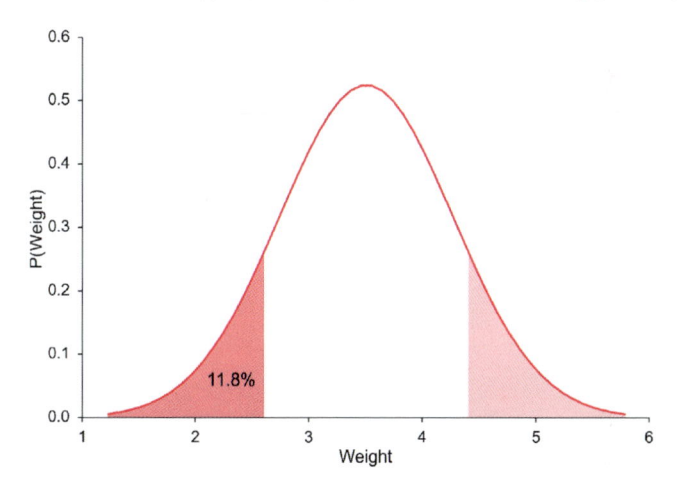

図 **6・14**　**健康な新生児の体重が 2.6 kg 以下である確率は 11.8% である（濃い網かけの部分）**　　平均値との差が 2.6 kg の場合と同じかそれ以上に極端である確率は，薄い網かけの部分も考慮しなければならないので，その 2 倍となる

```
In [1]: from scipy import stats

In [2]: nd = stats.norm(3.5, 0.76)

In [3]: nd.cdf(2.6)
Out[3]: 0.11816
```

　注: 開始仮説はしばしば**帰無仮説**（null hypothesis）とよばれる．この例では，手元にいる新生児の体重の分布と，健康な新生児の体重の分布との間に差がないと仮定することを意味する.

6・4　正規分布から派生した連続分布

よく遭遇する連続分布のいくつかは正規分布と密接な関係がある.

- **t 分布**: 正規分布母集団からの標本の平均値の標本分布（**図 6・15**）. 通常, 標本数が少なく, 真の平均と標準偏差がわからない場合に使用される（σ がわかっている場合は, 平均の分布も正規分布に従う）.
- **カイ二乗分布**: 正規分布データのばらつきを表す.
- **F 分布**: 正規分布データの二つのセットの分散を比較する.

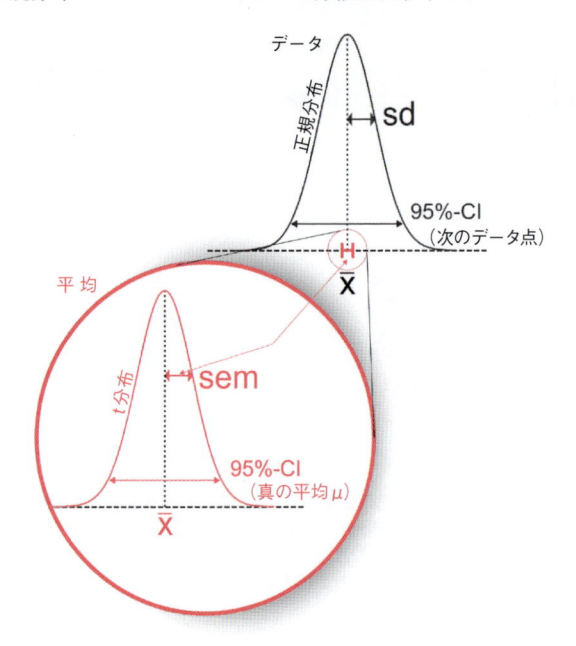

図 6・15　正規分布がデータのばらつきを記述するのに対して t 分布は平均値の変動を記述する　注: 真の標準偏差 σ が正確にわかっている（まれな）場合には, 平均値も正規分布となる.

以下では, これらの連続分布関数について説明する.

 python™

コード: ISP_distContinuous.py[5]は異なる連続分布関数を示す.

---

5) <ISP2e>/06_Distributions/distContinuous/ISP_distContinuous.py.

6・4・1　t 分 布

1908 年，ダブリンのギネス醸造所に勤めていた W.S. Gosset は，たとえば大麦の化学的性質など，標本サイズが 3 個程度と小さい標本の問題に関心をもっていた．このような測定では，平均の真の分散が不明であったため，平均の標本標準誤差で近似しなければならなかった．そして標本平均と標準誤差の間の比は，Gosset が "Student" というペンネームでこの問題を解決するまで，未知の分布をもっていた．対応する分布は t 分布であり，値が大きいほど正規分布に収束する（図 **6・16**）．Gosset のペンネーム "Student" から，現在ではスチューデントの t 分布としても知られている．

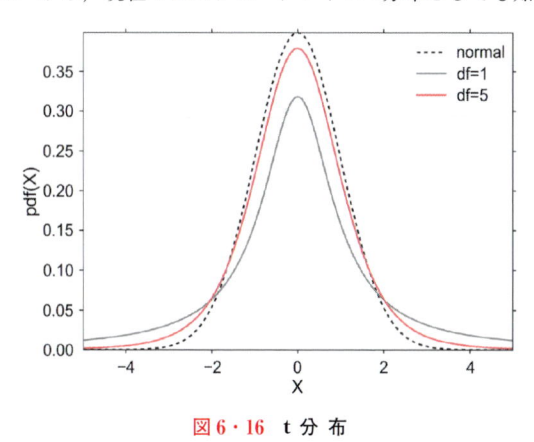

図 **6・16**　**t 分 布**

ほとんどの場合，母集団の平均とその分散は未知であるため，標本データを分析する際には t 分布を用いるのが一般的である．

$\bar{x}$ を標本の平均，s を標本の標準偏差とすると，母集団の平均が μ と等しいかどうかを検定する際に用いる統計量 t は，

$$t = \frac{\bar{x} - \mu}{s/\sqrt{n}} = \frac{\bar{x} - \mu}{SE} \tag{6・13}$$

式(6・13) では平均値 μ がすでに差し引かれているので，n 個のデータに対する平均の t 分布は $n-1$ の自由度（DOF）をもつ．t 分布の非常に頻繁な応用は，平均の信頼区間 ci，すなわち，与えられた信頼水準 α での真の平均 $mean$ を含む区間の計算である．

$$ci = mean \pm se * t_{df,\alpha} \tag{6・14}$$

次の例は，$n = 20$ について，95%–CI の t 値を計算する方法を示す．95%–CI の下端は，分布の 2.5%より大きい値であり，95%–CI の上端は，分布の 97.5%より大きい

値である．これらの値は，パーセンタイルポイント関数（PPF）または逆生存関数
（ISF）のいずれかで得ることができる．比較のために，正規分布からの対応する値も
計算する．

```
In  [1]: import numpy as np
In  [2]: from scipy import stats
In  [3]: n = 20
In  [4]: df = n-1
In  [5]: alpha = 0.05

In  [6]: stats.t(df).isf(alpha/2)
Out [6]: 2.093

In  [7]: stats.norm.isf(alpha/2)
Out [7]: 1.960
```

Python では，平均の 95%–CI は 1 行のコードで求めることができる．

```
In  [8]: df = len(data)-1
In  [9]: ci = stats.t.interval(1-alpha, df,
              loc=np.mean(data), scale=stats.sem(data))
```

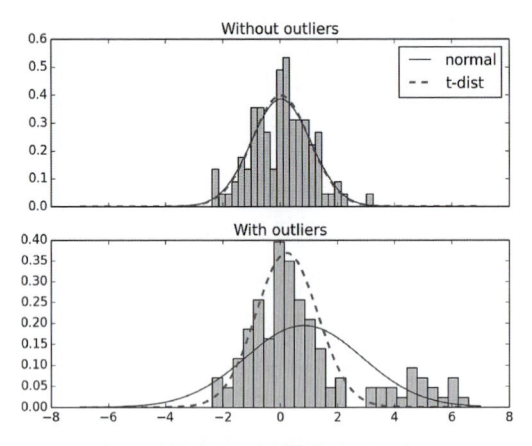

**図6・17　t 分布は正規分布よりも外れ値（outlier）に対してロバス
ト である**　　　（上）正規母集団からの標本のベストフィット正規
分布と t 分布．（下）同じ適合に，20 個の"外れ値"，約 5 個の正
規分布データを加えたもの．

t分布は正規分布よりも長いテール（裾）をもつので，極端なケースの影響をあまり受けない（図 **6・17** 参照）．

6・4・2 カイ二乗分布

カイ二乗分布（χ^2 分布とも表記される）は，簡単な方法で正規分布と関連している．確率変数 X が正規分布〔$X \in N(0,1)$〕をもつ場合，X^2 は自由度 1 のカイ二乗分布（$X^2 \in \chi_1^2$）をもつ．n 個の独立な標準正規確率変数の二乗和は，自由度 n のカイ二乗分布となる（図 **6・18**）．

$$\sum_{i=1}^{n} X_i^2 \in \chi_n^2 \qquad (6・15)$$

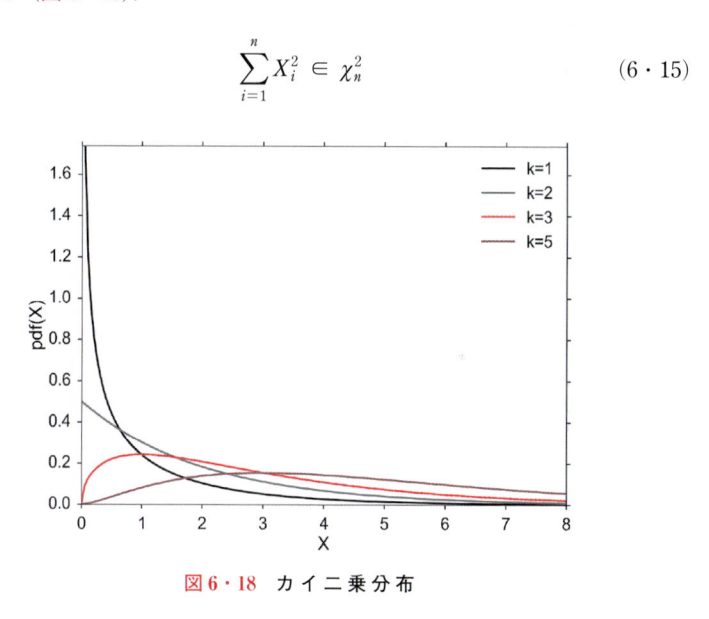

図 **6・18** カイ二乗分布

適　用　例

ある錠剤製造者が標準偏差 $\sigma = 0.05$ の錠剤を納品するよう命じられた．次の錠剤のバッチから $n = 13$ 個の無作為標本の重量は 3.04, 2.94, 3.01, 3.00, 2.94, 2.91, 3.02, 3.04, 3.09, 2.95, 2.99, 3.10, 3.02 g である．

　問　題: 標準偏差は許容値より大きいか？
　答　え: カイ二乗分布は，標準正規分布からのランダム変量の二乗和の分布を記述しているので，対応する CDF 値を計算する前にデータを正規化しなければならない．

$$SF_{\chi^2_{(n-1)}} = 1 - CDF_{\chi^2_{(n-1)}} \left(\sum \left(\frac{x - \bar{x}}{\sigma} \right)^2 \right) = 0.1929 \qquad (6 \cdot 16)$$

解 釈: もし錠剤のバッチが $\sigma = 0.05$ の標準偏差をもつ分布のものであれば, 観察されたものと同程度かそれ以上のカイ二乗値が得られる確率は約19%であり, 非典型的なものではない. つまり, このバッチは期待される標準偏差と一致する.

注: DOF の数は $n - 1$ であるが, これは分布の形状にしか興味がないためであり, n 個のデータの平均値はすべてのデータ点から差し引かれる.

```
In [1]: import numpy as np
In [2]: from scipy import stats
In [3]: data = [3.04, 2.94, 3.01, 3.00, 2.94, 2.91, 3.02,
                3.04, 3.09, 2.95, 2.99, 3.10, 3.02]
In [4]: sigma = 0.05
In [5]: chi2Dist = stats.chi2(len(data)-1)
In [6]: statistic = sum(((data-np.mean(data))/sigma)**2)

In [7]: chi2Dist.sf(statistic)
Out[7]: 0.19293
```

6・4・3 F 分 布

この分布は, ANOVA (ANalysis Of VAriance, 分散分析, §8・3・1 を参照) で臨界値を決定するために F 分布を開発した Ronald Fisher 卿にちなんで名づけられた.

二つのグループが同じ分散をもっているかどうかを調べたい場合は, 標本の分散の比率を計算しなければならない.

$$F = \frac{var_x}{var_y} \qquad (6 \cdot 17)$$

ここで var_x と var_y は, それぞれ第1標本と第2標本の分散である. この統計量の分布は F 分布である.

適 用 例

F 分布の最も一般的な応用は, 三つ以上のグループの比較である. その場合, グループ間の変動がグループ内の変動と比較される. 適切には, これは分散分析

（ANOVA）とよばれ，§8・3・1で詳しく説明する．

ANOVAでの応用では，F分布のカットオフ値は，一般に三つの変数を用いて見つけられる．

● ANOVA分子の自由度　　● ANOVA分母の自由度　　● 有意水準

ANOVAは，二つの異なる標本間の分散の大きさを比較する．これは，大きい方の分散を小さい方の分散で割ることによって行われる（式6・17）．その結果のF統計量の式は以下のとおりである（図6・19）．

$$F(r_1, r_2) = \frac{\chi^2_{r1}/r_1}{\chi^2_{r2}/r_2} \qquad (6 \cdot 18)$$

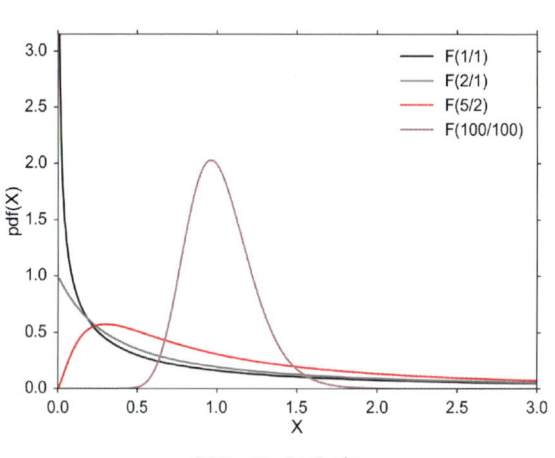

図6・19　F 分 布

ここで χ^2_{r1} と χ^2_{r2} はそれぞれ第1標本と第2標本のカイ二乗統計量であり，r_1 と r_2 はそれらの自由度，$r_i = n_i - 1$ である．

F分布の2番目の一般的な応用は，測定（または製造）の変動の比較である．たとえば，股関節インプラントを製造する会社が，旧システムから新システムに変更したとしよう．旧プロセスと新プロセスで，以下の大腿骨頭径（mm）のサンプルを入手したとする．

```
Old Method: [29.7, 29.4, 30.1, 28.6, 28.8, 30.2, 28.7, 29. ]
New Method: [30.7, 30.3, 30.3, 30.3, 30.7, 29.9, 29.9, 29.9,
             30.3, 30.3, 29.7, 30.3]
```

　新方式の精度が旧方式と同等かどうかを比較するために，式(6・17) を用いて二つの分散を比較する．$F = 1$ であれば，両者の精度は同等であることを示す．新方式がより正確であれば，F 値は 1 より小さくなり，新方式がより正確でなければ，F 値は 1 より大きくなる．F 値が 95% 信頼区間内であれば，二つの手法は有意差がないことを意味する．

　この例では，F 統計量は $F = 0.244$ で，自由度は $n - 1$ と $m - 1$ であり，n と m はそれぞれの方式での記録の数である．以下のコードサンプルは，F 統計量が分布の末尾にあることを示している（$p = 0.019$）ので，二つの方式が同じ精度をもつという仮説を棄却する．

　精度と正確さには重要な違いがあることに注意されたい（**図 6・20**）．

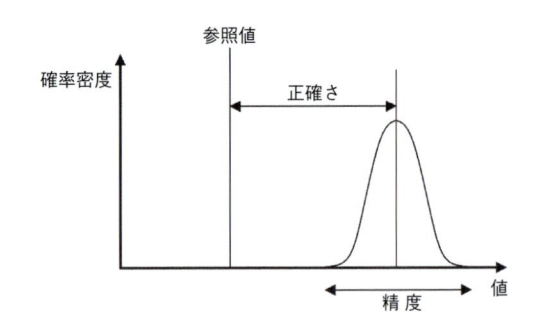

図 6・20　**精度と正確さは異なる特性である！**

　製造の場合，**正確さ**（accuracy）は意図された部品と製造された部品の差であり，**精度**（precision）は製造された部品間のばらつきである．計測の場合，正確さは実際の値と測定値の偏差を示し，精度は測定値のばらつきによって決まる．正確さはシステム制御を調整することで簡単に変えられることが多いが，精度は製造または測定プロセスのばらつきに依存するため，制御ははるかに難しい．品質管理の分野では，品質は精度に反比例する（Montgomery 2019）．

```python
import numpy as np
from scipy import stats

old = [29.7, 29.4, 30.1, 28.6, 28.8, 30.2, 28.7, 29.]
new = [30.7, 30.3, 30.3, 30.3, 30.7, 29.9, 29.9,
       29.9, 30.3, 30.3, 29.7, 30.3]
```

```
f_val = np.var(new, ddof=1)/np.var(old, ddof=1) # -> F=0.244
fd = stats.f(len(new)-1, len(old)-1)
p = fd.cdf(f_val) # -> p=0.019

if (0.025 < p < 0.975):
    print('No significant difference.')
else:
    print('There is a significant difference ' +\
          'between the two distributions.')
```

6・5 その他の連続分布

正規分布とは直接関係のない，いくつかの一般的な分布について，以下に簡単に説明する.

- **対数正規分布**（lognormal distribution）: 指数尺度でプロットされた正規分布. この変換は，強く歪んだ分布を正規分布に変換するためによく使用される.
- **ワイブル分布**（Weibull distribution）: おもに信頼性や生存データに使用される.
- **指数分布**（exponential distribution）: 指数曲線.
- **一様分布**（uniform distribution）: すべての可能性が等しい場合.

6・5・1 対数正規分布

正規分布は最も扱いやすい分布である. 状況によっては，正に歪んだ分布をもつ

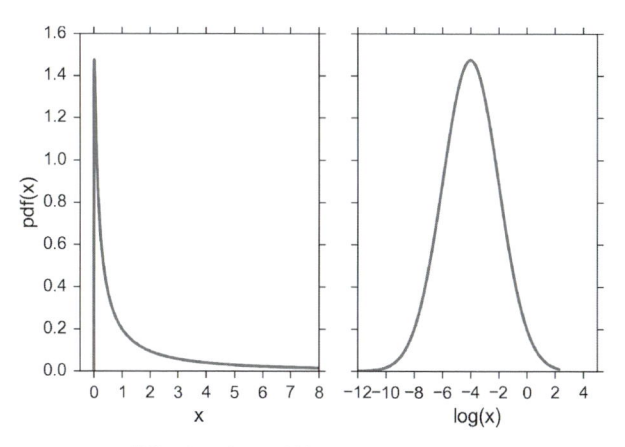

図 **6・21** **対数正規分布** （左）は横軸を線形に，（右）は横軸を対数にプロットしたもの

データ集合を，対数をとることによって対称な正規分布に変換することができる．歪んだ分布をもつデータの対数を取ると，正規分布に近い分布が得られることが多い（図 **6・21** 参照）．

6・5・2　ワ イ ブ ル 分 布

　ワイブル分布は，信頼性データまたは“生存”データをモデル化するために最も一般的に使用される分布である（第10章）．ワイブル分布には二つのパラメータがあり，故障率の増加，減少，または一定を扱うことができる（図 **6・22** 参照）．その確率密度関数（PDF）は次のように定義される．

$$p(x) = \begin{cases} \dfrac{k}{\lambda}\left(\dfrac{x}{\lambda}\right)^{k-1} e^{-(x/\lambda)^k} & x \geq 0 \\ 0 & x < 0 \end{cases} \tag{6・19}$$

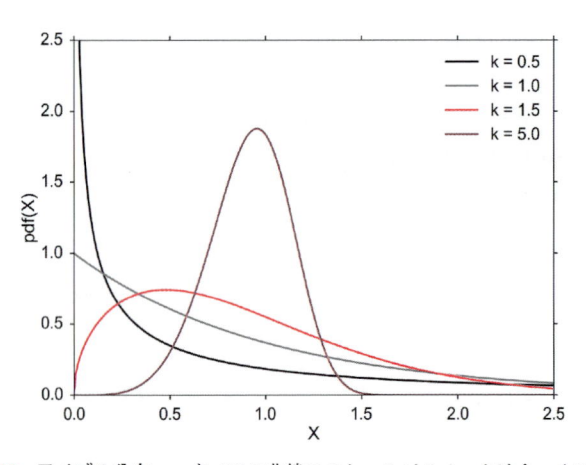

図 **6・22**　**ワイブル分布**　　すべての曲線のスケールパラメータは $\lambda = 1$ である．

　ここで $k > 0$ は形状パラメータ，$\lambda > 0$ は分布のスケールパラメータである．（歪度や尖度とは異なる形状パラメータを使用する珍しいケースの一つである．）累積分布関数の相補関数は，伸張指数関数である．

　量 x が“故障までの時間”である場合，ワイブル分布は，故障率が時間のべき乗に比例する分布を与える．形状パラメータ k は，そのべき乗に 1 を加えたものであり，したがってこのパラメータは直接次のように解釈できる．

- $k < 1$ は，故障率が時間とともに減少することを示す．これは，不良品が早期に故

障し，不良品が母集団から除去されるにつれて故障率が時間の経過とともに減少する，重大な初期故障率がある場合に起こる.

- $k = 1$ という値は，故障率が時間とともに一定であることを示す．これは，ランダムな外的事象が死亡率や故障の原因となっていることを示唆している.
- $k > 1$ は，故障率が時間とともに増加することを示す．これは，"老化" プロセスがある場合，あるいは時間が経つにつれて故障しやすくなる部品がある場合に起こる．例としては，保証期限が切れるとすぐに故障するような弱点が組込まれた製品などがある.

材料科学の分野では，強度分布の形状パラメータ k は**ワイブルモジュラス** (Weibull modulus) として知られている.

6・5・3 指 数 分 布

指数分布をもつ確率変数 X について，確率密度関数 (PDF) は次のようになる.

$$p(x) = \begin{cases} \lambda e^{-\lambda x}, & x \geq 0 \text{ ならば} \\ 0, & x < 0 \text{ ならば} \end{cases} \tag{6・20}$$

指数関数 PDF を**図 6・23** に示す.

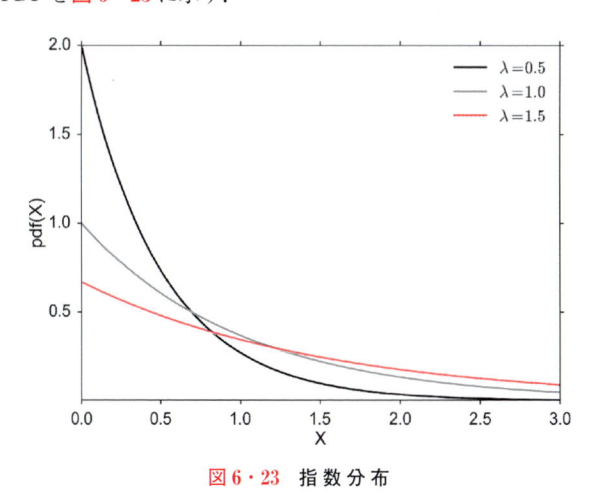

図 6・23 指 数 分 布

6・5・4 一 様 分 布

これは単純なもので，すべてのデータ値に対して均等な確率である（**図 6・24**）．実際のデータではあまり一般的ではない.

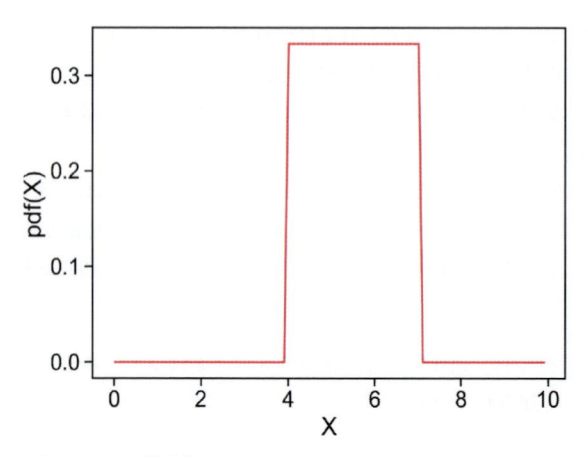

図 **6・24**　**一様分布**　　ここでは (loc, scale)=(4, 3) とする. 一様分布の高さは y=1/scale

6・6　選択した統計パラメータの信頼区間

　統計学の重要な応用の一つに，品質管理の分野がある（Montgomery 2019）．**統計的工程管理**（statistical process control, SPC）の目的に応じて，異なるパラメータの観測値をそれぞれの信頼区間と比較する．

　これらのパラメータの一つは正規分布データの平均値である．§6・4・1 で説明したように，平均値の分布は通常 t 分布で特徴づけられ，そのスケールは平均値の標準誤差（式 6・14）で決定される．その他のよく使われるパラメータを**表6・3**に示す．

表 **6・3**　**赤色で示されたパラメータの信頼区間は，統計的品質管理の分野で頻繁に使用される.**

分 布	正 規	二 項	ポアソン
パラメータ	μ, σ	n, p	λ

　これらの信頼区間の基礎となる式は，（すぐには）深い洞察を伝えないので，付録 C に記載した．実用的なアプリケーションのために，関数 ISP_confidence_interval.py は，古典的な統計学の本の最後に長い表で印刷されていたすべての値を提供している．

　これらの各パラメータについて，両側信頼区間［デフォルト］，上限信頼区間，下限信頼区間を決定することができ，デフォルトの有意水準は $\alpha = 0.05$ に設定されている．

以下のリストは，これらの区間の計算例を示している．

```
import ISP_confidence_intervals as ci

# データとパラメータを設定する
data = [89, 104.1, 92.3, 106.2, 96.3, 107.8, 102.5]
(n_obs, n_tot) = (1, 20) # 二項分布の場合
n_expected = 12 # ポアソン分布の場合

# CI を計算する
ci_mean = ci.mean(data, ci_type='lower')
ci_s = ci.sigma(data, ci_type='upper')
ci_bin = ci.binomial(n_obs, n_tot, ci_type='two-sided')
ci_poisson = ci.poisson(n_expected, alpha=0.05)

print(f'CI-limit(s) for Poisson mean: {ci_poisson}')
```

どのタイプの信頼区間を計算すべきかについてしばしば混乱が生じるので，以下のルールがその決定に役立つはずだ．有意水準 α は通常 $0.05 = 5\%$ に設定される．

- "データがある値から違っていないか？" → 両側信頼区間は次のようになる．

$$CI = frozen\_dist.ppf\left(\left[\frac{\alpha}{2},\ 1 - \frac{\alpha}{2}\right]\right)$$

- "データが許容限度を超えていないか？" → 下限信頼限界

$$CI_{lower} = frozen\_dist.ppf(\alpha)$$
$$CI = [CI_{lower},\ \infty]$$

- "データは許容限界より小さいか？" → 上限信頼限界

$$CI_{upper} = frozen\_dist.ppf(1 - \alpha)$$
$$CI = [-\infty,\ CI_{upper}]$$

 python™

コード: ISP_confidence_intervals.py[6] 正規分布（平均，標準偏差），二項分布（p），ポアソン分布（λ）の信頼区間.

---

6) <ISP2e>/06_Distributions/confidenceIntervals/ISP_confidence_interval.py.

6・7 演　習

1. 標本標準偏差

　データ $1, 2, 3, \cdots, 10$ を含む numpy 配列を作成せよ．平均と標本（!）標準偏差を計算せよ．

2. 正 規 分 布

- 平均 5，標準偏差 3 の正規分布の確率密度関数（PDF）を作成し，プロットせよ．
- この分布から 1000 個のランダムデータを生成せよ．
- これらのデータの平均の標準誤差を計算せよ．
- これらのデータのヒストグラムをプロットせよ．
- PDF から，これらのデータの 95% を含む区間を計算せよ．
- 医師は，股関節インプラントが指定サイズより 1 mm 大きくても小さくても，手術に使用できるという．また，財務担当者は，1000 個の股関節インプラントのうち 1 個は廃棄しても利益が出るという．股関節インプラントの製造者が両方の要件を同時に満たすために必要な標準偏差はいくらか？

3. 連 続 分 布

- **t 分布**: 同僚の体重を測定したところ，次のような結果が出た．52, 70, 65, 85, 62, 83, 59 kg．対応する平均と，平均の 99% 信頼区間を計算せよ．注意: n 個の値では，t 分布の自由度は $n-1$ である．
- **カイ二乗分布**: それぞれ 1000 サンプルで，三つの正規分布データ集合（平均 = 0，標準偏差 = 1）を作成せよ．そして，それらを二乗し，合計し（1000 個のデータ点

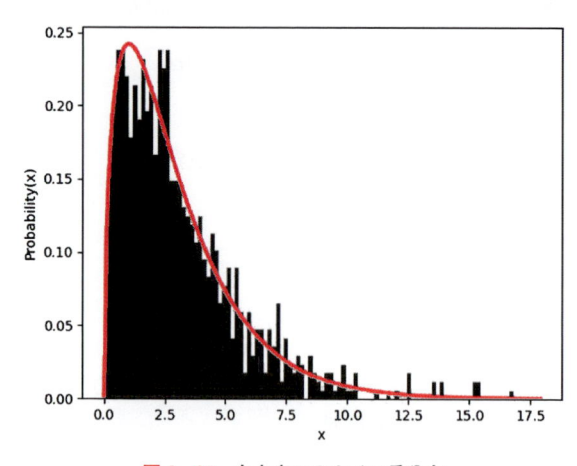

図 6・25 自由度 3 のカイ二乗分布

があるように），100 ビンのヒストグラムを作成せよ．これは 3 自由度のカイ二乗分布の対応する曲線に似ているはずである（つまり，左下がりになるはずである，図6・25 参照）．

- **F 分布**：股関節インプラントの製造ラインにおいて，古い機械が新しい機種に交換される．交換前，無作為に選択された股関節インプラントのヘッド径は ［32.0，32.5，31.5，32.1，31.8］ mm であった．新機種を導入した別のセレクションでは，ヘッドサイズは ［33.2，33.3，33.8，33.5，34.0］ mm であった．

  2 台の機械の精度は同じか？

  注：対応する F 値を計算し，対応する F 分布の CDF が ＜ 0.025 であるかどうかをチェックせよ．

- **一様分布**：範囲 ［0,1］ をもつ一様分布を定義し，その分布の 1000 個の無作為変種を生成せよ．これらのデータを散布図としてプロットせよ．この分布の 95%–CI はいくらか？　99.9%–CI は？　電卓なしでこれを解いてみよ．

4. 離 散 分 布

- **二項分布**："調査によると，ヨーロッパにおける純粋な青い目の割合は，フィンランド，スウェーデン，ノルウェー（72%）が最も高く，次いでエストニア，デンマーク（69%），ラトビア，アイルランド（66%），スコットランド（63%），リトアニア（61%），オランダ（58%），ベラルーシ，英国（55%），ドイツ（53%），ポーランド，ウェールズ（50%）；ロシア，チェコ（48%），スロバキア（46%），ベルギー（43%），オーストリア，スイス，ウクライナ（37%），フランス，スロベニア（34%），ハンガリー（28%），クロアチア（26%），ボスニア・ヘルツェゴビナ（24%），ルーマニア（20%），イタリア（18%），セルビア，ブルガリア（17%），スペイン（15%），ジョージア，ポルトガル（13%），アルバニア（11%），トルコ，ギリシャ（10%）．さらに分析すると，ヨーロッパにおける青い目の平均発生率は34%で，北ヨーロッパでは50%，南ヨーロッパでは18%である．"

  教室に 15 人のオーストリア人生徒がいたとして，青い目の生徒が 3 人，6 人，10 人見つかる確率は？

- **ポアソン分布**：2012 年，オーストリアでは 62 件の路上死亡事故が発生した．これらが均等に分布していると仮定すると，1 週間に平均 62 件/(365/7) = 1.19 件の死亡事故が発生していることになる．ある週に事故が 1 件もない，2 件発生する，5 件発生する，という確率はどのくらいだろうか？

7 仮 説 検 定

この章では，統計データの分析における典型的なワークフローを説明する．特に
データの正規性の視覚的・定量的検定に注目する．そして，**仮説検定**（hypothesis
test）の概念，さまざまなタイプの誤り（エラー）が説明され，**p 値**（p-value）の解釈を
説明する．最後に，一般的な検定の概念である**感度**（sensitivity）と**特異度**（specificity）
を紹介し，説明する．

7・1 典型的な分析手順

"昔"（ほとんど無制限の計算能力をもつコンピュータが利用できるようになる
前），データの統計的分析は，一般的に仮説検定に限られていた．仮説を立て，データ
を収集し，その仮説を受け入れるか拒否するかを決める．その結果得られた仮説検定
は，医学や生命科学におけるほとんどの分析の基本的な枠組みを形成しており，この
章では最も重要な仮説検定について説明する．

強力なコンピュータの出現は，この状況を変えた．現在では，統計データの分析
は高度にインタラクティブなプロセスである（少なくともそうあるべきである）．
データを見て，データを説明する可能性のあるモデルを作成し，これらのモデルに最
も適合するパラメータを決定し，通常は残差を見ることによってこれらのモデルを
チェックする．結果に満足できない場合は，モデルを修正してモデルとデータの対応
関係を改善する．満足できる場合は，モデルパラメータの信頼区間を計算し，これら
の値に基づいて解釈を形成する．このような統計的モデリングに基づく統計分析の紹
介は，第 12 章にある．

いずれにせよ，まずは以下のステップから始めるべきである．

- データの目視検査
- 極端なサンプルを見つけ，注意深くチェックする．
- 値のデータ型を決定する．
- データが連続の場合は，正規分布となっているかどうかをチェックする．
- 適切なテストを選択し適用するか，データのモデルベース分析から始める．

7・1・1 データスクリーニングと外れ値

データ分析の最初のステップは，データの目視検査である．私たちの視覚システムは非常に強力であり，データが適切に表示されていれば，データを特徴づける傾向をはっきりと見ることができる．データの最初と最後の値が正しく読み込まれているかどうかをチェックすることに加え，データの欠損や外れ値がないかどうかをチェックすることをお薦めする．

外れ値には独自の定義はない．しかし，正規分布のサンプルの場合，上下の四分位点から $1.5 * IQR$（四分位点間範囲，図4・13参照）を超えるか，標本平均から2標準偏差（図6・12参照）を超えるデータとして定義されることが多い．外れ値はしばしば二つのグループのいずれかに分類される．記録ミスによって発生した場合は除外される．あるいは非常に重要で価値のあるデータ点ならば，データ分析に含めなければならない．どちらのケースに当てはまるかを判断するには，基礎となる生データ（飽和や無効なデータ値がないか）と実験のプロトコル（記録中に発生した可能性のあるミスがないか）をチェックする必要がある．もし根本的な問題が検出されれば，そのときだけ外れ値を分析から除外することができる．それ以外の場合は，データは保存しなければならない！

7・1・2 正規性チェック

統計的仮説検定は，**パラメトリック検定**（parametric test）と**ノンパラメトリック検定**（non-parametric test）に分類できる．パラメトリック検定は，データが一つまたは複数のパラメータによって定義される分布（ほとんどの場合は正規分布）によってよく記述できると仮定する．そして，与えられたデータ集合について，この分布に最もよく適合するパラメータが，その信頼区間とともに決定され，解釈される．

しかし，このアプローチは，与えられたデータ集合が選択された分布によって実際によく近似されている場合にのみ有効である．そうでない場合，パラメトリック検定の結果は完全に間違っている可能性がある．その場合，ノンパラメトリック検定を使用しなければならないが，これは感度が低く，したがってデータが特定の分布に従うかどうかに依存しない．

a. 確率プロット　　　統計学では，分布を視覚的に評価するためのさまざまなツールが利用できる．二つの確率分布を比較するために，それらの分位数，または密接に関連するパラメータを互いにプロットするさまざまなグラフ手法が存在する．

QQ プロット: QQ プロットの "Q" は分位数（quantile）を意味する．与えられたデータ集合の分位数が，参照分布（通常，標準正規分布）の分位数に対してプロットされる．

PP プロット: 与えられたデータ集合の CDF（累積分布関数）を，参照分布の CDF に対してプロットする．

確率プロット: 与えられたデータ集合の順序づけられた値を，参照分布の分位数に対してプロットする．

　三つのケースで，結果は同様である．比較される二つの分布が同様であれば，点は線分 $y = x$ 上にほぼ位置する．分布が直線的に関連している場合，点は直線上にほぼあるが，必ずしも直線 $y = x$ 上にあるとは限らない（**図7・1**）．

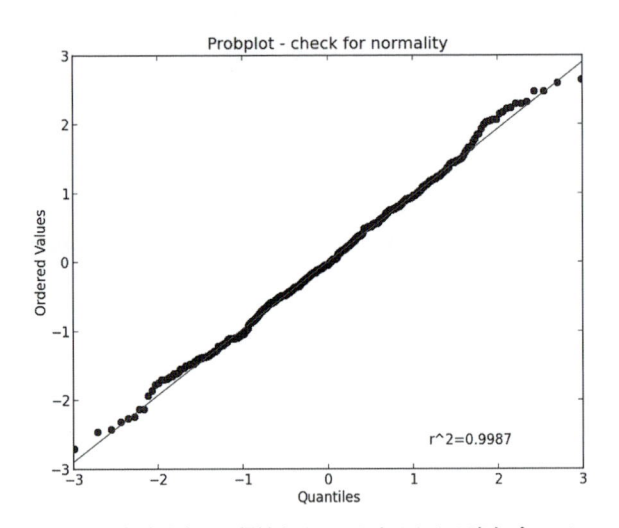

図7・1　**標本分布の正規性をチェックするための確率プロット**

　Python では，確率プロットは次のコマンドで生成できる．

```
stats.probplot(data, plot=plt)
```

および QQ プロットを pingouin コマンドで表示する．

```
pg.qqplot(data, plot=plt)
```

　これらのプロットの原理を理解するために，図7・2の右のプロットを見てみよう．ここでは，明らかに非対称なカイ二乗分布から100個の無作為なデータ点がある（図7・2左）．最初のデータ点のx値は，標準正規分布の1/100分位点（`stats.norm().ppf(0.01)`）であり，−2.33に相当する（正確な値は，"Fillibenの推定値"とよばれる小さな補正のため，少しずれている）．y値はデータ集合の最小値である．同様に，2番目のx値は`stats.norm().ppf(0.02)`にほぼ対応し，2番目のy値はデータ集合の2番目に低い値である．

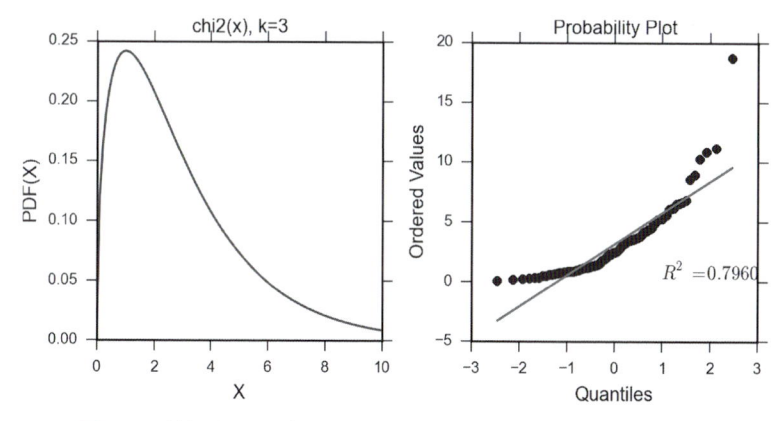

図7・2　（左）明らかに非正規なカイ二乗分布（k = 3）の確率密度関数．（右）対応する確率プロット

b. 正規性の検定　　正規性の検定では，多くの課題が発生する．少数の標本しか得られないこともあれば，多くのデータがあっても極端に外れた値があることもある．さまざまな状況に対処するために，さまざまな正規性の検定が開発されてきた．正規性（またはある特定の分布との類似性）を評価するこれらの検定は，二つのカテゴリーに大別できる．

1. 与えられた分布との比較（"ベストフィット"）に基づく検定で，しばしばそのCDFで指定される．例としては，Kolmogorov–Smirnov検定，Lilliefors検定，Anderson–Darling検定，Cramer–von Mises基準，Shapiro–Wilk検定，Shapiro–Francia検定などがある．
2. 標本の記述統計量に基づく検定．たとえば，歪度検定，尖度検定，D'Agostino–Pearsonオムニバス検定，Jarque–Bera検定などである．

たとえば，Kolmogorov–Smirnov 検定（図 7・3 参照）に基づく Lilliefors 検定は，標本の経験分布関数と参照分布の累積分布関数との間の距離，または二つの標本の経験分布関数間の距離を定量化する．（元の Kolmogorov–Smirnov 検定は，標本数が約 300 以下の場合は使用すべきではない．）

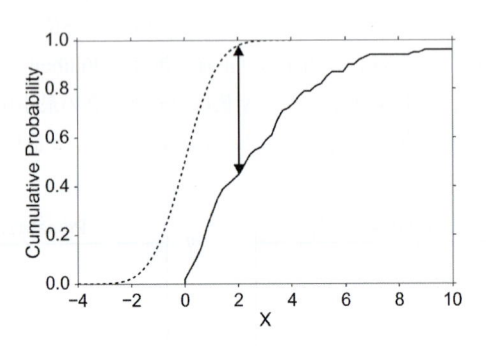

図 7・3　Kolmogorov–Smirnov 統計量の図解
破線は正規分布の CDF，実線はカイ二乗分布（図 7・2）の経験的 CDF，黒い矢印は積分された K–S 統計量．

Shapiro–Wilk W 検定は，観測値の順序統計量の間の共分散行列に依存し，≤ 50 標本でも使用でき，Altman（1999）および Ghasemi and Zahediasl（2012）によって推奨されている．

pingouin コマンド pg.normality(x) は，デフォルトで Shapiro–Wilk 検定を使用する．method=normaltest オプションを指定すると，D'Agostino–Pearson オムニバス検定による *scipy* コマンド stats.normaltest(x) に切り替わる．この検定は，歪度検定と尖度検定を組合わせて，単一のグローバルな"オムニバス"統計量を生成する．

正規分布から 1000 個の確率変量について正規性をチェックする Python モジュール ISP_checkNormality.py の出力を下に示す．全データ集合では，すべての検定が基礎となる分布が正規分布であることを正しく示しているが，最初の 100 個の確率変量のみが含まれる場合，極値の影響は検定の種類に強く依存することに注意．p 値が 1 であれば，帰無仮説（データが正規分布している）が真である確率が高いことに注意していただきたい．

```
p-values for all 1000 data points: ----------------
Omnibus              0.913684
Shapiro--Wilk        0.558346
Lilliefors           0.569781
```

```
Kolmogorov--Smirnov     0.898967

p-values for the first 100 data points: ----------------
Omnibus                 0.004530
Shapiro--Wilk           0.047102
Lilliefors              0.183717
Kolmogorov--Smirnov     0.640677
```

python

コード: ISP_checkNormality.py[1]は，与えられた分布が正規分布であるかどう
かを，さまざまな量的検定と同様に，グラフィカルにチェックする方法を示す．

7・1・3　トランスフォーメーション

　データが正規分布から大きく外れている場合，データを変換することで分布を近似
的に正規分布にできることがある．たとえば，データには正の値しかなく（たとえ
ば，人の大きさ），長い正の裾をもつ値がよくある．このようなデータは対数変換を
適用することで正規分布にできることが多い．これは図6・21に示されている．

7・2　仮説検定と検出力分析

7・2・1　一　　例

　小袋入りのクッキーを製造しているとする．スーパーマーケットとの契約では，1
袋に110gのクッキーを入れなければならない．10袋を検査したところ，次のような
重量になった（図7・4）．

```
In [1]: import numpy as np
In [2]: weights = np.array([ 109.4, 76.2, 128.7, 93.7, 85.6,
                    117.7, 117.2, 87.3, 100.3, 55.1])
```

　答えたい質問: 1袋あたりのクッキーの平均重量（97.1）は110と有意差があるか？
　正規性の検定（stats.normaltest(weights)）は，データがおそらく正規分布
から得られたものであることを示す．重みの母分散がわからないので，最善の推測で

---

1)　<ISP2e>/07_CheckNormality_CalcSamplesize/checkNormality/ISP_checkNormality.py.

ある標本分散をとる必要がある（図5・1も参照）．そして，標本平均と母平均の間の正規化された差，t統計量はt分布に従うことがわかっている（式6・13）．

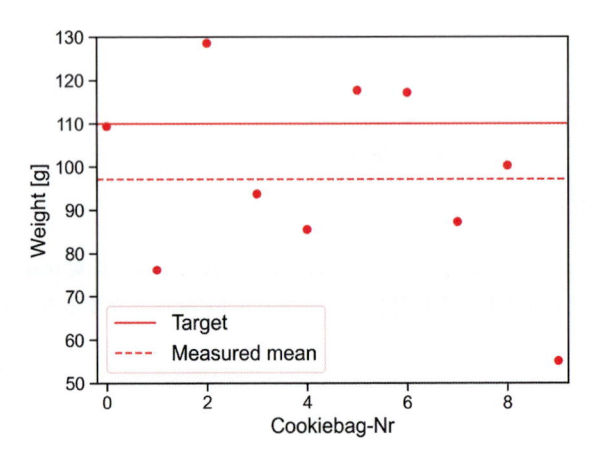

図7・4　**質問**　標本平均（破線）と観測されたデータの分散（標本分散）に基づいて母集団平均は110（実線）とは異なると考えるか？　あるいは母集団平均と110の差がゼロであるという帰無仮説である．帰無仮説のままでよいのか，それともデータに基づいて帰無仮説を棄却しなければならないのだろうか？

標本平均と比較したい値np.mean(weights)-110との差は−12.9である．標本標準誤差（式6・13）で正規化すると，$t = -1.84$ となる．t分布は標本数のみに依存する既知の曲線なので，t統計量が $|t| > 1.84$ になる確率を計算できる．

```
In [3]: tval = (110-np.mean(weights))/stats.sem(weights)
        # 1.84
In [4]: td = stats.t(len(weights)-1)
        # "frozen" t分布
In [5]: p = 2*td.sf(tval)
        # 0.0995
```

$t < -1.84$ と $t > 1.84$ の確率を組合わせなければならないので，コードの最後の行の係数2が必要である．言葉で表現すると，標本データが与えられれば，母集団の平均が110である確率は9.95%であるといえる．しかし，統計的差異は，確率が5%未満の場合にのみ慣習的に与えられるので，観測値97.1は110と有意に異ならないと結論づけられ，あなたのクッキーはスーパーマーケットで販売できる．

7・2・2 一般化と応用

a. 分析ステップ　　前の例に基づいて，仮説検定の一般的な手順を説明すると次のようになる（図5・1のスケッチは，これから出てくる多くの用語の意味を示している）．

- 無作為標本を母集団から抽出する．（この例では，無作為標本は重さである）
- 帰無仮説を立てる．（"クッキーの重さの平均値と110の値の間には帰無仮説の差がない"）
- 確率分布がわかっている検定統計量を計算する．（正規分布からの標本の平均値はt分布に従うことがわかっているので，ここでは正規化標本平均である）
- 統計量の観測値（ここでは得られたt値）と対応する分布（t分布）を比較すると，"観測値と同じかそれよりも極端な値が偶然に見つかる"確率を求めることができる．これがいわゆるp値である．
- p値が $p < 0.05$ の場合，帰無仮説を棄却し，統計的に有意な差があるという．$p < 0.001$ の値が得られると，その結果は通常，"高度に有意"とよばれる．仮説検定の臨界領域は，帰無仮説が棄却されるすべての結果の集合である．

　言い換えれば，p値は，帰無仮説が真であった場合に，偶然だけで同程度かそれ以上の極端な値が得られる可能性がどの程度あるかを示している．

　p値が比較される値は有意水準であり，多くの場合 α で示す．有意水準はユーザーが選択でき，通常 0.05 に設定する．

　このような仮説の検証の進め方を**統計的推論**（statistical inference）とよぶ．

　p値は，帰無仮説が真である場合に検定統計量にある値が得られる確率を示すだけで，それ以外は何も示さないことを忘れないでいただきたい！

　そして，それほど頻繁ではないにせよ，ありえないできごとは起こるものだということを心に留めておいてほしい．たとえば，1980年に Maureen Wilcox という女性がロードアイランド州の宝くじとマサチューセッツ州の宝くじのチケットを買った．そして彼女は両方の宝くじで当たりの数字を手に入れた．彼女にとって不運だったのは，ロードアイランド州のチケットでマサチューセッツ州の当たりの数字をすべて選び，マサチューセッツ州のチケットでロードアイランド州の当たりの数字をすべて選んでしまったことだ．統計学的に見れば，このようなできごとのp値はきわめて小さいはずだが，とにかくそれは起こったのだ．

b. その他の例

例1: 被験者2群の体重を比較してみよう．帰無仮説は2群間の体重に差がないとい

うものである. 体重の統計的比較で p 値が 0.03 となった場合, 帰無仮説が正しい確率は 0.03, つまり 3% ということになる. この確率はかなり低いので, "2 群の体重には有意差がある" という.

例2: ある集団の平均値が 75 kg であるという仮定をチェックしたい場合, 対応する帰無仮説は次のようになる. "母集団の平均値と 75 kg との間には差がないと仮定する"

例3 (正規性の検定): データ標本が正規分布しているかどうかをチェックする場合, 帰無仮説は "私のデータと正規分布しているデータとの間には差がない" となる. ここで大きな p 値は, データが実際に正規分布していることを示す!

7・2・3　p 値の解釈について

　p 値のみを記載することは, もはやデータの統計解析の最先端ではない. 加えて, 調査中のパラメータの信頼区間も示すべきである.

　データ解釈の誤りを減らすために, 研究は**探索的研究** (exploratory research) と**検証的研究** (confirmatory research) に分けられることがある. たとえば, バージニア大学の心理学博士課程に在籍する Matt Motyl の場合である. 2010 年, 彼が約 2000 人を対象に行った研究のデータによると, 政治的に穏健な人は, より極端な政治的意見をもつ人に比べて, 灰色の濃淡をより正確に見ており, その p 値は 0.01 であった. しかし, そのデータを再現しようとしたところ, p 値は 0.59 にまで低下した. つまり, 探索的研究ではある仮説が成り立つ可能性が示されたが, 検証的研究ではその仮説が成り立たないことが示されたのである (Nuzzo 2014).

　探索的研究と検証的研究の違いを印象的に示しているのが, 2008 年に三つの主要な心理学雑誌に掲載された 100 の実験的および相関的研究の結果を, 270 人の研究者が再現しようとした共同科学研究である. 97% の研究が統計的に有意な結果を示したのに対し, 再現研究のうち統計的に有意だったのはわずか 36% だった (OSC 2015)!

　Sellke ら (2001) はこの疑問について詳しく調査し, データが p 値 p を出す場合に, 帰無仮説を棄却する際に誤りを犯す確率を推定するために "較正 p 値" を使うことを推奨している.

$$\alpha(p) = \frac{1}{1 + \dfrac{1}{-e\,p\log(p)}} \tag{7・1}$$

　ここで, $e = \exp(1)$, log は自然対数である. たとえば, $p = 0.05$ なら $\alpha = 0.29$, $p = 0.01$ なら $\alpha = 0.11$ となる. しかし, この考え方が実際の研究に応用されているのを見たことがないのが正直なところである.

帰無仮説の $p < 0.05$ という値は，次のように解釈しなければならない．帰無仮説が真であれば，観察された統計量と同じかそれよりも極端な検定統計量を見つける確率は5%未満である．

これは帰無仮説が偽であると言うのとは違うし，対立仮説が真であると言うのとも違う！

7・2・4 エラーのタイプ

仮説検定では，2種類の誤り（エラー）が起こりうる．

a. タイプ I エラー　タイプ I エラーとは，帰無仮説が真であるにもかかわらず結果が有意であるとするエラーのことである[2]．タイプ I エラーの確率は一般に α で示され，データ分析の開始前に設定される．品質管理では，タイプ I エラーは，実際には合意された要件を満たしているにもかかわらず，品目のバッチを不合格にするため**生産者リスク**（producer risk）とよばれる．

図7・8では，被験者が健康であるにもかかわらず，がんと診断される（検査結果が"陽性"となる）ことがタイプ I エラーとなる．

例：オーストリアの若年成人集団の平均IQが105（つまり，オーストリア人男性の方が他より賢い場合）で，標準偏差が15であると仮定する．ここで，リンツの平均的な学生が平均的なオーストリア人と同じIQをもつかどうかをチェックしたいので，20人の学生を選ぶ．有意水準を $\alpha = 0.05$ に設定する．すなわち，標本平均が95%信頼区間の内側にあるか外側にあるかをチェックしたい．ここで，リンツの平均的な学生が，実際には平均的なオーストリア人と同じIQをもっていると仮定しよう．この場合，調査を20回繰返せば，その20回のうち平均1回は，標本平均がオーストリアの平均IQと有意に異なることがわかるだろう．このような結果は，仮定が正しいにもかかわらず，誤った結果となり，タイプ I エラーとなる．

b. タイプ II エラーと検定力　もし"対立仮説が実際に真であるとき，帰無仮説を棄却する確率はどのくらいか"，言い換えれば"本当の効果を検出する確率はどのくらいか"という問いに答えたいのであれば，別の問題に直面することになる．これ

---

2) 私は個人的に次のように覚えている：まず最初は普通であるという仮説から始めるが，その普通が誤分類されるのがタイプ I エラーだ．

らの質問に答えるためには，対立仮説が必要である．

　タイプⅡエラーとは，帰無仮説が偽であるにもかかわらず，結果が有意でないエラーである．品質管理では，タイプⅡエラーは，消費者は規制要件を満たさない品目を入手することになるから**消費者リスク**（consumer risk）とよばれる．

　図 7・8 では，タイプⅡエラーは，被検者が，がんであるにもかかわらず，"健康"と診断される（検査結果が"陰性"となる）．このタイプのエラーは通常 β と示される．

　統計的検定の"検出力"は，$(1 - \beta) * 100$ と定義され，対立仮説を正しく受け入れる確率である．あるいは健常被験者と患者で表現すると，検出力とは病気と正しく識別された患者の割合である．**図 7・5** は，統計的検定の検出力の意味を示している．検定の検出力を求めるには，対立仮説（または"患者群"）が必要であることに注意してほしい．

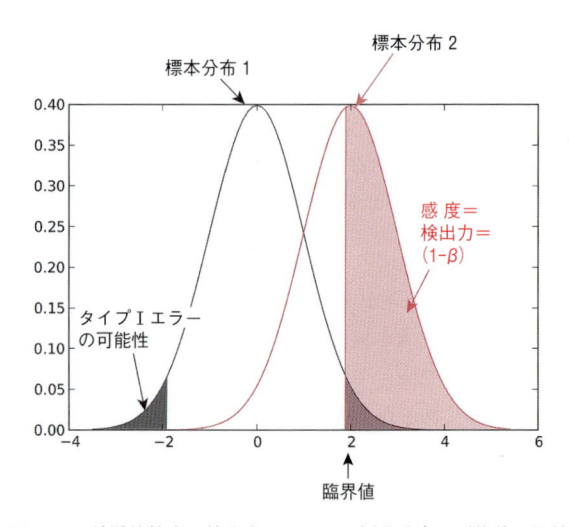

図 7・5　統計的検定の検出力　　二つの標本分布の平均値の比較

c. p 値解釈の落とし穴　　p 値は仮説に対する証拠を測るものである．残念なことに，p 値は仮説が棄却されるエラー確率として，あるいはさらに悪いことに，仮説が真である事後確率（すなわち，データが収集された後）として，しばしば誤って捉えられている．例として，対立仮説が，"平均値が，帰無仮説における平均値よりも，1 標準偏差の数分の 1 だけ大きい"場合を考えてみよう．この場合，p 値が 0.05 になる標本は，対立仮説が真でも帰無仮説が真でも，同じくらいの確率で生じる可能性がある！

7・2・5 サンプルサイズ

　サンプルサイズの計算は，間違いなく実験計画で最も過小評価されている点である．たとえば，Button *et al.* (2013) による論文では，2011 年に発表された神経科学研究の検出力を遡及的にチェックしている．彼らは，テストされた研究の統計的検出力の中央値はわずか 21% であることを発見した！　他分野の実証的証拠もこの発見を裏付けている (Ioannidis 2005)．これは恐ろしい結果を伴う．第一に，これらの研究の 5 件中 4 件で真の効果が見逃されていることになる．第二に，いわゆる "勝者の呪い" のため，発見され，公表された効果は著しく大きすぎる傾向がある (Button *et al.*, 2013)．そのうえ，研究の検出力が低いほど，観察された "有意な" 効果が実際に真の効果を反映している確率は低くなる．〔検出力が低いということは，**陽性的中率**（positive predictive value，PPV）が低いということでもある．〕

　この発見は非常に衝撃的だったので，ISP2e-repository にあるシミュレーションで再現した．

コード: `7_powerAnalysis.ipynb`[3)]: 検出力 25% の研究の検出力分析．

　二項対立仮説検定の検出力または感度とは，対立仮説が真であるとき，検定が帰無仮説を正しく棄却する確率（"病気と認識された患者の割合"）である．

　統計的検定の検出力を決定し，与えられた大きさの効果を明らかにするのに必要な最小サンプルサイズを計算することを**検出力分析**（power analysis）という．それには四つの要素が含まれる．

1. α，タイプ I エラーの確率
2. β，タイプ II エラーの確率（⇒検定の検出力）
3. d（"コーエンの d" ともよばれる）：効果量，すなわち標本の標準偏差 σ に対する調査効果の大きさ
4. n，サンプルサイズ

　これらの四つのパラメータのうち三つだけを選択でき，四つ目は自動的に固定される．たとえば**図7・6**は，サンプルサイズが増えるにつれて検定力が上がることを示している．

　提示された臨床的疑問に対する答えとなる，平均的な治療結果間の差 $D\ (= d * \sigma)$

---

3) <ISP2e>/ipynbs/7_powerAnalysis.ipynb.

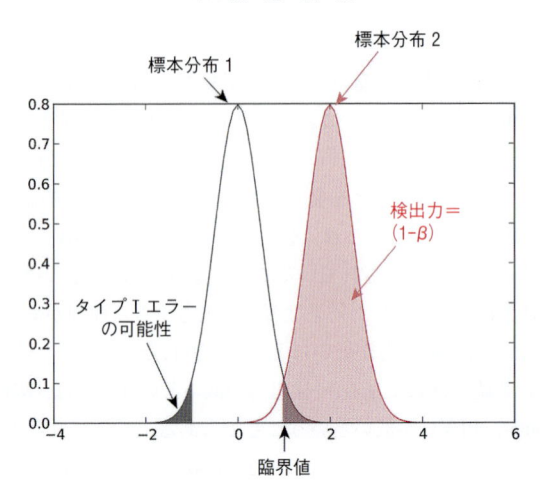

図7・6　図7・5と比較した，サンプルサイズの増加が
検定の検出力に与える影響

の絶対値は，しばしば**臨床的意義**（clinical significance, clinical relevance）とよばれる．たとえば，脳卒中後の腕や手の運動機能は，最大スコア 66 のヒューゲルメイヤーの上肢機能評価で評価されるのが一般的である．2014 年，脳卒中後の腕の課題別ロボット療法に関する多施設共同研究では，この療法によって0.78 点の有意な改善が認められた（Klamroth-Marganska *et al.,* 2014）．しかし，この改善は有意ではあるが，患者の治療に違いをもたらさないほど小さなものであり，したがって臨床的意義はない．

a. 検 出 力 分 析 の 例　サンプルサイズの計算は驚くほど大きなトピックであり，それに関する書籍（Chow 2008 など）やウェブサイト（https://sample-size.net やhttp://powerandsamplesize.com など）がある．一見些細なケースであっても，正確な分析はすぐに複雑になる（図7・7）．

　ここでは，t 分布を近似するために正規分布を使って，二つの近似解を提供するだけである．結果の数値は正しい結果をわずかに過小評価している．次のセクションのPython の例が正確な値を提供する．標本を抽出する母集団が x_1 の平均値と σ の標準偏差をもち，実際の母集団が $x_1 + D$ の平均値と同じ標準偏差をもつという仮説がある場合，最小標本数で"両側"の差を検出することができる．

$$n = \frac{(z_{1-\alpha/2} + z_{1-\beta})^2}{d^2} \qquad (7 \cdot 2)$$

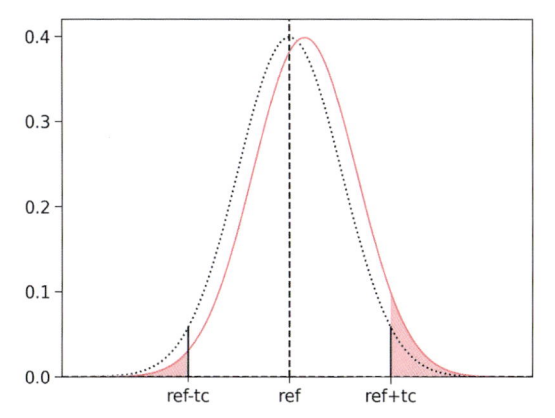

図7・7 "検出力"の定義 標本平均を値 ref と比較する帰無仮説は，平均が参照値 ref（点線）についての t 分布を形成するというものである．もし真の平均が測定された平均$\bar{x}$について（非中心）t 分布を形成するなら，赤色の網掛け部分は臨界値 tc より極端な標本分布の部分を示し，したがって ref とは異なると識別される．これは "両側対立仮説に対する検定の検出力" の定義である．

ここでzは標準化正規変数で，$z_{...}$は標準正規分布の PPF を意味し（§6・3 も参照），

$$z = \frac{x - \mu}{\sigma} \tag{7・3}$$

$d = \dfrac{D}{\sigma}$ は効果量であり，"コーエンの d" ともよばれることがある．

言い換えると，実平均がx_1の値をもつ場合，すべての検定の少なくとも$1 - \alpha\%$でこれを正しく検出したい．そして，実平均がD以上シフトする場合，少なくとも$1 - \beta\%$の確率でこれを検出したい．

二つの異なる母集団間のテスト

標準偏差がσ_1とσ_2の正規分布する二つの平均の差を求める場合，絶対差Dを検出するために必要な各群の最小サンプル数は次のようになる．

$$n_1 = n_2 = \frac{(z_{1-\alpha/2} + z_{1-\beta})^2(\sigma_1{}^2 + \sigma_2{}^2)}{D^2} \tag{7・4}$$

b. Python での解法 *statsmodels* パッケージの tt_ind_solve_power と tt_solve_power，および *pingouin* パッケージの power_ttest コマンドは，上記の四

つの要因のうち三つが独立であるという事実を巧みに利用し，Python の "名前付きパラメータ" の機能と組合わせて，これらのパラメータのうち三つを入力として受取り，残りの4番目のパラメータを計算するプログラムを提供する．たとえば，

```
In [1]: from statsmodels.stats import power
In [2]: nobs = power.tt_ind_solve_power(effect_size=0.5,
            alpha=0.05, power=0.8)
# 同等の pingouin コマンド
# nobs = pg.power_ttest(d=0.5, alpha=0.05, power=0.8, n=None)
In [3]: print(np.ceil(nobs))
Out[3]: 64
```

上記のコードから，被験者数が同じで標準偏差が同じ2群を比較し，$\alpha = 0.05$，検定力80%を必要とし，標準偏差の半分の群間差を検出したい場合，64人の被験者をテストする必要があることがわかる．

同様に，

```
In [4]: effect_size = power.tt_ind_solve_power(alpha=0.05,
                                    power=0.8, nobs1=25)
In [5]: np.round(effect_size, decimals=2)
Out[5]: 0.81
```

は，$\alpha = 0.05$，検定力80%，各群に25人の被験者がいる場合，群間の最小有意差は標本標準偏差の81%であることを示している．

1標本の t 検定に対応するコマンドは tt_solve_power である．*pingouin* と *statsmodels* のモジュール stats.power は，検出力分析のための多くの追加コマンドを提供していることに注意していただきたい．たとえば，*pingouin* パッケージは，ANOVA，カイ二乗検定，相関検定にも対応するコマンドを提供している（https://pingouin-stats.org/api.html#power-analysis を参照）．

c. プログラム：サンプルサイズ

コード：ISP_sampleSize.py[4]：任意の標準偏差をもつ正規分布データ，グループ内の変化の検出，異なる分散をもつ二つの独立したグループの比較のためのサンプル

4）<ISP2e>/07_CheckNormality_CalcSamplesize/sampleSize/ISP_sampleSize.py.

サイズの直接計算：*statsmodel* 関数 `power.tt_in_solve_power` より柔軟.

7・3 感度と特異度

　統計分析でより紛らわしい用語に**感度**（sensitivity）と**特異度**（specificity）がある. 関連するトピックとして，統計的検定の**陽性的中率**（positive predictive value, PPV）と**陰性的中率**（negative predictive value, NPV）がある. **図7・8**は，この四つがどのように関連しているかを示している.

感度（sensitivity）：前項の検出力に相当する. 検査によって正しく識別された陽性の割合（＝ 病気か健康かという話題の場合，病気である被験者のうち，陽性であると正しく検出される確率）.

特異度（specificity）：検査によって正しく識別された陰性の割合（＝ 健康である被験者のうち，陰性であると正しく検出される確率）.

陽性的中率（PPV）：検査結果が陽性であった患者のうち，正しく診断された患者の割合.

陰性的中率（NPV）：検査結果が陰性であった患者のうち，正しく診断された患者の割合.

	条　件		
	陽性条件	陰性条件	
検査結果 陽性	真の陽性	偽陽性（タイプⅠエラー）	陽性的中率＝ Σ 真の陽性 / Σ 検査結果陽性
検査結果 陰性	偽陰性（タイプⅡエラー）	真の陰性	陰性的中率＝ Σ 真の陰性 / Σ 検査結果陰性
	感　度＝ Σ 真の陽性 / Σ 陽性条件	特異度＝ Σ 真の陰性 / Σ 陰性条件	

図7・8　感度，特異度，陽性的中率，陰性的中率の関係

　たとえば，妊娠検査薬は感度が高く，女性が妊娠している場合，検査結果が陽性である確率は非常に高い.

　対照的に，ホワイトハウスへの核兵器による攻撃を示す指標は，非常に高い特異度をもつはずである. もし攻撃がなければ，その指標が真である確率は非常に小さいはずである.

　感度と特異度は検査を特徴づけるものであり，有病率とは無関係であるが，検査結

果が異常である患者のうち，実際に異常である割合を示すものではない．この情報は
陽性的中率/陰性的中率（PPV/NPV）によって提供される．これらの値は，医師が患者を
診断する際に関係する値である．ある患者の検査結果が陽性であった場合，その患者が
実際に病気である可能性はどの程度あるのだろうか？　残念ながら，図7・9が示す
ように，これらの値は病気の有病率に影響される．ある病気の有病率は，10万人中何
人がその病気に罹患しているかを示すもので，これに対して罹患率は，10万人あたり
（たとえば最近1週間や最近1年間に）新たに診断された患者数を示すものである．ま
とめると，医学的検査結果を適切に解釈するには，疾患の有病率と検査のPPV/NPV
を知る必要がある．

　たとえば，検査結果が陽性であれば，ある病状に罹患している可能性が50%ある
（PPV = 50%）という検査を考えてみよう．もし人口の半分がこの病状であれば，検
査結果が陽性でも医師にはまったく何もわからない．しかし，その病状が非常にまれ

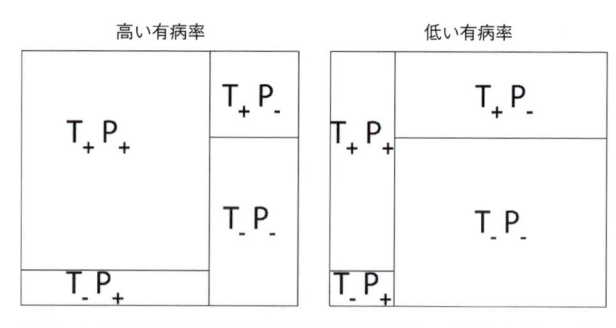

図7・9　**PPVとNPVに対する有病率の影響**　"T" は "test（検査）"，"P" は "patient（患者）" を表す．（以下との比較のため：$T_+P_+ = TP$，$T_-P_- = TN$，$T_+P_- = FP$，$T_-P_+ = FN$）．

		条　件		
		陽性条件	陰性条件	
検査結果	検査結果 陽性	真の陽性 (TP) = 25	偽陽性 (FP) = 175	陽性的中率 = = TP / (TP+FP) = 25 / (25+175) = 12.5%
	検査結果 陰性	偽陰性 (FN) = 10	真の陰性 (TN) = 2000	陰性的中率 = = TN / (FN+TN) = 2000 / (10+2000) = 99.5%
		感　度 = = TP / (TP+FN) = 25 / (25+10) = 71%	特異度 = = TN / (FP+TN) = 2000 / (175+2000) = 92%	

図7・10　実 行 例

なものであれば，検査結果が陽性であれば，その患者がこのまれな病状に罹患している可能性が50%であることを示し，非常に貴重な情報となる．

図7・9は，ある病気の有病率が，特異度と感度が与えられた検査で，診断結果の解釈にどのような影響を与えるかを示している．病気の有病率が高いと検査のPPVは高くなるが，NPVは低くなる．**図7・10** に例を示す．

7・3・1 関連する計算

機械学習の一般的な分野では，シミュレーション結果は一般的に正解率，再現率，適合率，F1 スコアによって特徴づけられる．

- **正解率**(accuracy) $= \dfrac{TP + TN}{P + N} = \dfrac{TP + TN}{TP + TN + FP + FN}$
- **再現率**(recall) $=$ 感度 $=$ 検出力
- **適合率**(precision) $=$ PPV
- **F1 スコア**(F1-score) $= 2 \cdot \dfrac{PPV * 感度}{PPV + 感度}$，すなわち，再現率と適合率の調和平均値

エビデンスに基づく医療では，**尤度比**（likelihood ratio）は診断検査を行う価値を評価するために用いられる．尤度比は検査の感度と特異度を用いて，検査結果がある状態（疾患状態など）が存在する確率を変化させるかどうかを判定する．尤度比には二つのバージョンがあり，一つは陽性，もう一つは陰性の検査結果に対するものである．それぞれ**陽性尤度比**（positive likelihood ratio，LR＋）と**陰性尤度比**（negative likelihood ratio，LR−）とよばれている．たとえば，LR＋は検査結果が陽性であった場合に，その病気に罹患している確率をどれだけ高めるかを示している．LR＋比は，その疾患をもつ人が陽性と判定される確率（真陽性）vs その疾患をもたない人が陽性と判定される確率（偽陽性）＝（真陽性率）/（偽陽性率）．

図7・10 の例では，以下の数値が得られる．

- 偽陽性率(α) ＝ タイプ I エラー ＝ 1 − 特異度 ＝ $\dfrac{FP}{FP + TN}$ ＝ $\dfrac{175}{175 + 2000}$ ＝ 8%
- 偽陰性率(β) ＝ タイプ II エラー ＝ 1 − 感度 ＝ $\dfrac{FN}{TP + FN}$ ＝ $\dfrac{10}{25 + 10}$ ＝ 29%
- 検出力 ＝ 感度 ＝ $1 − \beta$
- 陽性尤度比 ＝ $\dfrac{感度}{1 − 特異度}$ ＝ $\dfrac{71\%}{1 − 92\%}$ ＝ 8.9
- 陰性尤度比 ＝ $\dfrac{1 − 感度}{特異度}$ ＝ $\dfrac{1 − 71\%}{92\%}$ ＝ 0.32

この疾患をもつ被験者の場合，検査で陽性の結果が出る確率は健常者の8.9倍であ

る．しかし，この疾患の有病率は非常に低い［35/(35 + 2175) = 1.6%］ため，真の陽性よりも偽陽性の方が多くなる．したがって，この例での検査結果が陽性であった場合，それ自体はがんの確定には不十分であり（PPV = 12.5%），さらなる検査を実施しなければならない．ただし，すべてのがんの71%を正しく特定する（感度）．しかし，スクリーニング検査としては，陰性の結果は，患者が，がんでないことを再確認するのに非常に適しており（NPV = 99.5%），この最初のスクリーニングでは，がんでない人の92%が正しく識別される（特異度）．

7・3・2 例: マンモグラフィ

別の具体例として，頻繁に行われる検査であるマンモグラフィを見てみよう．マンモグラフィの感度は約80%，特異度は約90%である（**図7・11**参照）．では，あなたが医者に行ってマンモグラフィを受け，医者から"残念ですが，あなたのマンモグラフィは陽性でした"と言われたとしよう．あなたはどう思うだろうか？

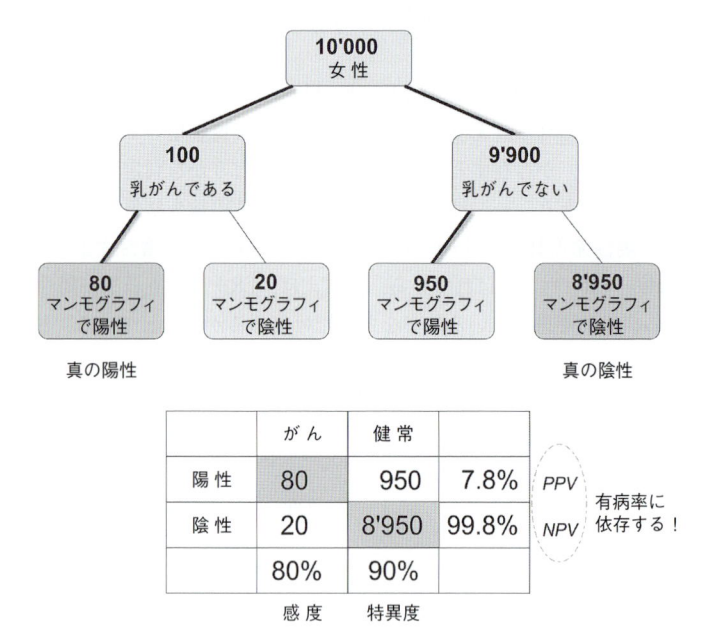

	がん	健常		
陽性	80	950	7.8%	PPV
陰性	20	8'950	99.8%	NPV
	80%	90%		
	感度	特異度		

有病率に依存する！

図7・11　マンモグラフィで陽性となった場合，乳がんの可能性はどのくらいあるか？

PPV や乳がんの発生率がわからないと，結果を解釈することはできない！　しかし，乳がんの発生率（たとえば50歳の女性では約1%）についての追加情報があれば，PPV を算出できる．PPV とは，全陽性検査のうち何割が真陽性であるかを示すもので

ある．図 7・11 に示すように，PPV は 80/1030 ≒ 7.8%にすぎない．なので，神経質になる前に，2 回目の検査を受けよう！

7・4　受信者操作特性（ROC）曲線

感度と特異度に密接に関連するものとして，**受信者操作特性**（receiver-operating-characteristic，ROC）**曲線**（ROC 曲線）がある．この手法は，二つの集団，たとえば健常者と患者を分けるパラメータの最適なしきい値を決定する方法について明確な手順を提供する．ROC 曲線は，真陽性率（縦軸）と偽陽性率（横軸）の関係を示すグラフである．この手法は工学分野に由来し，与えられた二つの分布を最もよく識別する予測因子を見つけるために開発された．ROC 曲線は第二次世界大戦中，レーダーの有効性を分析するために初めて使用された．レーダーの黎明期には，鳥と飛行機を見分けるのが難しいこともあった．英国は，レーダーによるドイツ軍機と鳥の識別方法を最適化するために，ROC 曲線を使用した先駆者である．

たとえば，鳥のレーダー信号とドイツ機のレーダー信号の二つの異なる分布があり，テスト結果を分布 1（"鳥"）または分布 2（"ドイツ機"）に割り当てるために，指

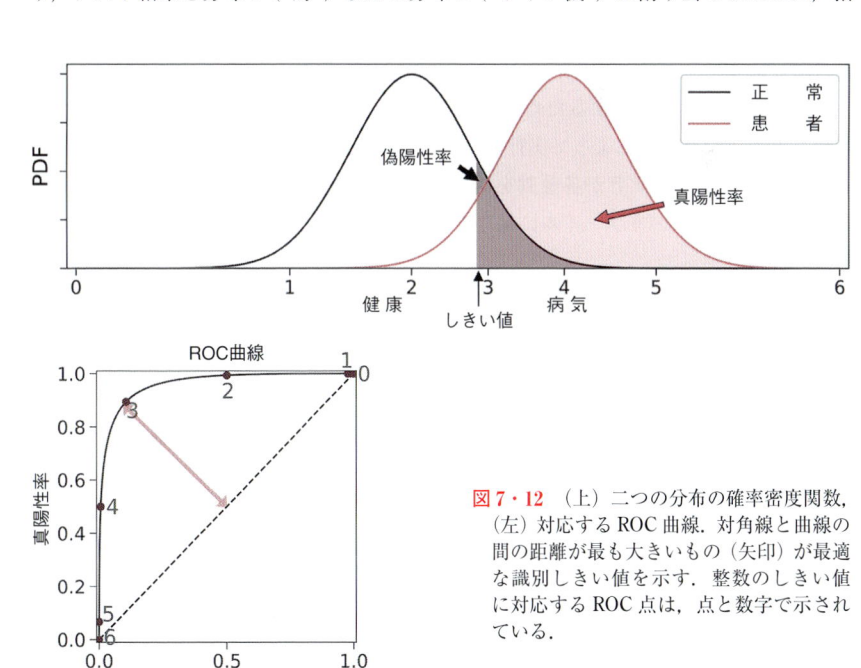

図 7・12　（上）二つの分布の確率密度関数，（左）対応する ROC 曲線．対角線と曲線の間の距離が最も大きいもの（矢印）が最適な識別しきい値を示す．整数のしきい値に対応する ROC 点は，点と数字で示されている．

標のカットオフ値を決定しなければならない場合を考えてみよう．変更できる唯一の
パラメータはカットオフ値であり，このカットオフ値に最適な選択はあるのかという
疑問が生じる．

　答えはイエスである．それは ROC 曲線上で，対角線までの距離が最大となる点で
ある（図 7・12(下)の矢印)[5]．

7・5 演　習

1. 感度と特異度

　新しい検査を“標準基準”と比較する．その結果は次の通りとする．

真陽性: 10

偽陽性: 2

偽陰性: 3

真陰性: 8

- 感度，特異度，陽性的中率，陰性的中率を算出せよ．
- 病気の有病率によって影響を受けるのはどれか？

2. ROC 曲線

　背中の問題を自動検出するために，“ウェイターのお辞儀”とよばれるエクササイ
ズがさまざまな被験者によって実行された．この運動の実行は運動センサーで記録さ
れ，経験豊富な生理学者が各運動を健康，病的，不明と評価した．結果は Trunk_
flexion.xlsx というファイルに保存されている．

- データを読み込め．
- コメントのあるデータ，理学療法士が“不明”としたデータはすべて除外せよ．
- 計算値がしきい値 9 を下回る場合，健康な被験者であることを示すデータの感度，
  特異度，PPV，NPV を計算して表示せよ．
- 同じデータについて，ROC 曲線をプロットし，最良の識別しきい値を計算せよ．

3. 適合率と再現率

　手書きの数字を分類するプログラムが与えられ，それぞれの分類ごとに“信頼度”
も示されている．どの信頼度でこのプログラムを使うかを決めなければならない．信
頼度が 0 から 12 の間で選択された場合，[8，7，3，9，5，2，5，6，5，5，5]

---

5) 厳密に言えば，これはタイプ I エラーとタイプ II エラーが等しく重要である場合にのみ成り立つ．
　それ以外の場合は，各タイプのエラーの重みも考慮しなければならない．

を示す以下の数字は "5" に分類される.

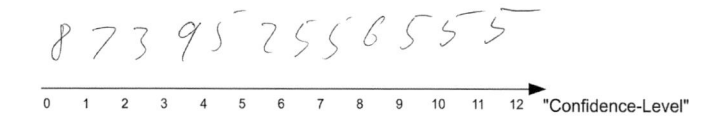

たとえば,信頼度が "10" の場合,最後の二つの数字は "5" として正しく識別されるが,信頼度が低い "5" は見逃される.

- 再現率/感度/検出力と再現率/PPV を信頼度の関数としてプロットせよ.
- 信頼度が "7" の場合の再現率と適合率を計算せよ.

8 数値データの平均値の検定

この章では，グループの平均値に関する仮説検定を取上げ，Pythonでこれらの検定を実装する方法を示す.

- あるグループと固定値の比較
- 二つのグループの相互比較
- 三つ以上のグループの相互比較

それぞれの場合において，二つのケースを区別する．データがほぼ正規分布している場合は，いわゆる**パラメトリック検定**（parametric test）が使える．これらの検定は，**ノンパラメトリック検定**（non-parametric test）よりも感度が高いが，ある仮定を満たす必要がある．データが正規分布していない場合，または順位づけされた形でのみ利用可能な場合は，対応するノンパラメトリック検定を用いるべきである.

8・1 標本平均の分布

8・1・1 平均値に対する1標本のt検定

t分布は通常，正規分布から取られた標本の平均値の分布を表す．したがって，正規分布データの平均値を基準値に対してチェックするには，通常，t分布に基づく1標本のt検定を使用する.

正規分布の母集団の平均と標準偏差がわかっていれば，対応する標準誤差を計算し，正規分布の値を使って，ある値がどれくらいの確率で見つかるかを判断することができる．しかし実際には，標本から平均と標準偏差を推定しなければならない．また，正規分布データの標本平均の分布を特徴づけるt分布は，正規分布からわずかにずれている.

a. 例　　この検定のt統計量とそれに対応するp値の計算方法の基本原則を理解することは非常に重要なので，具体的な例をステップ・バイ・ステップで行うことによって，基礎となる統計量を説明しよう．例として，平均値7，標準偏差3の正規分布データを100個取る．平均値から0.5以上離れたところに平均値が見つかる確率はどのくらいであろうか？　答え：例題のt検定による確率は0.057，正規分布による確率は0.054である．

- 平均値7，標準偏差3の母集団がある．
- その母集団から観察者が100個の無作為標本をとる．図8・1に示した例の標本平均は7.10で，実際の平均に近いが異なる．標本の標準偏差は3.12で，平均の標準誤差は0.312である．これは観察者に母集団のばらつきについての考えを与える．
- 観察者は，標本平均の分布がt分布に従うこと，そして平均の標準誤差（SEM）がその分布の幅を特徴づけることを知っている．
- 真の平均値がx_0（たとえば，図8・1の左の赤色の三角で示した6.5）の値である可能性はどの程度あるのだろうか？　これを知るためには，標本平均を引いて，標準

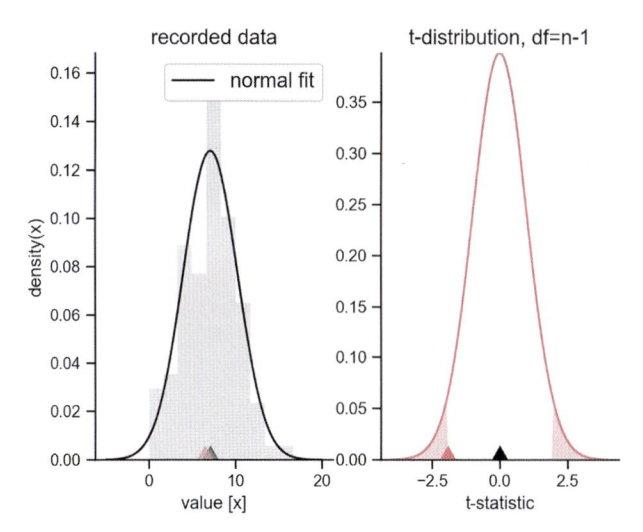

図8・1　（**左**）**標本データの度数ヒストグラムと正規適合（黒線）**
母集団の平均に非常に近い標本平均を黒色の三角形で示し，チェックすべき値を赤色の三角形で示す．（**右**）**平均値の標本分布（自由度n−1のt分布）**　標本平均の正規化値（黒色の三角形）とチェックされるべき正規化値（赤色の三角形）．赤色の三角形より極端な値またはさらに極端な値を示す赤色の網かけ領域の合計が，p値に対応する．

誤差で割る必要がある（図8・1右，式6・13）．これでこの検定のt統計量（−1.93）が得られる．

- 対応するp値は，標本平均に対して実際の平均が6.5以上の極端な値をもつ可能性がどの程度あるかを示すもので，曲線の下の赤色の網かけの領域で与えられる．$2 * \mathrm{CDF}$(t統計量) $= 0.057$，これは6.5との差が有意ではないことを意味する．係数 "2" は，両側でチェックしなければならないという事実に由来し，したがってこの検定は**両側t検定**（two-tailed t-test）とよばれる．

- 6.5以下の値を見つける確率は半分である（$p = 0.0285$．この場合，分布の片方の尾を見るだけなので，これは**片側t検定**（one-tailed t-test）とよばれる．

Pythonでは，1標本のt検定の検定統計量とp値は次のように計算できる．

```
t, pVal = stats.ttest_1samp(data, checkValue)
```

あるいは，

```
result = pg.ttest(data, checkValue)
```

b. pingouin　　　Python統計パッケージ*pingouin*（一般にpgと略される）は，(a) 簡素化されたインターフェイスを提供し，(b) より豊かで有用なフォーマットで結果を表示することで，ユーザーの生活をよりシンプルにすることを目標としている．ここでは1標本のt検定を使って，パラメトリック検定でよく使われるパッケージの出力パラメータを説明する．

```
# 必要なパッケージを入手
import numpy as np
from scipy import stats
import pingouin as pg

# データの作成
np.random.seed(12345)
data = stats.norm(7,3).rvs(100)

# scipy.stats を使った t 検定
ref_val = 6.5
stats.ttest_1samp(data, ref_val)
# >>> Ttest_1sampResult(statistic
#         =1.9252254884316808, pvalue=0.05707107880872914)
```

```
# pingoiunによるt検定
result = pg.ttest(data, ref_val)
print(result.round(3))
#              T    dof      tail   p-val          CI95%   cohen-d   BF10   power
# T-test  1.925    99  two-sided   0.057   [6.48, 7.72]     0.193  0.651   0.479
```

　ほとんどの *pingouin* プログラムは，簡単にアクセスできるように，個々のパラメータを返す．上の例では，検定の検出力は result['power'] または result.power によって得ることができる．pg.ttest の戻りパラメータは次のように解釈できる．

T: SEM で正規化した，サンプルの平均値と基準値の差

dof: len(data)-1

tail: デフォルトでは，両側比較が実行される，すなわち，データが基準値と異なる場合にチェックされる．alternative = 'greater' または alternative = 'less' を使用した比較では，対応する片側比較が採用される．

p-val: 観測値よりも極端な T 値の t 分布の下の面積

CI95%: 標本平均のまわりの95%信頼区間．上の例では，これは基準値（6.5）を含んでいるので，結果は有意ではない．

cohen-d: "コーエンの d"．効果量ともよばれる．標本平均値と基準値の差を標本標準偏差で正規化したもの．

BF10 (Bayes Factor one-zero)：古典的な仮説検定に代わるベイズ的な手法．ベイズ分析は仮説検定よりも直感的に常識的思考に対応するが，より優れた数学的スキルを必要とするため，本書ではあまり詳しく扱わない．Python によるベイズ分析の簡単な紹介は第 14 章を参照．

検出力: 検定の検出力とは，臨界値（図7·7の網掛け部分）以外の標本平均の確率分布の曲線の下の面積のことである．ここでこの分布は，基準値に対する非心 t 分布である．

　pingouin は，まだ新しいので，以下では確立されたコマンドを最初に紹介するが，*pingouin* が役に立つ代替手段を提供する箇所を示すようにする．

コード: ISP_oneGroup.py[1] 連続データの 1 グループに対する標本分析．

---

1) <ISP2e>/08_TestsMeanValues/oneGroup/ISP_oneGroup.py.

8・1・2　ウィルコクソンの符号順位和検定

　データが正規分布していない場合は，1標本のt検定は使うべきではない（ただし
この検定は正規性からの逸脱に対してかなり頑健である，図6・17参照）．代わりに平
均値に関するノンパラメトリック検定を用いなければならない．これは**ウィルコクソ
ンの符号順位和検定**（Wilcoxon signed rank sum test）を実行することでできる．1標
本のt検定とは対照的に，この検定はヌルからの差をチェックすることに注意してい
ただきたい．

　この方法には三つのステップがある[2]．

1. 各観測値と対照値との差を計算する．
2. 差の符号は無視して，大きい順に並べる．
3. 選択された仮説値より下（または上）の観測値に対応する，すべての負（または
正）のランクの合計を計算する．

　表8・1では，7725という値からの乖離に対する有意性を検証した例を示している．
負の値の順位和は $3 + 5 = 8$ となり，対応する表で有意性を調べることができる．実
際には，コンピュータプログラムがこれを実行する．この例は，順位評価のもう一つ
の特徴も示している．同点の値（ここでは7515）には，その平均順位（ここでは1.5）
が与えられる．

表8・1　健康な女性11人の1日のエネルギー摂取量と推奨
摂取量 7725 kJ との差（符号は無視）の順位

被験者	1日のエネルギー 摂取量（kJ）	7725 kJ との差	違いのランク
1	5260	2465	11
2	5470	2255	10
3	5640	2085	9
4	6180	1545	8
5	6390	1335	7
6	6515	1210	6
7	6805	920	4
8	7515	210	1.5
9	7515	210	1.5
10	8230	−505	3
11	8770	−1045	5

a. pingouin　　ノンパラメトリック検定では，“検出力”と“BF10”の値は定義さ

　2）以下の説明と例は，Altman（1999）の表9・2から引用した．

れない. このような検定では, *pingouin* は代わりに以下の値を返す.

CLES（common language effect size, 共通言語効果量）: 一方の集団から無作為に選んだ得点が, もう一方の集団から無作為にサンプリングした得点より大きくなる確率（McGraw and Wong 2022）

RBC（rank-biserial correlation, 順位–双列相関）: 正規分布しない連続変数の効果量を特徴づけるもう一つの方法. CLES に関連する.

```
result = pg.wilcoxon(data, checkValue*np.ones_like(data))
```

8・2　二つのグループの比較

8・2・1　対応のある t 検定

　二つのグループを互いに比較する場合, 二つのケースを区別しなければならない. 第一のケースは, 同じ対象について, 異なる時期に記録された二つの値を比較する場合である. たとえば, 小学校入学時と 1 年後の生徒の体格を比較し, 成長したかどうかを確認する（**図8・2**）. 各被験者の最初の測定と 2 回目の測定の差にのみ関心があるので, この検定は**対応のある t 検定**（paired t-test）とよばれ, 本質的には平均差についての 1 標本の t 検定と等価である.

　したがって, stats.ttest_1samp と stats.ttest_rel の二つの検定は,（微細

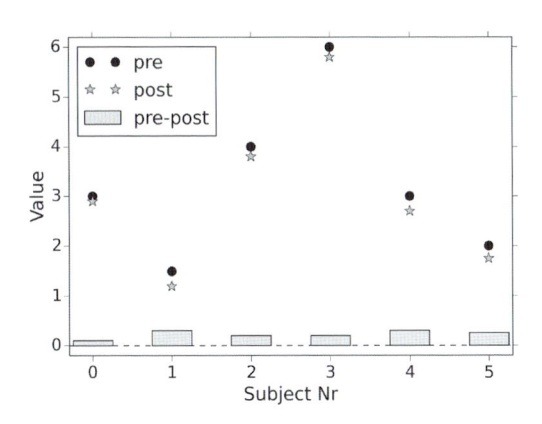

図8・2　対応のある t 検定では, そうでなければ有意でない差を検出することができる　　この例では, 被験者間の差はすべて正であり, 対応のある t 検定では $p < 0.001$ の p 値が得られるが, 対応のない t 検定では $p = 0.81$ となる.

な数値の違いを除けば）同じ結果を提供する.

```
In [1]: import numpy as np
In [2]: from scipy import stats

In [3]: np.random.seed(1234)
In [4]: diffs = np.random.randn(10)+0.1
In [5]: data_1 = np.random.randn(10)*5 # ダミーデータ
In [6]: data_2 = data_1 + diffs # data_1と少しだけ
                                # 違うデータを作る
In [7]: stats.ttest_1samp(diffs, 0)
Out[7]: (-0.1246, 0.90359)

In [8]: stats.ttest_rel(data_2, data_1)
Out[8]: (-0.1246, 0.90359)
```

8・2・2 独立群間の t 検定

　対応のない t 検定（unpaired t-test），または二つの独立群に対する t 検定（t-test for two independent groups）は，二つの群を比較する．たとえば，二つの異なるグループの患者に投与された二つの薬の効果の比較などである.

　基本的な考え方は，1 標本の t 検定と同じである．しかし，平均の分散の代わりに，二つのグループの平均の差の分散が必要である．独立確率変数の和（または差）の分散は分散の和に等しいので，次式が得られる.

$$sd(\bar{x}_1 \pm \bar{x}_2) = \sqrt{\text{var}(\bar{x}_1) + \text{var}(\bar{x}_2)} = \sqrt{\{sd(\bar{x}_1)\}^2 + \{sd(\bar{x}_2)\}^2}$$
$$= \sqrt{\frac{s_1^2}{n_1} + \frac{s_2^2}{n_2}} \tag{8・1}$$

　ここで $\bar{x}_i$ は i 番目の標本の平均, $sd(\bar{x})$ はここでは平均の標準誤差, s_1^2, s_2^2 は各グループの不偏分散を示す.

```
t_statistic, pVal = stats.ttest_ind(data_1, data_2)
```

8・2・3 pingouin による t 検定

　scipy.stats のほとんどの t 検定は，pg.ttest コマンドで置き換えることができ，そのさまざまな入力パラメータを利用することができる.

```
# 1標本のt検定
stats.ttest_1samp(data, value)
pg.ttest(data, value)

# 対応のないt検定
stats.ttest_ind(data_1, data_2)
pg.ttest(data_1, data_2)

# 対応のあるt検定
stats.ttest_rel(data_1, data_2)
pg.ttest(data_1, data_2, paired=True)
```

8・2・4 2群のノンパラメトリック比較: マン・ホイットニー検定

二つのグループからの測定値が正規分布しない場合，ノンパラメトリック検定に頼らなければならない．二つの独立群の比較のための最も一般的なノンパラメトリック検定は，**マン・ホイットニー検定**〔Mann-Whitney (-Wilcoxon) test〕である．この検定は**ウィルコクソンの順位和検定**（Wilcoxon rank-sum test）ともよばれることがあるので注意してほしい．これはウィルコクソンの符号順位和検定とは異なる！　この検定の検定統計量は，一般的に u で示される．

```
# scipy.stats を使う場合 ....
u_statistic, pVal = stats.mannwhitneyu(data_1, data_2)

# ... pingouin を使う場合
results = pg.mwu(data_1, data_2)
```

🐍 python™

コード: ISP_twoGroups.py[3] 対応のあるグループと対応のないグループの比較.

安価な計算能力の出現により，統計モデリングは活況を呈している．これは古典的な統計解析にも影響を及ぼしており，ほとんどの問題は二つの観点から見ることができる．一つは統計的仮説を立て，その仮説を検証または反証すること，もう一つは統計的モデルをつくり，モデルパラメータの有意性を分析することである．

---

3) <ISP2e>/08_TestsMeanValues/twoGroups/ISP_twoGroups.py.

例として古典的な t 検定を使ってみよう.

リスト 8・1　hypothesisTests_vs_modeling.py

```python
""" t検定と統計モデルの等価性 """

# 標準パッケージのインポート
import numpy as np
import scipy.stats as stats
import pandas as pd
import statsmodels.formula.api as sm

# 基準 + 0.2 付近の正規分布データを生成する
np.random.seed(123)
reference = 5
diffs = 0.2 + np.random.randn(100)
values = reference + diffs
diffs_df = pd.DataFrame({'diffs': diffs}) # DataFrame 内差分

# t検定
(t, pVal) = stats.ttest_1samp(values, reference)  # >> p=0.048
print('The probability that the sample mean is different' +
    f' from {reference} is {pVal:5.3f}.\n')

# 等価線形モデル
result = sm.ols(formula='diffs ~ 1', data=diffs_df).fit()
print(result.summary())
```

　上のコードにある random.seed(123) というコマンドは乱数発生器を 123 という数字で初期化するもので，このコードを 2 回続けて実行すると同じ結果が得られるようになっている．そして，t 検定の出力（$p = 0.048$）は，標本平均が参照値と有意に異なることを示している．

　統計モデルとして表現すると，サンプルデータと基準データとの差は単純に一定の値であると仮定する（帰無仮説はこの値がゼロに等しいと仮定する）．このモデルには一つのパラメータ（定数値）があり，これは 'diffs~1' という式で表される．上記の Python コードで，このパラメータとその信頼区間や多くの追加情報を求めることができる．

　重要な行は最後から 2 番目の行で，これは結果を生成する．これによって，*statsmodels* 関数 sm.ols("ordinary least square") は，オフセット（モデリングの

用語では"切片"ともよばれる）のみで差分を記述するモデルを検定する．下の結果は，この切片がゼロである確率が 0.048 であることを示しており，これは t 検定の結果と同じである．

```
The probability that the sample mean is different than 5 is 0.048.

                          OLS Regression Results
==============================================================================
Dep. Variable:                  diffs   R-squared:                  -0.000
Model:                            OLS   Adj. R-squared:             -0.000
Method:                 Least Squares   F-statistic:                   nan
Date:                Tue, 24 Aug 2021   Prob (F-statistic):            nan
Time:                        16:07:28   Log-Likelihood:             -153.96
No. Observations:                 100   AIC:                          309.9
Df Residuals:                      99   BIC:                          312.5
Df Model:                           0
Covariance Type:            nonrobust
==============================================================================
                 coef    std err          t      P>|t|      [0.025      0.975]
------------------------------------------------------------------------------
Intercept      0.2271      0.113      2.003      0.048       0.002       0.452
==============================================================================
Omnibus:                        2.725   Durbin-Watson:               1.975
Prob(Omnibus):                  0.256   Jarque-Bera (JB):            1.734
Skew:                           0.033   Prob(JB):                    0.420
Kurtosis:                       2.358   Cond. No.                     1.00
==============================================================================
```

　OLS モデルの出力については，第 12 章で詳しく説明する．ここで重要な点は，統計モデルで得られる切片の t 値と p 値は，古典的な t 検定と同じであるということである．

8・3　複数グループの比較

8・3・1　分散分析（ANOVA）

　分散分析（analysis of variance，ANOVA）の背後にある考え方は，分散をグループ間の分散とグループ内の分散に分割し，それらの分布が，すべてのグループが同じ分布に由来するという帰無仮説に一致するかどうかを見ることである．異なるグループを区別する変数は，しばしば**因子**（factor）または**処置**（treatment）とよばれる（図8・3）．

　（比較として，t 検定は二つのグループの平均値を調べ，それらが二つのグループが

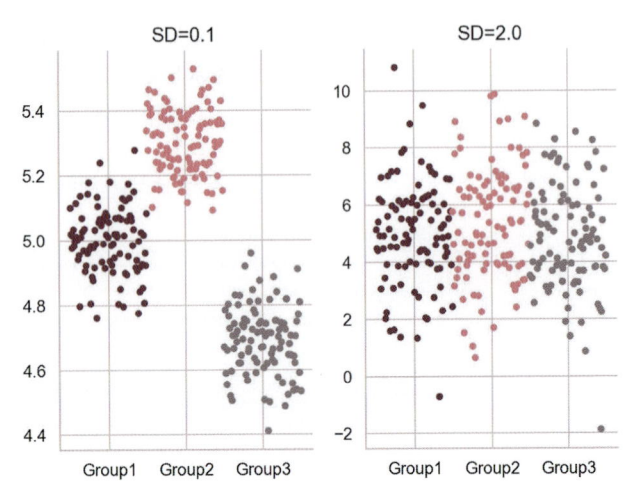

図 8・3　どちらの場合も，二つのグループ間の差は同じである
しかし，左はグループ内の差がグループ間の差より小さく，右は
グループ内の差がグループ間の差より大きい.

同じ分布に由来する仮定と一致しているかどうかをチェックする.）

　たとえば，三つのグループ（一つのグループが無処置，もう一つのグループが処置 A，そして三つ目のグループが処置 B）を比較する場合，処置を一つの分析因子として，1 因子 ANOVA（一元配置分散分析ともよばれる）を実行する．男性と女性で同じ検定を行う場合，性別と処置を二つの処置因子とする 2 因子 ANOVA または二元配置 ANOVA をもつことになる．ANOVA では，各分析グループでまったく同じ数の標本をもつことがとても重要であることに注意してほしい！〔これは**バランス型分散分析**（balanced ANOVA）とよばれる．バランス型デザインは，因子レベルのすべての可能な組合わせについて観測値の数が等しい.〕

　帰無仮説はグループ間に差がないということなので，検定はグループ間（つまり平均値間）で観測されたばらつきと，被験者間で観測されたばらつきから期待されるばらつきとの比較に基づく．この比較は分散を比較する F 検定の一般的な形式をとるが，コードサンプル ISP_anovaOneway.py で示されるように，二つのグループについては t 検定がまったく同じ結果をもたらす.

　一元配置分散分析は，すべての標本が正規分布する母集団から抽出され，これらの母集団が等しい分散をもち，標本が互いに独立であると仮定する．等分散の仮定は，**ルビーン検定**（Levene test）でチェックできる.

　ANOVA では伝統的な用語を用いる．DF は**自由度**（degrees of freedom，DF）を示

し（§5・4も参照），和は**平方和**（sum-of-squares, SS），二つの間の比は**平均二乗**（mean square, MS）とよばれ，二乗項は標本平均からの偏差である．一般に，標本分散は次式で定義される．

$$s^2 = \frac{1}{DF} \sum (y_i - \bar{y})^2 = \frac{SS}{DF} \tag{8・2}$$

　基本的な手法は，SS（平方和）の合計をモデルで使用される効果に関係する成分に分割することである（**図8・4**）．それによって ANOVA は，三つの標本分散を推定する．（SS_{Total} から計算される）総平均からのすべての観測偏差に基づく**全分散**（total variance），（$SS_{\text{Treatment}}$ から計算される）**処置分散**（treatment variance），および（SS_{Error} から計算される）それらの適切な処置平均からのすべての観測偏差に基づく**誤差分散**（error variance）．処置分散は，総平均からの処置平均の偏差に基づき，その結果は，観測の分散と平均の分散の差を説明するために，各処置の観測の数で掛け合わされる．三つの平方和は，次式で関係づけられる．

$$SS_{\text{Total}} = SS_{\text{Error}} + SS_{\text{Treatment}} \tag{8・3}$$

　ここで SS_{Total} は全体の平均からの偏差の二乗和，SS_{Error} はグループ内の平均からの偏差の二乗和，$SS_{\text{Treatments}}$ は各グループと全体の平均との偏差の二乗和である（図8・4）．帰無仮説が真であれば，三つの分散推定値（式8・2）はすべて等しい（標本誤差

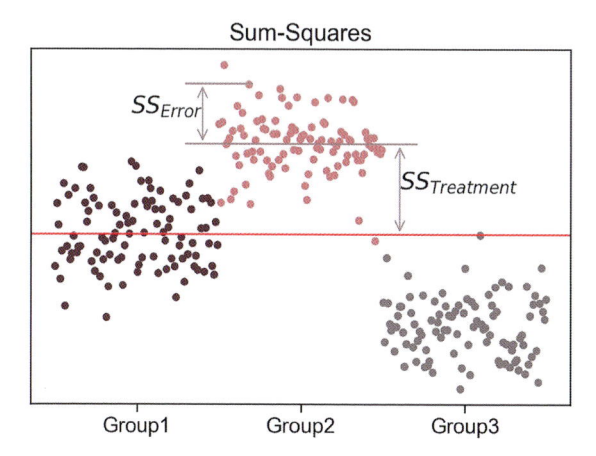

図8・4　赤色の長い線は全データの総平均を示す　　SS_{Error} はグループ内のばらつきを表し，$SS_{\text{Treatment}}$（全ポイントの合計）はグループ間のばらつきを表す．

の範囲内).

　自由度 DF は,同様の方法で分割できる.これらの成分の一つ(誤差の成分)は,関連する二乗和を表すカイ二乗分布を指定し,治療効果がない場合は,治療についても同じことが当てはまる.

$$DF_{\text{Total}} \ = \ DF_{\text{Error}} + DF_{\text{Treatments}} \qquad (8 \cdot 4)$$

a. 例: 一元配置分散分析　　例として,以下の Python コード例で説明する,異なるレベルの亜酸化窒素換気を行った心臓バイパス患者の三つのグループにおける赤血球葉酸レベル(μg/L)を取上げる(Amess *et al.,* 1978).合計 22 人の患者が分析に含まれる.

　ANOVA の帰無仮説は,すべてのグループが同じ母集団に由来するというものである.この帰無仮説を維持するか棄却するかの検定は,次のように行うことができる.

```python
from scipy import stats
F_statistic, pVal = stats.f_oneway(group_1, group_2, group_3)
```

　ここで,グループ *i* のデータはベクトル group_i にある.(プログラム全体は ISP_anovaOneway.py にある)

　ANOVA のより詳細な出力は,*pingouin* または *statsmodels* での実装によって提供される.

```python
import pandas as pd
from statsmodels.formula.api import ols
from statsmodels.stats.anova import anova_lm
import pingouin as pg


df = pd.DataFrame(data, columns)

# Pingouin
pg_results = pg.anova(data=df,
                      dv='value', between='treatment')

# Statsmodels
model = ols('value ~ C(treatment)', df).fit()
sm_results = anova_lm(model)
```

```
print('pingouin ---------------')
print(pg_results.round(4))

print('\nstatsmodels ------------')
print(sm_results.round(4))
```

　ここで，数値は配列データの1列目にあり，(カテゴリー) グループ変数 treatment は2列目にある．これは次の出力を生成する．

```
pingouin ---------------
       Source   ddof1   ddof2       F    p-unc     np2
0   treatment       2      19  3.7113   0.0436  0.2809

statsmodels ------------
                 df    sum_sq    mean_sq       F    PR(>F)
C(treatment)    2.0  15515.7664  7757.8832  3.7113  0.0436
Residual       19.0  39716.0972  2090.3209     NaN     NaN
```

statsmodels の出力は以下のように解釈できる．

- まず "平方和 (SS)" が計算される．ここで処理間の SS は 15515.7664 で，残差の SS は 39716.0972 である．SS の合計は，これら二つの値の合計である．
- 平均二乗 (MS) は，SS を対応する自由度 (DF) で割ったものである．
- **F 検定** (F-test) または **分散比検定** (variance ratio test) は，合計偏差の要因を比較するために使用される．F 値は，大きい方の平均二乗値を小さい方の値で割ったものである．(二つのグループしかない場合，F 値は対応する t 値の二乗である．ISP_anovaOneway.py を参照されたい．)

$$F = \frac{variance\_between\_treatments}{variance\_within\_treatments}$$

$$F = \frac{MS_{\text{Treatments}}}{MS_{\text{Error}}} = \frac{SS_{\text{Treatments}}/(n_{\text{groups}} - 1)}{SS_{\text{Error}}/(n_{\text{total}} - n_{\text{groups}})} \tag{8·5}$$

- 二つの正規分布母集団が等しい分散をもつという帰無仮説の下では，二つの標本分散の比が **F 分布** (F distribution) をもつことが期待される (§6·5参照)．F 値から対応する p 値を調べることができる．

コード: `ISP_anovaOneway.py`[4] 一元配置分散分析のさまざまな側面. 仮定(正規性,分散の等質性)をチェックする方法,一元配置分散分析のさまざまな計算方法,2群間の比較では一元配置分散分析が t 検定と等価であることのデモンストレーション.

8・3・2 多重比較

　一元配置分散分析での帰無仮説は,すべての標本の平均が同じであるということだ. したがって,一元配置分散分析が有意な結果をもたらす場合,それらが同じではないことだけを知ることができる.

　しかし,多くの場合,すべての標本が同じかどうかの共同仮説に興味があるだけでなく,どの標本の組について等しい値の仮説が棄却されるかを知りたいこともある. この場合,同時に複数の検定を行い,各対について一つの検定を行う(通常,これはt 検定で行われる).

　これらのテストは,**事後分析**(post-hoc analysis)とよばれることもある. 実験のデザインと分析では,事後分析(ラテン語の post-hoc, "この後"に由来)は,実験が終了した後,事前に特定されなかったパターンについてデータを調べることからなる. ここでは ANOVA の帰無仮説は,グループ間に差がないということなので,このケースにあてはまる.

　その結果,**多重検定の問題**(multiple testing problem)が生じる. 多重比較検定を行うので,帰無仮説が真であっても有意な結果が得られるリスクを補償しなければならない. これは,p 値を補正してこれを考慮することによって行うことができる. そのためのオプションがいくつかある.

● ツーキー HSD 検定　　　● ホルム補正
● ボンフェローニ補正　　　● その他

a. ツーキーの検定　　ツーキーの検定は,**ツーキー HSD 検定**(Tukey Honest Significant Difference test)ともよばれることがあり,多重比較におけるタイプ I エラー率をコントロールし,一般的に許容される手法と考えられている. これは,まだ出会ったことのない統計量,一般的に変数 q で表現される**学生化範囲**(studentized range)に基づいている. 数 $x_1, \ldots, x_n$ のリストから計算される学生化範囲は次式で与

---

4) <ISP2e>/08_TestsMeanValues/anovaOneway/ISP_anovaOneway.py.

えられる.

$$q_n = \frac{\max\{x_1, \dots x_n\} - \min\{x_1, \dots x_n\}}{s} \qquad (8 \cdot 6)$$

ここで s は標本の標準偏差である. ツーキー HSD 法では, 標本 $x_1, \dots, x_n$ は平均の標本で, q は基本検定統計量である. これは, すべてのグループが同じ母集団から得られている(すなわち, すべての平均が等しい)という帰無仮説を棄却した後, どの二つのグループの間に有意差があるかを検定する事後分析(一対比較)として使用できる(図 8・5).

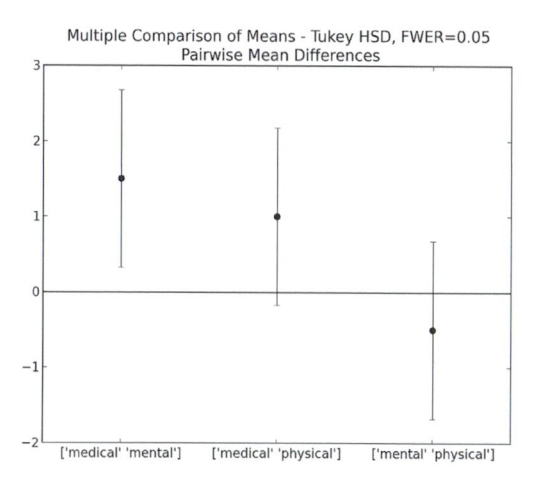

図 8・5 複数のグループの平均を比較する ここでは三つの異なる治療オプション

コード: `ISP_multipleTesting.py`.[5] このスクリプトは, 三つの治療を比較する例を提供する.

b. ボンフェローニ補正 ツーキーの学生化範囲検定(HSD)は, k 個の独立標本のすべての対の比較に特化した検定である. その代わりに, すべての組で t 検定を実行し, p 値を計算し, 多重検定問題のための p 値補正の一つを適用することができる. 最も単純で, 同時にかなり保守的なアプローチは, 必要な p 値を実行する検定の

---

5) <ISP2e>/08_TestsMeanValues/multipleTesting/ISP_multipleTesting.py.

数で割ることである（**ボンフェローニ補正**，Bonferroni correction）．たとえば，四つの比較を行う場合，$p = 0.05$ ではなく，$p = 0.05/4 = 0.0125$ で有意性をチェックする．

　Python には多重検定が含まれていないが，*statsmodels* パッケージを使えば多くの多重検定補正を行うことができる．

```
In [7]: from statsmodels.stats.multitest import multipletests

In [8]: multipletests([.05, 0.3, 0.01], method='bonferroni')
Out[8]:
  (array([False, False,  True]),
  array([ 0.15,  0.9 ,  0.03]),
  0.0170,
  0.0167)
```

c.　ホ ル ム 補 正　　**ホルム補正**（Holm Correction，**ホルム・ボンフェローニ法** Holm–Bonferroni method** ともよばれることもある）は，最も低い p 値を連続する検定ごとに減少するタイプ I エラー率で順次比較する．たとえば，三つのグループ（したがって三つの比較）がある場合，これは最初の p 値が 0.05/3 水準（0.017）で検定され，2 番目は 0.05/2 水準（0.025）で検定され，3 番目は 0.05/1 水準（0.05）で検定されることを意味する．Holm（1979）は，"些細な興味のない場合を除いて，順次棄却のボンフェローニ検定（すなわち，ホルム・ボンフェローニ法）は，偽の仮説を棄却する確率がはるかに大きく，したがって，後者が通常適用されるすべての瞬間において，古典的なボンフェローニ検定に取って代わるべきである．"と述べている．

8・3・3　クラスカル・ワリス検定

　二つのグループを互いに比較する場合，データが正規分布しているときは t 検定を用い，そうでないときはノンパラメトリックのマン・ホイットニー検定を用いる．

　3 群以上の場合，分析は正規性のチェックと，変数が比較可能かどうかをチェックするルビーン検定から始まる．比較可能であれば，ANOVA 検定に進むことができ，そうでなければ，**クラスカル・ワリス検定**（Kruskal–Wallis test）を使用しなければならない．クラスカル・ワリス検定に合格した後の事後的な一対多重比較には，scikit-posthocs パッケージの使用を推奨する．

コード: `ISP_kruskalWallis.py`[6)]　クラスカル・ワリス検定の例（正規分布データでない場合）.

8・3・4　二元配置分散分析

　一元配置分散分析と比較して，二元配置分散分析は，新しい要素をもつ．各因子が有意であるかどうかだけでなく，要因の交互作用がデータの分布に有意な影響をもつかどうかもチェックできる．たとえば，超音波胎児頭囲データの再現性を調査する研究から，3胎児での4人の観察者による胎児頭囲の測定を例にとってみよう.

　これらのデータに対して二元配置分散分析を実装する最もエレガントな方法は，*statsmodels* を使用することである.

```python
# 標準パッケージのインポート
import numpy as np
import pandas as pd
import pingouin as pg

# 追加パッケージ
from statsmodels.formula.api import ols
from statsmodels.stats.anova import anova_lm

# データ取得
inFile = 'altman_12_6.txt'
data = np.genfromtxt(inFile, delimiter=',')

# DataFrame 形式にする
df = pd.DataFrame(data, columns=['hs', 'fetus', 'observer'])

# 交互作用のある ANOVA を, statsmodels で使用する ...
formula = 'hs ~ C(fetus) + C(observer) + C(fetus):C(observer)
    '
lm = ols(formula, df).fit()
sm_results = anova_lm(lm)
```

6)　<ISP2e>/08_TestsMeanValues/kruskalWallis/ISP_kruskalWallis.py.

```
# ... または pingouin で
pg_results = pg.anova(dv='hs', between=['fetus', 'observer'],
    data=df)

print(sm_results.round(4))
```

これは次のような結果を導く.

	df	sum_sq	mean_sq	F	PR(>F)
C(fetus)	2	324.00	162.00	2113.10	0.000
C(observer)	3	1.19	0.39	5.21	0.0065
C(fetus):C(observer)	6	0.56	0.09	1.22	0.3296
Residual	24	1.84	0.07	NaN	NaN

　つまり予想通り，胎児によって頭の大きさに非常に有意な差が見られたが（$p <$ 0.001），観察者の選択も有意な影響を及ぼした（$p < 0.05$）．しかし，個々の観察者が個々の胎児と有意に異なることはなかった（$p > 0.05$）．

python

コード：`ISP_anovaTwoway.py`[7) 二元配置分散分析（ANOVA）.

8・3・5　三元配置分散分析

　因子が二つ以上の場合は，データ分析に統計モデリングを用いることが推奨される（第12章参照）．しかし，統計データの分析ではいつもそうであるように，まずデータを視覚的に調べるべきである．seaborn を使うと，これが非常に簡単になる．**図8・6** は，たとえば，異なる食事を摂っている二つのグループで，(1/15/30) 分間の（安静/歩行/ランニング）後の脈拍数を示している．

```
import matplotlib.pyplot as plt
import seaborn as sns
sns.set(style="whitegrid")

df = sns.load_dataset("exercise")

sns.factorplot("time", "pulse", hue="kind", col="diet",
```

---

7)　<ISP2e>/08_TestsMeanValues/anovaTwoway/ISP_anovaTwoway.py.

```
        data=df, hue_order=["rest", "walking", "running"],
        palette="YlGnBu_d", aspect=.75).despine(left=True)
plt.show()
```

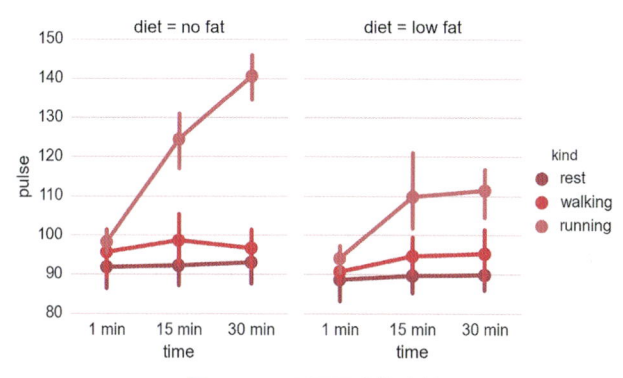

図8・6　三元配置分散分析

8・3・6　フリードマン検定

　2群以上のマッチしたデータに対する順位検定は，**フリードマン検定**（Friedman test）である．

フリードマン検定の適用例

　10人のプロのピアノ奏者が目隠しをされ，3台の異なるピアノの品質を判断するよう求められる．各奏者は，それぞれのピアノを1〜10のスケールで評価する（1が可能な限り低いグレード，10が可能な限り高いグレード）．帰無仮説は，3台のピアノの評価はすべて等しいというものである．帰無仮説を検定するために，10人のピアノ奏者の評価にフリードマン検定を用いる．

　Thom Baguley がブログで，一元配置反復測定ANOVAが適切でない場合，順位変換に続いてANOVAを行うことで，フリードマン検定よりも統計的検出力の大きい，より頑健な検定を提供することを示唆したことは，言及する価値があるかもしれない（http://www.r-bloggers.com/beware-the-friedman-test/）．

8・4　要約: グループを比較するための正しい検定の選択

　単変量データと二つのグループがある場合，"それらは異なるか？"という質問をすることができる．その答えは仮説検定によって得られる．データが正規分布してい

ればt検定，そうでなければマン・ホイットニー検定を使えば検証できる．

では，二つ以上のグループがある場合はどうなるのか？

二つ以上のグループで"異なるか？"という質問に答えるには，正規性のチェックと分散の等質性をチェックするルービン検定から始めなければならない．その場合，分散分析（ANOVA）検定に進む．この条件が満たされない場合は，クラスカル・ワリス検定を使用しなければならない．これらの検定が帰無仮説を棄却しなければならないことを示すなら，どのグループが互いに有意に異なるかを見つけるために事後検定を使用しなければならない．

ペアのデータがある場合はどうすればいいのか？

2群にマッチしたペアがあり，差が正規分布していない場合は，ウィルコクソンの符号順位和検定を用いることができる．2群以上のマッチしたデータに対する順位検定は，フリードマン検定である（**表8・2**）．

表8・2　統計的問題に対する典型的な検定，名目データと順序データ　　一つのグループを固定値と比較する検定は，対の標本で二つのグループを比較する検定と同じであることに注意してほしい．名目データの検定は次の章で詳しく説明する．

比較したグループ	独立したサンプル	ペアサンプル
名目データ		
2	フィッシャーの正確検定，またはカイ二乗検定（2グループ以上）	マクネマー検定
順序データ		
1	ウィルコクソン符号順位和検定	—
2	マン・ホイットニー U 検定	ウィルコクソン符号順位和検定
3以上	クラスカル・ワリス検定	フリードマン検定
連続データ		
1	1標本t検定，またはウィルコクソンの符号順位和検定	—
2	スチューデントのt検定，またはマン・ホイットニー検定	対応のあるt検定，またはウィルコクソンの符号順位和検定
3以上	ANOVAまたはクラスカル・ワリス検定	反復測定分散分析またはフリードマン検定

仮 定 の 例

● 二つのグループ，名目，男性/女性，金髪/黒目

例："女性は男性より青い目の人が多いか？"

- 二つのグループ，名目，ペア2ラボ，血液サンプルの分析

  例：“ラボ1の血液分析は，ラボ2の分析よりも多くの感染を示しているか？”

- 一つのグループ，序列，巨大惑星の列

  例：“私たちの太陽系では，巨大惑星は惑星列の平均よりも遠くにあるか？”

- 二つのグループ，序列，ジャマイカ人/米国人，ランキング100 m 走の順位

  例：“ジャマイカのスプリンターは米国のスプリンターより速いか？”

- 二つのグループ，序列，ペアのスプリンター，ダイエットの前後

  例：“チョコレートダイエットはスプリンターをより速くすることができるか？”

- 三つ以上のグループ，序列化された独身/既婚/離婚，100 m 走の順位

  例：“結婚歴はスプリンターの速さに影響するか？”

- 三つ以上のグループ，序列，米国，中国，ロシアのスプリンターをペアにし，ダイエットの前後で比較

  例：“米食は中国人スプリンターをより速くなるか？”

- 一つのグループ，連続，平均カロリー摂取量

  例：“うちの子どもたちは必要以上に食べていますか？”

- 二つのグループ，連続，男性/女性，IQ

  例：“女性は男性より知的か？”

- 二つのグループ，連続，ペアの男性，スポーツカーを見る

  例：“スポーツカーを見ると，男性の心拍数は女性の心拍数より上がるか？”

- 三つのグループ，連続，チロル人，ウィーン人，シュタイアーマルク人，IQ

  例：“チロル人は他のオーストリア連邦州出身者より賢いか？”

- 三つのグループ，連続，ペアのチロル人，ウィーン人，シュタイアーマルク人，山を見る

  例：“山を見ると，チロル人は他の人より心拍数が上がるか？”

- 二元 ANOVA の小/大，男性/女性

  例：“背の高い男性は収入が高いか？”

8・5 演　　習

1. 1グループまたは2グループ

- 平均値の1標本 t 検定とウィルコクソンの符号順位和検定

  健康な女性11人の1日のエネルギー摂取量は［5260., 5470., 5640., 6180., 6390., 6515., 6805., 7515., 8230., 8770.］kJ である．この値は推奨値の7725と大きく違うといえるか？

- **独立標本の t 検定**

  あるクリニックで，怠け者の患者 15 人の体重は [76, 101, 66, 72, 88, 82, 79, 73, 76, 85, 75, 64, 76, 81, 86.]kg，運動好きな患者 15 人の体重は [64, 65, 56, 62, 59, 76, 66, 82, 91, 57, 92, 80, 82, 67, 54]kg である．怠け者の方が有意に重いといえるか？

- **正規性検定**

  これら二つのデータは正規分布しているか？

- **マン・ホイットニー検定**

  マン・ホイットニー検定で調べると，怠け者の患者は体重が重いといえるか？

2. 複数のグループ

- 二元 ANOVA の具体例をあげよ．

  次の例は，AJ Dobson 著，"An Introduction to Generalized Linear Models" から引用したものである．

- **データ取得**

  Data/data_others/Table 6.6 Plant experiment.xls (https://github.com/thomas-haslwanter/statsintro-python-2e/tree/ master/data にもある）には，三つの異なる栽培条件で植物を栽培した実験のデータが含まれている．このデータを Python に読み込め．ヒント: モジュール *xlrd* を使う．

- **ANOVA の実行**

  三つのグループに違いはあるのか？

- **多 重 比 較**

  ツーキー検定を使うと，どのペアが異なるといえるか？

- **クラスカル・ワリス検定**

  ノンパラメトリック比較では，違う結果になるのだろうか？

9 カテゴリーデータの検定

データ標本において，特定のグループに入るデータの数は**度数**（frequency）とよばれ，カテゴリーデータの分析は**度数分析**（analysis of frequencies）である．二つ以上のグループを比較する場合，データは**度数表**（frequency table．分割表 contingency table ともいう）の形で示されることが多い．たとえば，表9・1 は，被験者が男性か女性かを条件として，右利きと左利きの人数を示している．

表9・1　度数表の例

	右利き	左利き	合 計
男 性	43	9	52
女 性	44	4	48
合 計	87	13	100

因子が一つしかない場合（すなわち，行が一つしかない表），分析のオプションはいくらか制限される（§9・2・1）．対照的に，度数表の分析には多くの統計検定が存在する．

カイ二乗検定（chi-square test）：これは最も一般的なタイプである．これは仮説検定で，度数表（例: 表9・1）の各セルの項目がすべて同じ分布に由来するかどうかをチェックする．言い換えると，結果が出現する行や列から独立しているという帰無仮説 H_0 をチェックする．対立仮説 H_a は関連性のタイプを特定しないので，検定によって提供される情報を正しく解釈するには，データに細心の注意を払う必要がある．

フィッシャーの正確検定（Fisher's exact test）：カイ二乗検定が近似検定であるのに対して，フィッシャーの正確検定は正確な検定である．カイ二乗検定よりも計算コ

ストが高く，複雑で，もともとは標本数が少ない場合にのみ使用されていた．しかし，一般的には，現在では，この検定の方がより推奨される．

マクネマーの検定（McNemar's Test）：これは 2×2 表での**マッチドペア検定**（matched pair test）である．たとえば，2 人の医師が（同じ）患者を診察したときに同等の結果が得られるかどうかを確認したい場合，この検定を使用する．

コクランの Q 検定（Cochran's Q test）：これは，関連する標本についてのマクネマーの検定を拡張したもので，度数または割合の三つ以上の一致/対の集合の間の差を検定する方法を提供する．たとえば，三つの異なるラボで分析されたまったく同じ標本があり，その結果が統計的に等しいかどうかをチェックしたい場合，この検定を使用する．

9・1　割合と信頼区間

一つの標本グループのデータがあれば，その標本が標準母集団を代表しているかどうかをチェックできる．そのためには，標準母集団における特性の割合 p を知る必要がある．n 人のグループにおける特性の出現は，平均＝$p*n$ の二項分布で記述される．この特性をもつ標本の標準誤差（$se(p)$）は次式で与えられる（表 6・1 も参照）．

$$se(p) = \sqrt{p(1-p)/n} \qquad (9\cdot1)$$

となり，対応する 95%信頼区間（ci）は，

$$ci = 平均 \pm se * t_{n,\,0.025}$$

したがって，$t_{n,\,0.025}$ は，値 0.025 での t 分布の逆生存関数（ISF）として計算できる．データがこの信頼区間の外側にある場合，それらは母集団を代表していない．

9・1・1　説　　明

式(9・1)は，一見無難に見えるが複雑である．

二項分布 $B(k, p)$ から独立した n 個の標本があるとすると，それらの標本平均の変量は次のようになる．

$$var\left(\frac{1}{n}\sum_{i=1}^{n} X_i\right) = \frac{1}{n^2}\sum_{i=1}^{n} var(X_i) = \frac{n\, var(X_i)}{n^2} = \frac{var(X_i)}{n} = \frac{kpq}{n}$$

ここで，$q = 1 - p$ である．

1. 任意の確率変数 X と任意の定数 c について $var(cX) = c^2 var(X)$ が成り立つ.

2. 独立確率変数の和の分散は分散の和に等しい.

標本平均 $\bar{X}$ の標準誤差は分散の平方根 $\sqrt{kpq/n}$ である. したがって,

- $k = n$ のとき, $se = \sqrt{pq}$ となる.
- $k = 1$ で, 二項変数が単なるベルヌーイ試行であるとき, 標準誤差は $se = \sqrt{pq/n}$ で与えられる.

9・1・2 例

たとえば, 乳がんの罹患率と死亡率を見て, 次の二つの質問に答えてみよう. オーストリア上部応用科学大学 (FH) の学生のうち, 乳がんは年間何人発生すると予想されるか? また, FH の女子学生のうち, 人生の最後に乳がんで死亡するのは何人であろうか?

次のことがわかっている.

- オーストリア上部応用科学大学の学生数は約 5000 人で, その約半数が女性である.
- 乳がんはおもに女性に発症する.
- 20〜30 歳における乳がんの罹患率は約 10 である. ここで罹患率とは, 一般的に人口 10 万人当たりの年間新規発生数として定義される.
- 全女性の 3.8% が, 乳がんで死亡する.

これらの情報から, 計算のための以下のパラメータを得ることができる.

- $n = 2{,}500$
- $p_{incidence} = 10/100{,}000$
- $p_{mortality} = 3.8/100$

乳がんの罹患率の 95% 信頼区間は $[-0.7, 1.2]$, 死亡数は $[76, 114]$ である. したがって, 毎年, FH の学生のうち乳がんと診断される者は 1 人もいない可能性が高いが, 在校生の女子生徒のうち 76 人から 114 人が最終的にこの病気で死亡すると予想される.

9・2 度数表を用いた検定

データが 1 組のカテゴリーに整理でき, それらが度数, すなわち各カテゴリーに含まれる標本の総数 (パーセンテージではない) として与えられている場合, このセクションで説明する検定はデータ分析に適している.

これらの検定の多くは，期待度数からの偏差を分析する．カイ二乗分布は，データの変動性（言い換えると，平均値からの偏差）を特徴づけるので，これらの検定の多くは，この分布を参照し，それに応じてカイ二乗検定とよばれる．

n が表に含まれる観測値の総数であるとき，二元表における各セルの期待度数は次のようになる（**表9・2**）．

$$期待度数 = \frac{行の合計 * 列の合計}{n} \tag{9・2}$$

表9・2　**表9・1に対応する期待度数**

	右利き	左利き	合 計
男 性	45.2	6.8	*52*
女 性	41.8	6.2	*48*
合 計	*87*	*13*	*100*

観測絶対度数 o_i と期待絶対度数 e_i があるとする．帰無仮説の下では，すべてのデータは同じ母集団から得られており，次の検定統計量は自由度 f のカイ二乗分布に従う[1]．

$$V = \sum_i \frac{(o_i - e_i)^2}{e_i} \approx \chi_f^2 \tag{9・3}$$

i は，$1, \ldots, f$ から実行される単純なインデックス，または $(1, \ldots, 1)$ から $(f_1, \ldots, f_n)$ まで実行される複数のインデックス $(i_1, \ldots, i_n)$ を示し，$f = \sum_{i=1}^n f_i$ となる．

分析プログラムによっては，入力データを度数表形式ではなく，元の生データに対応する形式で必要とするものもある．たとえば，左利きの男性と右利きの女性の表9・1は**表9・3**のように表される．

同様に，カテゴリー値は，male/female→0/1，right/left→0/1の整数で表すことができる．二つ以上の変数については，いわゆるカテゴリー変数の"ダミーコーディング"を使用すべきである[2]．

度数表（たとえば，表9・1）を対応する整数フォーマット（**表9・4**）に変換するPython 関数は，ISP_compGroups.py にある（このセクションの最後にある関数

---

1)　式(9・3)の統計量はピアソンのカイ二乗統計量ともよばれ，実際にはカテゴリーデータに使用される統計量のべき乗発散系列の統計量にすぎない．*pingouin* コマンド pg.chi2_independence の出力は，この系列の他の統計量へのアクセスも提供する．

2)　https://www.statsmodels.org/stable/examples/notebooks/generated/contrasts.html

`ISP_compGroups.frequency2events` へのリンクを参照).

表9・3　生データとしてのデータの
表現　id は被験者 ID を示す.

id	性　別	利き手
0	男　性	右
1	女　性	左
2	女　性	右
3	男　性	右
4	女　性	左
⋮	⋮	⋮

表9・4　生データとグループの数値表現

id	性　別	利き手
0	0	0
1	1	1
2	1	0
3	0	0
4	1	1
⋮	⋮	⋮

9・2・1　一元配置カイ二乗検定

　たとえば,友達とハイキングに行くとする.毎晩,誰が洗い物をするか,くじを引く.しかし,旅の終わりには,あなたがほとんどの仕事をしたように見える.

あなた	Peter	Hans	Paul	Mary	Joe
10	6	5	4	5	3

　あなたは,何らかの不正行為があったと予想し,この分布が偶然発生した可能性を計算する.以下のように定義される期待度数は 5.5 である.

$$期待度数 \ = \ \frac{n_{total}}{n_{people}} \tag{9・4}$$

　この分布が偶然出てきた確率は次のように計算される.

```
V, p = stats.chisquare(data)
print(p)
>>> 0.3731
```

　つまり,あなたが洗い物をたくさんしていたのは,本当に偶然だったのかもしれない!

9・2・2　カイ二乗分割表検定

　データを行と列に並べることができると,各列の数値が行の値に従属するかどうかをチェックすることができる.このため,この検定は**分割表検定**(contingency test)

とよばれることもある. 表 9・1 の例を用いると, 女性の方が男性よりも左利きが多い場合, 左利きと右利きの比率は行に従属し, 男性よりも女性の方が大きくなる.

カイ二乗分割検定は, "関連なし" という帰無仮説の下で予想される値からの観測データの乖離を測定する検定統計量に基づいている (たとえば, 表 9・2).

a. カイ二乗分割検定の仮定　　検定統計量 V が近似的にカイ二乗分布となるのは, 次の場合である.

- すべての絶対期待度数 e_i に対して, $e_i \geq 1$ が成立する.
- 絶対期待度数 e_i の少なくとも 80% について, $e_i \geq 5$ が成立する.

標本数が少ない場合は, 度数は定義上整数であるのに対して, 連続的なカイ二乗分布を使用することによって生じるバイアスを補正する必要がある. この補正は**イエーツ補正** (Yates correction) とよばれる.

b. 自 由 度　　自由度 (degrees of freedom, DOF) は, 自由に選択できる絶対観測度数によって計算できる. たとえば, 辺と底に和をもつ 2×2 の表の一つのセルだけを埋める必要があり, 他のセルは引き算で求めることができる. 一般に, r 行 c 列の $r \times c$ 表の自由度は,

$$df = (r-1) \times (c-1) \tag{9・5}$$

絶対期待度数の和は次のようになる.

$$\sum_i o_i = n \tag{9・6}$$

自由度数から, 標本から推定する必要のあるパラメータの数を引く必要があるかもしれない. これは観測された度数間のさらなる関係を意味するからである.

表 9・5　**2 × 2 度数表の一般的な構造**

		B		合　計
		0	1	
A	0	a	b	$a+b$
	1	c	d	$c+d$
合　計		$a+c$	$b+d$	$N = a+b+c+d$

c. 例 1　　Python コマンド *stats.chi2_contingency* は以下のリストを返す．（χ^2 値，p 値，自由度，期待値）．

```
data = np.array([[43,9],
                 [44,4]])
V, p, dof, expected = stats.chi2_contingency(data)
print(p)
>>> 0.3004
```

表 9・1 の例のデータでは，結果は（$\chi^2 = 1.1$, $p = 0.3$, $df = 1$）である．つまり，左利きの人と右利きの人では，男性と女性で差があることを示すものはない．

注: これらの値は，イェーツ補正を使用するデフォルト設定を前提としている．この補正を行わない場合，すなわち式(9・3) を用いた場合の結果は，$\chi^2 = 1.8$, $p = 0.18$ となる．

d. 例 2　　カイ二乗検定は，正規性の"手っ取り早い"検定に使用できる．
H_0: 確率変数 X は対称的に分布する．
H_1: 確率変数 X は対称的に分布しない．
対称分布の場合，算術平均 $\bar{x}$ と中央値がほぼ同じはずである．したがって，この仮説を検定する簡単な方法は，平均 (n_-) より小さい観測値の数と，算術平均 (n_+) より大きい観測値の数を数えることであろう．もし平均と中央値が同じなら，観測値の 50% は平均より小さく，50% は平均より大きいはずである．それは次のように成り立つ

$$V = \frac{(n_- - n/2)^2}{n/2} + \frac{(n_+ - n/2)^2}{n/2} \approx \chi_1^2 \qquad (9・7)$$

e. コメント　　カイ二乗検定は純粋な仮説検定である．観察された度数が，一つの母集団から無作為に抽出された標本によるものであるかどうかを示すものである．カイ二乗検定にはさまざまな表現が使用されているが，これは（コンピュータが普及する前の）オリジナルの公式の導出によるものである．2×2 表，*r-c* 表，分割性のカイ二乗検定などの表現は，すべて度数表を意味し，通常はカイ二乗検定で分析される．

9・2・3　フィッシャーの正確検定

80% のセルの期待度数が少なくとも 5 であるという要件が満たされない場合は，

フィッシャーの正確検定（Fisher's exact test）を用いるべきである．この検定は，観察された行と列の合計に基づく．この手法は，帰無仮説（すなわち，行と列の変数が無関係であること）が真であると仮定して，観察されたデータと同じ行と列の合計をもつすべての可能な 2×2 表に関連する確率を評価することからなる．ほとんどの場合，カイ二乗検定よりもフィッシャーの正確検定の方が望ましい．しかし，強力なコンピュータが出現するまでは，実用的ではなかった．度数表では約 10～15 セルまでであれば，この検定を使用すべきである．多くの統計的検定のように，標本サイズが無限大になるにつれて極限で正確となる近似に頼るのではなく，帰無仮説からの乖離の有意性が正確に計算できるので，“正確”とよばれる．

　この検定を使用する際，片側検定と両側検定のどちらを使用するかを決めなければならない．前者は，観測された分布と同じかそれよりも極端な分布を見つける確率を探すものである．後者（Python のデフォルト）は，逆方向の極端な表も考慮する．

　注：Python の `stats.fisher_exact` コマンドは，デフォルトで，観測値と同程度かそれ以上の極端な値を見つけるための p 値を返す．Altman（1999）によると，これは合理的なアプローチだが，すべての統計学者がこの点に同意しているわけではない．

例：紅茶を味わう貴婦人

　R. A. Fisher は近代統計学の創始者の一人である[3]．彼の初期の実験の一つで，おそらく最も有名なものは，紅茶を注ぐ前にミルクが注がれているかどうかを見分けることができるという英国婦人の主張を検証するものであった．ここでは，近代統計学の歴史，ひいては間違いなく近代計量科学の歴史に最も大きな影響を与えた，一見些細なできごとについて説明する（Box 1978）（**図 9・1**）.

　彼がロザムステッドに来て間もなく，すでに彼の存在はありふれた紅茶の時間を歴史的なできごとに変えていた．ある日の午後，彼がティーポットから紅茶を汲んで，隣にいた藻類学者の B. Muriel Bristol 博士に差し出したときのことだった．彼女はそれを断り，ミルクを先に注いだカップの方が好きだと言った．“馬鹿な”と Fisher は笑って返した．しかし彼女は，“もちろん違いはある”，と強調した．すぐ後ろから“試してみよう”という声がした．それは Bristol さんと結婚することになった William Roach だった．さっそく二人は実験の準備に取りかかり，Roach はカップをもって手伝い，Bristol 嬢が先に紅茶が注がれたカップについて自分の主張を証明するのに十分

---

3) Stat Labs より引用：D. Nolan, T. Speed, "Mathematical statistics through applications", Springer-Verlag, New York (2000).

すぎるほど，正確に予想したと喜んだ．

　Bristol嬢の勝利は記録されておらず，おそらくFisherはそのとき，即興の実験手順に満足していなかったのだろう．しかし，彼がテーブルの傍らで実験を考え，実行し，見物人たちがその結果について賛否両論を唱えていたときでさえ，彼はこの実験が提起した疑問について熟考していたことは確かである．

図 9・1 最初にミルク，次に紅茶（左），または最初に紅茶，次にミルク（右）．その違いを味わうことができますか？（©Thomas Haslwanter 2015 の許可を得て転載．無断複写・転載を禁ず）

　この実験の真の科学的意義は，以下の質問にある．これらは，付随する特殊な状況を除けば，実験を計画する前に考えなければならない質問である．ここでは，“紅茶を試飲する女性”に関連する質問について見ていくが，これらの質問がさまざまな状況にどのように適応されるべきかは想像がつくだろう．

- 温度や甘さなどの偶然のばらつきはどうすればいいのだろうか．理想を言えば，ミルクを先に入れるか紅茶を先に入れるかの順番を除いて，すべてのカップの紅茶を同じにしたい．しかし，紅茶の味が異なるのをすべてコントロールすることは不可能である．このようなばらつきをコントロールできないのであれば，私たちができる最善の策は無作為化である．
- 実験には何個のカップを使うべきか．対にすべきだろうか．カップはどのような順番で並べるべきか．ここでの重要な考え方は，カップの数と順番は被験者の能力を証明する十分な機会を与えるべきであり，出されたすべてのカップの紅茶を注ぐ順番を正しく識別することを簡単に防ぐことができるということである．
- 満点から，あるいは一つ以上の間違いから，どのような結論が導き出されるだろうか．もし彼女が異なる注ぎ方の順序を識別できないのであれば，推測だけで，テストされたすべてのカップについて，正しく判断できる可能性はきわめて低いはずで

ある．同様に，もし彼女が注ぐ順番を区別する何らかの能力をもっているのであれば，その能力を単なる推測者と区別するために，ミスをしないことを要求するのは不合理かもしれない．

Fisher によって語られ，また他の多くの人々によって"女性が紅茶を味わう"実験として語られている実際のシナリオは次のようなものである．

- それぞれのカップについて，実際に注いだ順番と，女性が言った順番を記録する．その結果を表にまとめるとこうなる．

	実際の注ぎ順		合 計
	紅茶が先	ミルクが先	
彼女は紅茶が先といった	a	b	$a+b$
彼女はミルクが先といった	c	d	$c+d$
合　計	$a+c$	$b+d$	n

　ここで n は紅茶を入れたカップの総数である．紅茶が最初に注がれたカップの数は $a+c$ であり，彼女はそのうちの $a+b$ を先に紅茶が注がれたと分類する．理想的には，もし彼女がその違いを味わうことができれば，b と c の数は小さくなるはずである．一方，もし彼女が本当に区別がつかないのであれば，a と c はほぼ同じになると予想される．

- ここで，彼女の能力をテストするために，8杯分の紅茶が用意され，4杯はミルクが先，4杯は紅茶が先で，彼女にはデザイン（4杯はミルクが先，4杯は紅茶が先）が知らされたとする．また，カップがランダムな順番で彼女に提示されたとする．そのとき，彼女の課題は，ミルクが先が4杯と，紅茶が先が4杯を識別することである．このデザインでは，上の表の行と列の合計はそれぞれ4になる．つまり，

$$a+b = a+c = c+d = b+d = 4$$

　これらの制約により，a, b, c, d のいずれかが指定されると，残りの三つは一意に決定される．

$$b = 4-a, \ c = 4-a, \ d = a$$

　一般に，このデザインでは，何杯のカップ（n）が出されようとも，$a+b$ の行の合計は $a+c$ に等しくなる．これは，被験者が"紅茶を先に注ぐ"のが何杯であるかを知っているためである．つまり，a が与えられれば，他の三つの数は指定され

る.

- 提供されるカップの順番をランダムにすることで，彼女の識別能力をテストできる. もし彼女に識別能力がないとすれば，順番をランダムにすることで，彼女が "先に紅茶を注ぐ" として選んだ4杯は，出された8杯のうちのどの4杯である可能性も等しくなる. 8杯のうち4杯を "先に紅茶を注ぐ" と分類する可能性は $\binom{8}{4} =$ 70で，70通りである〔Python では scipy.misc.comb(8,4,exact=True) で与えられる〕. 被験者に二つのお茶を区別する能力がない場合，無作為化によって，これら70通りの方法はそれぞれ等しい確率がある. 70通りのうち，完全に正しい分類となるのは1通りだけである. つまり，識別能力のない人が間違いを犯さない確率は，1/70である.
- 彼女に識別スキルがないと仮定すると，"先に紅茶"（表中の "a"）の正しい分類の数は，"超幾何" 確率分布（Python の hd=stats.hypergeom(8,4,4)，§6・2・4 参照）になることがわかる. "a" には 0，1，2，3，4 の五つの可能性があり，対応する確率（と確率を計算する Python コマンド）を以下に示す.

正解数	Python コマンド	確　率
0	hd.pmf(0)	1/70
1	hd.pmf(1)	16/70
2	hd.pmf(2)	36/70
3	hd.pmf(3)	16/70
4	hd.pmf(4)	1/70

- これらの確率を用いて，彼女は二つの準備の区別がつかないという仮説の検定のp値を計算することができる. p値とは，帰無仮説を仮定した場合に，観察された結果と同じかそれ以上に極端な結果が観察される確率であることを思い出そう. もし彼女がすべて正しいコールをすれば，p値は 1/70 であり，もし彼女が一つの誤り（三つの正しいコール）をすれば，p値は 1/70 + 16/70〜0.24 である.

上記の検定は "フィッシャーの正確検定" として知られており，その実装は非常に簡単である.

```
odds_ratio, p = stats.fisher_exact(obs, alternative='greater')
```

ここで *obs* はオブザベーション（観測値）を含む行列である.

9・2・4　マクネマーの検定

統計学では，マクネマーの検定は一対の名目データで使われる統計検定である. こ

れは2分位形質（"0/1"）をもつ2×2の分割表に適用され，被験者の対はマッチしている．マクネマーの検定は，2×2カイ二乗検定や2×2フィッシャー正確確率検定で行われるようなカテゴリー的関連性の検定に表面的には似ているが，やっていることはまったく異なる．関連性の検定は，表のセルの間に存在する関係を検定する．マクネマーの検定は，表の周辺和から導かれる比率の差を検定する（表9・5参照）．$p_A = (a + b)/N$と$p_B = (a + c)/N$. マクネマーの検定での質問は，これらの二つの比率，p_Aとp_Bが有意に異なるかどうかである．そして，その答えは，二つの比率が独立ではないという事実を考慮に入れなければならない．p_Aとp_Bの相関は，両方とも表の左上のセルの量を含むという事実によって生じる．

　マクネマーの検定は，たとえば，患者自身がコントロールとなる研究や，"before and after"デザインの研究で使用できる．言い換えると，カイ二乗検定とは対照的に，同じ被験者/部分が行と列に分類される．

例：次の例では，ある研究者がある薬が特定の病気に効果があるかどうかを調べようとしている．行に治療前の診断（疾患：あり，なし），列に治療後の診断を記入し，個体数を表に示す．この検定では治療前と治療後の測定に同じ被験者を含める必要がある（マッチドペア）（**表9・6**）.

表9・6　マクネマーの検定の例

	治療後：あり	治療後：なし	合　計
治療前：あり	101	121	222
治療前：なし	59	33	92
合　計	160	154	314

　この例では，"限界同質性"の帰無仮説は，治療の効果がなかったことを意味する．上記のデータから，イェーツの連続性補正を用いたマクネマーの検定統計量は，

$$\chi^2 = \frac{(|b - c| - 補正係数)^2}{b + c} \tag{9・8}$$

ここでχ^2は自由度1のカイ二乗分布である．標本数が少ない場合，補正係数は0.5（イェーツの補正）または1.0（エドワードの補正）でなければならない（$b + c < 25$の場合は，二項計算を実行すべきであり，実際，ほとんどのソフトウェアパッケージは，すべてのケースで単に二項計算を実行する）．イェーツの補正を用いると，

$$\chi^2 = \frac{(|121 - 59| - 0.5)^2}{121 + 59} \tag{9・9}$$

結果の値は 21.01 であり, 帰無仮説 ($p_b = p_c$) が暗示する分布からはきわめてありえない. したがって, この検定は, 治療効果がないという帰無仮説を棄却する強力な証拠を提供する.

Python でマクネマーの検定を実装するには, 次のようにする.

```
from statsmodels.stats.contingency_tables import mcnemar

obs = [[a,b], [c, d]]
chi2, p = mcnemar(obs)
```

obs は再び観測値を含む行列を表す.

9・2・5 コクランの Q 検定

コクランの Q 検定は, マクネマーの検定を拡張したものである. これは三つ以上の一致した度数集合間の差を検定する方法を提供する. たとえば, 三つの異なるラボで分析されたまったく同じ標本があり, その結果が統計的に等しいかどうかをチェックしたい場合に, この検定を使用する.

マクネマーの検定と同様, コクランの Q 検定は, 応答変数が二つの可能な結果 (0 と 1 としてコード化される) だけをとりうる仮説検定である. これは, k 個の処理が同一の効果をもつかどうかを検証するノンパラメトリック統計検定である. コクランの Q 検定は, 分散外れ値検定であるコクランの C 検定と混同してはならない.

例: 12 人の被験者に三つのタスクを課す. それぞれのタスクの結果は成功か失敗かである. 結果は失敗を 0, 成功を 1 としてコード化される. この例では, 被験者 1 はタスク 1 とタスク 2 に成功したが, タスク 3 に失敗した (**表 9・7** 参照).

コクランの Q 検定の帰無仮説は, 変数間に差がないということである. 計算された確率 p が選択された有意水準より下であれば, 帰無仮説は棄却され, 変数の少なくとも二つの比率が互いに有意に異なると結論づけられる. この例 (表 9・7) では, データの分析は, コクランの $Q = 8.6667$, 有意 $p = 0.013$ を提供する. 言い換えれば, 三つのタスクのうち少なくとも一つは, 他のタスクよりも簡単または難しいということである.

Python でコクランの Q 検定を実装するには, 次のようにする.

```
from statsmodels.stats.contingency_tables import cochrans_q

q_stat, p = cochrans_q(obs)
```

表 9・7 コクランの Q 検定. 三つの課題に
対する 12 人の被験者の成否

被験者	タスク1	タスク2	タスク3
0	0	1	0
1	1	1	0
2	1	1	1
3	0	0	0
4	1	0	0
5	0	1	1
6	0	0	0
7	1	1	0
8	0	1	0
9	0	1	0
10	0	1	0
11	0	1	0

コード: `ISP_compGroups.py`[4] *scipy, statsmodels, pingouin* を使ったカテゴリー
データの解析: 正しいテストが選択されれば, 計算ステップは簡単である. *pingouin*
では多少異なる入力フォーマットを必要とするので, 必要な変換関数もこのモジュー
ルで提供されることに注意されたい.

9・3 演 習

1. フィッシャーの正確検定: 紅茶の実験

あるパーティーで, ある女性が紅茶とミルクのどちらが先にカップに入れられたか
を見分けることができると主張した. Fisher は, 彼女に 8 杯の紅茶を, それぞれの種
類を 4 杯ずつ, 無作為の順番で渡すことを提案した. このとき, 彼女が偶然に正解し
た数の確率はどれくらいなのかを尋ねることができる.

この実験では, ランダムに並べられた 8 杯の紅茶が用意され, 4 杯はミルクを先に
入れ, 4 杯は紅茶を先に入れた. 彼女は, 一つの方法でつくられた 4 杯を選ぶことに
なった (こうすることで, 彼女はカップを比較して判断できるという利点がある).

帰無仮説は, 彼女にはそのような能力はないというものだった (実際の歴史的な実

---

4) <ISP2e>/09_TestsCategoricalData/compGroups/ISP_compGroups.py.

験では，彼女は八つのカップすべてに正解した）．

- 4組中3組を正解した場合，彼女の主張が支持されるかどうかを計算せよ．
  （正解：支持されない．もし彼女が三つ正解したなら，"三つ以上"の選択がランダムである確率は0.243となる．不合格のしきい値を0.05とすると，彼女は四つとも正解する必要がある）

2. カイ二乗一致性検定（1自由度）

ある新薬が心拍数に及ぼす影響を調べたところ，次のような結果が出た．

	心拍数		合　計
	増加	増加せず	
治療された	36	14	50
治療されていない	30	25	55
合　計	66	39	105

- 薬は心拍数に影響するか？（正解：いいえ）
- もし治療を受けなかった1人の反応が違っていたら，結果はどうなっていただろうか？　イェーツ補正の有無にかかわらず，この検定を行うこと．
  （正解：イェーツ補正なし：はい，$p = 0.042$　イェーツ補正あり：なし，$p = 0.067$）

	心拍数		合　計
	増加	増加せず	
治療された	36	14	50
治療されていない	29	26	55
合　計	65	40	105

3. カイ二乗検定（＞1自由度）

リンツ市は，人々がドナウ川沿いに長いビーチをつくりたいと考えている人がいるかどうかを知りたがっている．地元の人々にインタビューを行い，五つの年齢層（15歳未満，15歳以上30歳未満，30歳以上45歳未満，45歳以上60歳未満）からそれぞれ20の回答を集めることにした．

アンケートにはこうある．"ビーチ沿いの開発はリンツに利益をもたらす．"とあり，考えられる回答は，以下の通りである．

1	2	3	4
強く同意	同　意	同意しない	強く同意しない

　市議会は，人々の年齢が開発に対する感情に影響を及ぼしているかどうか，特に開発計画に対して否定的な感情（つまり"同意しない"または"強く同意しない"）を抱いた人々の年齢を調べたいと考えている．

年齢層 （タイプ）	否定的な反応の頻度 （観測値）
<15	4
15–30	6
30–45	14
45–60	10
>60	16

　このカテゴリーでは，グループ間で意見が大きく分かれているようだ．

- これらの差は有意か．（正解: はい，$p = 0.034$）
- 結果として得られる分析には自由度がいくつあるか．（正解: 4）

4. マクネマー検定

　殺人事件に関する訴訟において，弁護側は被告人が精神異常であることを示すために質問状を用いる．質問状の結果，被告人は"精神異常を理由とする無罪"を主張する．

　これに対して州弁護士は，この質問票には効果がないことを証明しようとする．彼は経験豊富な精神科医を雇い，40人の患者を紹介する．そのうちの20人は質問票の結果が"精神異常"で，20人は"正気"であった．"正気"の19人は正気と判定されたが，"正気"の20人のうち6人は専門家によって正気と判定された．

	精神科医は 正気と判定	精神科医は 精神異常と判定	合　計
正　　気	19	1	20
精神異常	6	14	20
合　　計	25	15	40

- この結果は質問票と有意に異なるか．（正解: いいえ）
- もし専門家がすべての"正気な人"を正しく診断していたら，結果は有意に異なるか．（正解: はい）

10

生存時間の分析

　生存時間を分析する場合，これまで議論してきたものとは異なる問題が出てくる．一つは，被験者が研究から離脱した場合にどう対処するかという問題である．たとえば，新しい抗がん剤をテストすると仮定する．死亡する被験者がいる一方で，新薬は効果がないと考え，研究が終了する前に離脱する被験者がいるかもしれない．

　この種の研究に使われる用語は生存分析であるが，同じ手法が他の分野でも同様の問題を分析するのに使われる．たとえば，機械が故障するまでの期間や，メーリングリストの購読期間（"死"はメーリングリストからの脱退に相当する）を調査するために，これらの手法を使うことができる．

10・1　生存分布

　ワイブル分布（Weibull distribution）は，信頼性データや生存データのモデリングによく使われる．これは Fréchet（1927 年）によって最初に識別され，Weibull（1951年）によって詳細に記述されたので，**フレシェ分布**（Fréchet distribution）という名前でも見いだされることもある．

　scipy.stats では，ワイブル分布は weibull_min，または，フレシェ右（frechet_r）と同等である〔補完的な weibull_max は，フレシェ左（frechet_l）ともよばれ，単に原点を中心に反転される〕．

　ワイブル分布は，形状パラメータである**ワイブル係数**（Weibull modulus）k によって特徴づけられる（§6・5・2も参照）．すべての Python 分布は，分布パラメータの素早いフィッティングを可能にする便利なメソッドを提供する．

リスト 10・1　L10_1_weibull_demo.py

```python
""" ワイブル係数のフィッティングの例 """

# author: Thomas Haslwanter, date: June-2022

# 標準パッケージのインポート
import matplotlib.pyplot as plt
import scipy as sp
from scipy import stats

# ワイブル係数 1.5 のサンプルデータを作成する
WeibullDist = stats.weibull_min(1.5)
data = WeibullDist.rvs(500)

# 次に，パラメータをフィッティングする
fitPars = stats.weibull_min.fit(data)

# 注: fitPars は（WeibullModulus, Location, Scale）を含む
print(f'The fitted Weibull modulus is {fitPars[0]:5.2f},' +
      ' compared to the exact value of 1.5 .')
```

10・2　生 存 確 率

　生存データの統計解析のために，Cam Davidson-Pilon は Python の *lifelines* パッケージを開発した．以下のコマンドでインストールできる．

```
pip install lifelines
```

　生存分析と生存回帰モデリングの紹介を含む非常に広範なドキュメントは，http://lifelines.readthedocs.org/ で入手できる．

10・2・1　打 ち 切 り

　生存分析のためにデータを使用することの難しさは，研究の終了時に，多くの個人がまだ "生きている" かもしれないことである．統計学では，部分的にしか知られていない測定値の表現は，**打ち切り**（censorship, censoring）である．例として，購読者が二つのサブグループに分類されるメーリングリストを考えてみよう．グループ1

はすぐにメールに飽きて，3 カ月後に購読を解除する．グループ2はメールを楽しみ，通常1年半購読する．1年間の調査を行い，平均購読期間を調べたい（**図 10・1**）．

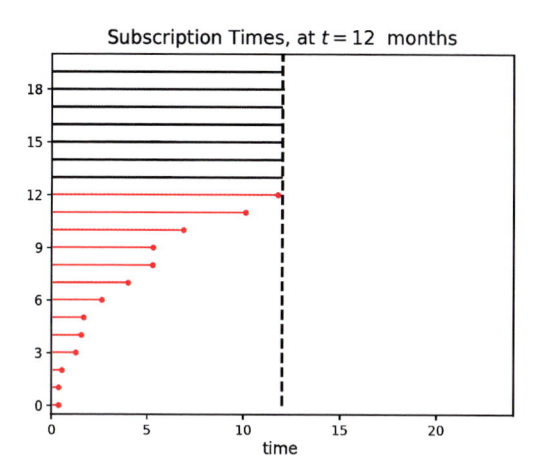

図 10・1 メーリングリストの購読行動に関する調査のダミー結果

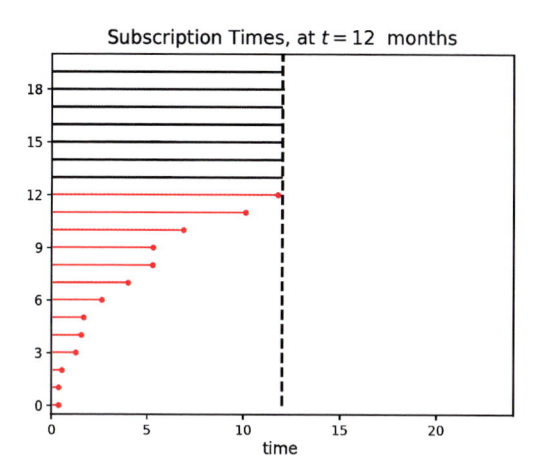 python™

コード: `ISP_lifelinesDemo.py`[1)] ライフラインのグラフィカルな表現．

図 10・1で赤色の線は離脱が観察された個体の加入時間を示し，黒色の線は右打ち切り個体（離脱が観察されていない）の加入時間を示す．もし私たちが，母集団の平均加入時間を推定するよう求められて，単純に右打ち切りの個体を含めないと決めたとすると，真の平均加入時間を著しく過小評価することになるのは明らかである．

研究の途中でプライバシー設定を変更する被験者がいる場合，つまり研究が終了する前にモニターすることを禁止する被験者がいる場合，同様のさらなる問題が発生する．これらのデータも右打ち切りデータである．

10・2・2 カプラン・マイヤー生存曲線

このような問題に対処する賢い方法は，このようなデータをカプラン・マイヤー曲線で記述することであり，Altman（1999）で詳しく説明されている．まず，時間を小さな期間に細分化する．そして，被験者がある期間に生存する確率を計算する．生存確率は次式で与えられる．

---

1) <ISP2e>/10_SurvivalAnalysis/lifelinesDemo/ISP_lifelinesDemo.py.

$$p_k = p_{k-1} * \frac{r_k - f_k}{r_k} \tag{10・1}$$

　ここで，p_k は期間 k を生存する確率，r_k は k 日目の直前にまだリスクが残っている（すなわち，まだ追跡調査中である）被験者の数，f_k は k 日目に観察された失敗の数である．結果として得られる生存確率を記述する曲線は，**生命表**（life table），**生存曲線**（survival curve），または**カプラン・マイヤー曲線**（Kaplan-Meier curve）とよばれる（**図 10・2** 参照）．

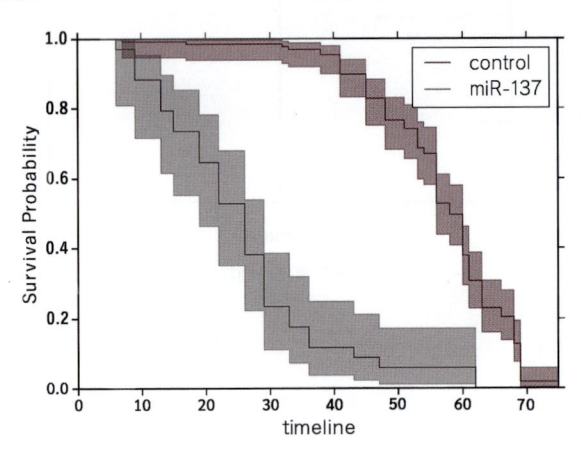

図 10・2　ショウジョウバエの 2 群の生存確率　　網掛け部分は 95% 信頼区間を示す．

　以下のデータはショウジョウバエ属のミバエを使った研究の結果である．数字はハエの遺伝子型と生存日数である．ハエを使っているので，左打ち切りの心配はいらない．誤って殺してしまったり，逃げ出したりした場合の問題はある．このような場合は，"自然な"原因による死亡を実際に観察していないので，右打ち切りとなる．

リスト 10・2　lifelines_survival.py

```
""" 生存曲線のグラフ表示,
ログランク検定による 2 曲線の比較.
"miR-137" は, 他の遺伝子の発現レベルを調節する機能をもつ
短いノンコーディング RNA 分子である
"""


# author: Thomas Haslwanter, date: June-2022
```

```python
# 標準パッケージのインポート
import matplotlib.pyplot as plt

# 追加パッケージ
import sys
sys.path.append(r'..\Code_Quantlets\Utilities')
import ISP_mystyle
from lifelines.datasets import load_waltons
from lifelines import KaplanMeierFitter
from lifelines.statistics import logrank_test

# 好きなフォントを設定する
ISP_mystyle.setFonts(18)

# データをロードして表示する
df = load_waltons()    # pandas DataFrame を返す
print(df.head())
"""
    T   E     group
0   6   1   miR-137
1  13   1   miR-137
2  13   1   miR-137
3  13   1   miR-137
4  19   1   miR-137
"""

T = df['T']
E = df['E']

groups = df['group']
ix = (groups == 'miR-137')

kmf = KaplanMeierFitter()

kmf.fit(T[~ix], E[~ix], label='control')
ax = kmf.plot()

kmf.fit(T[ix], E[ix], label='miR-137')
kmf.plot(ax=ax)
```

```
plt.ylabel('Survival Probability')
outFile = 'lifelines_survival.png'
ISP_mystyle.showData(outFile)

# 二つの曲線を比較する
results = logrank_test(T[ix], T[~ix], event_observed_A=E[ix],
                       event_observed_B=E[~ix])
results.print_summary()
```

このコードは次のような出力を生成する.

```
Results
   t 0: -1
   alpha: 0.95
   df: 1
   test: logrank
   null distribution: chi squared

p-value _|_ test statistic _|_ test result _|_ is significant
 0.00000 |             122.249 | Reject Null  |          True
```

　生存曲線は,“失敗”が発生したとき,すなわち被験者が死亡したときにのみ変化することに注意すること. 被験者が研究から離脱したとき, または研究が終了したときのいずれかを記述する打ち切られた項目は,“失敗”時間で考慮に入れられるが, それ以外は生存曲線に影響しない.

10・3　2群における生存曲線の比較

　生存時間の独立グループを比較するための最も一般的な検定は, ログランク検定である. この検定はノンパラメトリック仮説検定で, 両グループが同じ基礎母集団に由来する確率を検定する. 生存に対するさまざまな変数の効果を探索するには, より高度な手法が必要である. たとえば, 1972年にCoxによって導入された**コックス回帰モデル**（Cox regression model, **コックス比例ハザードモデル** Cox proportional hazards model ともよばれる）は, 複数の変数を同時に調査したい場合に広く使用される.

　これらの検定は, 生存データの分析のための他のモデルと同様, *lifelines* パッケージで利用可能で, Python の使い方を知れば簡単に適用できる.

第Ⅲ部
統計モデリング

仮説検定は，二つ以上のデータサンプルが同じ母集団から得られたものか，異なる母集団から得られたものかを決定することができる．しかし，二つ以上の変数間の関係の強さを定量化することはできない．また，それらの関係における繰返しパターンを見つけることもできない．このような疑問は，変数の定量的予測も含めて，本書の第Ⅲ部で扱う．Pythonに付属している基本的な代数的ツールは，ラインフィットや相関係数の決定のような単純な問題には十分かもしれないが，多くのパッケージが統計データ分析やモデリングのためのPythonの力を大幅に拡張している．本書の第Ⅲ部では，以下のパッケージのアプリケーションを紹介する．

- *statsmodels* - *PyMC* - *scikit-learn* - *scikits.bootstrap*

この部は四つの章で構成されている．第11章では，シグナルのパターンを検出する方法について説明する．長いシグナルの中の短いパターンの発生（"相互相関"），同じ長さの二つのシグナルの共分散（"相関係数"），シグナル内の繰返しパターン（"自己相関"）である．"時系列分析"については，自己相関の実用的な応用例を簡単に紹介する．第12章では，一つ以上の入力に対する出力シグナルの線形依存性を定量化する標準的なツールである線形回帰分析を紹介する．これは統計モデリングの基礎をなすものである．第13章"一般化線形モデル"についての章では，非線形関係に線形モデルの力を拡張するために，線形モデルをより柔軟にすることができる二つの例を紹介する．そして最後の章（第14章）では，確率が（事象の頻度とは対照的に）事象に対する信頼度を表す，ベイズ統計学の紹介がある．この章は，マルコフ連鎖‐モンテカルロシミュレーションの実践的な例で締めくくられる．

11

シグナルのパターンを見つける

　これまでの章では，データの順序が関係ないデータ群の分析について見てきた．しかし，多くの現実のデータでは，順序は非常に重要である．たとえば，医学，地質学，計量経済学では，できごとのタイミングが大きな違いを生む．株を売るのが1日遅ければ，億万長者から貧乏人になってしまうかもしれない．

　この章では，シグナルのパターンを見つけるためのさまざまな側面について説明する．まず，長いシグナルの中の短い特徴の出現に注目する**相互相関**（cross correlation）の説明から始める．二つの特殊なケースについて詳しく調べる．最初に，二つのシグナルが同じ長さの場合，二つの変数間の線形関係がどの程度強いかを問うことができる．このシグナルの比較には，些細なアーチファクトを除去するための正規化が必要であり，**相関係数**（correlation coefficient）の定義につながる．**多変量データ**（multivariate data）については，相関係数から**相関行列**（correlation matrix）への一般化が説明される．相関係数の直感的な解釈は，相関係数が二つの変数に最もよくフィットする直線にどのように関係しているかを見ることによって得られる．その場合，相関係数の二乗，つまり決定係数は，一方の変数のシグナル変化のどの部分が，もう一方の変数の対応する変化によって説明されるかを定量化する．2番目の特別なケースは，あるシグナルをそれ自身のシフトバージョンと比較することによって得られる．これは**自己相関**（autocorrelation）とよばれ，シグナルの隠れた系統的パターンを見つけるのに使うことができる．本章の最後のセクションでは，時系列データから最大限の情報を得るために，自己相関が**時系列分析**（time-series analysis, TSA）でどのように使われるかを示す．

11・1　相　互　相　関

　相互相関（cross correlation）は，二つの系列の類似性を，一方の系列と他方の系列の

相対的な変位の関数として表す尺度である．これは**スライディングドット積**（sliding dot product）または**スライディング内積**（sliding inner-product）としても知られている．一般に，長いシグナルから短い既知の特徴を探すのに使われる．パターン認識，単粒子解析，電子断層撮影，平均化，暗号解析，神経生理学など，さまざまな分野で応用されている．相互相関は，二つの関数のたたみ込みと性質が似ている．唯一の違いは，2番目のシグナル（"特徴"）の順序が反転していることである．

　ここで，二つのシグナルの類似性をどのように評価するかを考えてみよう．ここではシグナルと特徴とよぶ（**図 11・1**参照）．類似性を見つけるには，ある種の"類似性関数"が必要である．この関数は，特徴がシグナルと一致するときに最大値をもち，シグナルと特徴の差が大きくなるにつれて小さくなる．

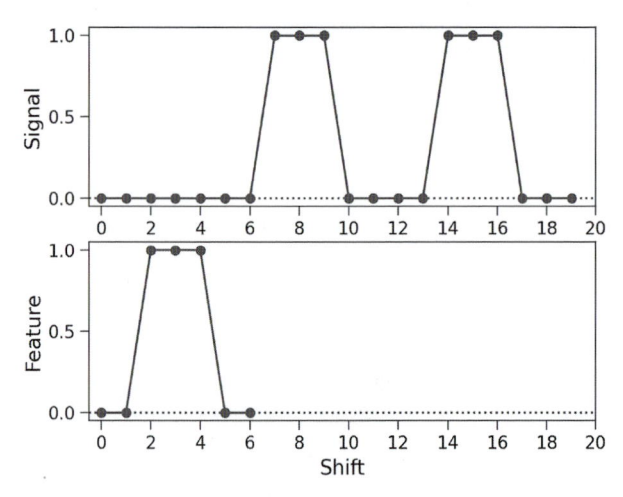

図 11・1　相互相関の原理を視覚化するためのサンプル signal と feature

　この二つの性質を満たすのがドット積であることがわかる．したがって，シグナルの一部と特徴量を比較するために必要なことは，シグナルの一部と特徴量を掛け合わせることだけである！　シグナルと一致させるために特徴量をどれだけシフトさせる必要があるかを知りたい場合は，相対的なシフト量を変えて類似度を計算し，類似度が最大になるシフト量を選ぶ．

　付属のプログラム ISP_corrVis.py[1]は，シグナルと特徴の相互相関を生成するためのスライディングドット積をインタラクティブに探索することができる．その結果を図 11・2 に示す．以下の特徴が読み取れる．

---

1) <ISP2e>/11_Pattern/correlation/ISP_corrVis.py.

- 図 11・1 の開始位置では，シグナルと特徴の間のドット積はゼロである．
- 特徴量を 5 ステップまたは 12 ステップずらす（シフトする）と，最大のオーバーラップが生じる．
- 重なりが最大になると，シグナルと特徴の間のドット積は 3 になる．
- 特徴量は，"範囲外"になる前に，左に 6 ポイントずらすことができる．

　与えられたシグナル/特徴の範囲外の要素（たとえば，図 11・2 のポイント 20）をもつ乗算では，対応する欠損値はゼロで置き換えられる．

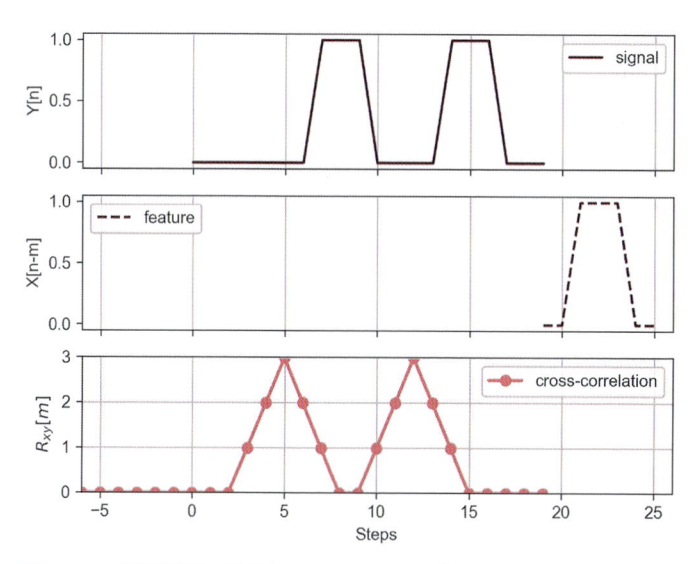

図 11・2　相互相関の原理をインタラクティブに可視化するプログラム ISP_corrVis.py の出力（CQ ISP_corrVis.py より）

表 11・1　$sig_1 = [2, 1, 4, 3]$ と $sig_2 = [1, 3, 2]$ の間の相互相関の手動計算
ここでは，sig_1 の先頭と末尾の欠落要素を 0 と設定する．

0	0	2	1	4	3	0	0	
1	3	2						→ $2 * 2 = 4$
	1	3	2					→ $2 * 3 + 1 * 2 = 8$
		1	3	2				→ $2 * 1 + 1 * 3 + 4 * 2 = 13$
			1	3	2			→ $1 * 1 + 4 * 3 + 3 * 2 = 19$
				1	3	2		→ $4 * 1 + 3 * 3 = 13$
					1	3	2	→ $3 * 1 = 3$

相互相関の原理を示すために，**表 11・1** に信号 $sig_1 = [2, 1, 4, 3]$ と $sig_2 = [1, 3, 2]$ の計算を明示的に示す．

同じ結果が *numpy* コマンド np.correlate(sig_1, sig_2, mode='full') でも得られる．（最後のオプションは，最初と最後の欠損値をどのように扱うかを指定する．表 11・1 では 0 に設定した．）

まとめると，相互相関は次の二つの情報を提供する．

- シグナルと特徴がどれだけ似ているか（相互相関の最大値を通して）．
- 類似点が発生する場所（最大値の位置を通して）．

11・2　相　関　係　数

同じ長さの二つの変数をもつデータ集合は"二変量データ"とよばれる．**相関係数** (correlation coefficient) は，二つの変数の間の線形関係を測定する．対照的に，**線形回帰** (linear regression) は，ある変数の値を別の変数から予測するために使用される．

11・2・1　共　分　散

相関係数を説明する最も簡単な方法は，まず**共分散** (covariance) という用語を定義することである．データの最初の視覚的分析では，二つの変数が"一緒に変動する"か"共変動する"かを見ることが役に立つ．たとえば，**図 11・3** は，パターン認

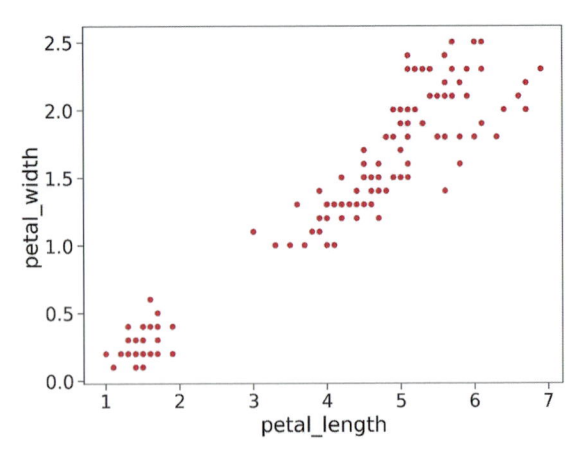

図 11・3　花弁の長さと花弁の幅（ここでは **cm**）には明らかな
相関がある　　これらのデータのクラスターは，異なる植物
クラスに対応する（図 11・7 参照）．

識の文献で最もよく知られたデータベースの一つである iris データ集合の二つの特徴
を示している.

```
# データの取得
import seaborn as sns
iris = sns.load_dataset('iris')

# プロットを作成する
iris.plot('petal_length', 'petal_width',
          kind='scatter')
```

　図 11・3 では,花弁の長さが長くなるにつれて,花弁の幅も大きくなっている. こ
のシグナルの特徴は,共分散によって定量化される. 二つの変数 x と y に対応する**標本共分散**（sample covariance）s_{xy} は次式で定義される.

$$s_{xy} = \frac{1}{n-1} \sum_{i=1}^{n} (x_i - \bar{x})(y_i - \bar{y}) \tag{11・1}$$

　s_{xx} と s_{yy} は,それぞれ x と y の標本分散を与えることに注意. **正の共分散**（positive covariance）s_{xy} は,x と y がともに上昇し,ともに下降することを示す. 対照的に,**負の共分散**（negative covariance）は,x の上昇が y の下降を伴うこと,またはその逆を示す. この情報自体は役に立つが,共分散の有用性は,その大きさが使用される単位に依存するという事実によって妨げられる. たとえば,図 11・3 のデータの花びらの寸法を cm ではなく mm で表すと,対応する共分散は 100 増加する！

　この問題を解消するために,式(11・1)の変数 x と y を,対応する標準偏差で割ることによって正規化して,次に述べる相関の定義を導く.

11・2・2　ピアソン相関係数

　二つの変数の間の相関関係は,"二つの変数は線形関係にあるか？ すなわち,一方の変数が変化すれば,もう一方の変数も変化するか？"という質問に答える. 二つの変数が正規分布している場合,相関係数を決定する標準的な尺度は,しばしばピアソン相関係数に帰属し,次の通りである.

$$r(x,y) = \sum_{i=1}^{n} \left(\frac{(x_i - \bar{x})}{\sqrt{\sum_{i=1}^{n}(x_i - \bar{x})^2}} * \frac{(y_i - \bar{y})}{\sqrt{\sum_{i=1}^{n}(y_i - \bar{y})^2}} \right) \tag{11・2}$$

標本共分散 s_{xy} を上記のように定義し，$s_x = \sqrt{s_{xx}}$，すなわち s_x が x 値の標本標準偏差を表すという表記を用いると，式(11・2) は次のようにも書ける．

$$r = \frac{s_{xy}}{s_x \cdot s_y} \tag{11・3}$$

これで値が正規化されたので，**ピアソン相関係数**（Pearson's correlation coefficient．**母集団相関係数** population correlation coefficient または**標本相関** sample correlation ともよばれる）は無次元となり，−1 から+1 までの任意の値をとることができる．ピアソン相関係数を計算する最も簡単な方法は，stats.pearsonr または pg.corr を使うことである．*pingouin* 関数は，相関係数だけでなく信頼区間も計算できるという利点がある．

```
result = pg.corr(iris.petal_length, iris.petal_width)
print(result.round(3))
#          n      r       CI95%    p-val      BF10    power
# pearson 150 0.963  [0.95, 0.97] 0.0   1.113e+82  1.0
pearson_r = results.r
```

図 11・3 のデータでは，$r = 0.96$ の相関係数を示している．他の例を**図 11・4** に示す．相関係数の式は x と y の間で対称であることに注意！　これは線形回帰には，あてはまらない．

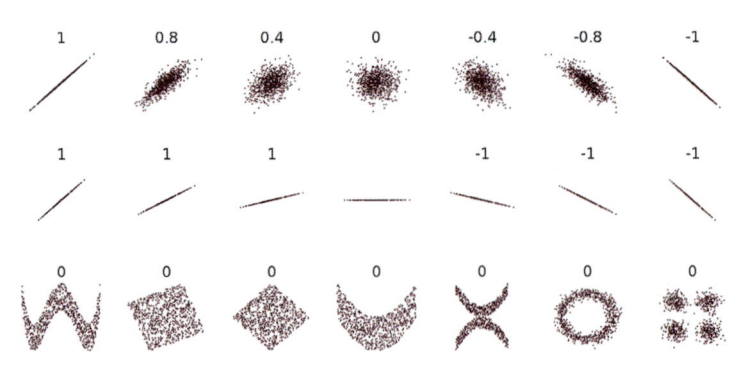

図 11・4　いくつかの (x, y) 点の集合と，各集合の x と y の相関係数．相関は線形関係の非線形性と方向性を反映するが（上段），その関係の傾き（中段）や非線形関係の多くの側面（下段）は反映しないことに注意　　注: 中央の図は傾きが0であるが，この場合 y の分散が0であるため相関係数は定義されない．（ウィキペディア http://en.wikipedia.org/wiki/Correlation_and_dependence から 2021 年8月21日取得）

11・2・3　順 位 相 関

　データ分布が正規分布でない場合は，別のアプローチが必要である．その場合，各変数のデータ集合を順位づけして，その順序を比較することができる．**順位相関**（rank correlation）を計算する二つの一般的な方法がある．

　スピアマンのρ（Spearman's ρ）は，ピアソン相関係数rとまったく同じであるが，元の数値ではなく観測値の順位で計算される．

　ケンドールのτ（Kendall's τ）も順位相関係数で，測定された二つの量間の関連を測定する．スピアマンのρよりも計算が難しいが，スピアマンのρの信頼区間はケンドールのτパラメータの信頼区間よりも信頼性が低く，解釈しにくいと議論されている．

　これらの相関係数や他の相関係数は，pg.corr の methods パラメータを調整することで得ることができる．

```
spearman_rho = pg.corr(x, y, method='spearman')
kendall_tau = pg.corr(x, y, method='kendall')
```

python™

コード: ISP_bivariate.py[2] 多変量データの解析（回帰，相関）．

11・3　決 定 係 数

　相関係数は線形回帰の傾きと密接な関係がある．だから，相関係数の平方r^2〔**決定係数**（coefficient of determination）とよばれることが多い〕の解釈のために，線形回帰に回り道をする（線形回帰の詳細は第 12 章で扱う）．

11・3・1　一般線形回帰モデル

　一つまたは複数の他の変数の値から一つの変数の値を予測したいときは，線形回帰の手法を使うことができる．たとえば，与えられたデータ集合 (x_i, y_i) にベストフィットの直線を探索するとき，次式の残差の二乗和 ϵ_i を最小にするパラメータ (m, b) を探索することになる．

$$y_i = m * x_i + b + \epsilon_i \tag{11・4}$$

---

2)　<ISP2e>/12_LinearModels/bivariate/ISP_bivariate.py.

　ここで m（"multiplier"）は直線の傾き，b（"bias"）は切片である．ϵ_i は残差，すなわち観測値と予測値の差である（図11・5参照）．これは実際には，次の章で説明する，より一般的な手法の一次元の例にすぎない．

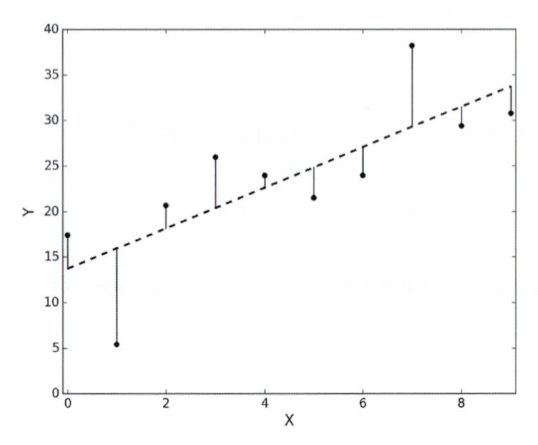

図11・5　ベストフィットの線形回帰直線（破線）と残差（実線）
相関とは対照的に，x と y の間のこの関係はもう対称的ではないことに注意する．x 値が正確にわかっていて，すべての変動は残差にあると仮定する．

　線形回帰式は残差の平方和（二乗和）を最小化するように解かれるので，線形回帰は**最小二乗回帰**（**OLS 回帰**，ordinary least-squares regression）ともよばれる．

　m と b を決定する方程式を書き出すと，次のようになる．

$$m = r * \frac{s_y}{s_x} \tag{11・5}$$

　ここで，s_x と s_y はそれぞれ x 方向と y 方向の標本標準偏差であり，線形回帰の傾き m と相関係数 r の間に密接な関係があることを示している．

11・3・2　解　　釈

　データ集合には値 y_i があり，それぞれの値には関連するモデル化された値 $\hat{y}_i$ がある．ここで，値 y_i は観測値とよばれ，モデル化された値 $\hat{y}_i$ は予測値とよばれることもある．

　以下，$\bar{y}$ は観測データの平均を表す．

$$\bar{y} = \frac{1}{n} \sum_{i=1}^{n} y_i \tag{11・6}$$

ここで，n は観測数である．

データ集合の"変動性"は，さまざまな二乗和を通して測定される．

- $SS_{mod} = \sum_{i=1}^{n} (\hat{y}_i - \bar{y})^2$ は，モデル二乗和，または回帰の二乗和である．この値は，**説明二乗和**（explained sum of squares）ともよばれることがある．
- $SS_{res} = \sum_{i=1}^{n} (y_i - \hat{y}_i)^2$ は**残差二乗和**（residuals sum of squares），つまり誤差の二乗和である．
- $SS_{tot} = \sum_{i=1}^{n} (y_i - \bar{y})^2$ は**二乗の総和**（total sum of squares）であり，標本分散に $n-1$ を掛けたものに相当する．

重回帰モデルの場合，次の式が成り立つ．

$$SS_{mod} + SS_{res} = SS_{tot} \tag{11・7}$$

"R" は"回帰"または"残差"のどちらかを表し，"E" は"誤差"または"説明"のどちらかを表すので，SS_R と SS_E という表記は避けるべきである．

これらの表現を用いると，決定係数 R^2 の最も一般的な定義は，次のようになる．

$$R^2 \equiv 1 - \frac{SS_{res}}{SS_{tot}} \tag{11・8}$$

なぜなら，

$$SS_{tot} = SS_{mod} + SS_{res} \tag{11・9}$$

式(11・8) は次の式と等価である．

$$R^2 = \frac{SS_{mod}}{SS_{tot}} \tag{11・10}$$

つまり決定係数は，モデルによって説明された二乗和と二乗の総和（図**11・6**の［黒い四角の合計］/［赤い四角の合計］）の比である．式(11・8) の第2項は説明できない分散（モデルの誤差の分散）と（データの）全分散を比較しているので，一般的な形では R^2 は説明できない分散に関係していると見ることができる．

単純線形回帰（すなわち，線形回帰）では，決定係数または R^2 は相関係数 r の二乗である．相関係数 r よりも解釈しやすい．R^2 の値が 1 に近いほど相関が近く，0 に近いほど相関が悪いことに対応する．一般的なモデルでは R^2 と書くのが一般的であるのに対して，単純線形回帰では r^2 が使われることに注意しよう．

R^2 値がどの程度大きければ"良好"とみなされるかは，分野によって異なる．通

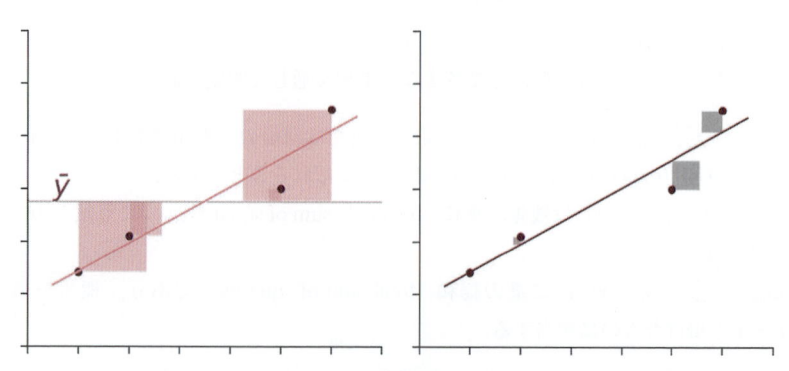

図 11・6　単純平均（左のグラフ）に比べて線形回帰（右のグラフ）がデータによく合う
ほど，R^2 の値は 1 に近くなる　　黒色の正方形の領域は，線形回帰に関する残差の二
乗を表す．赤色の四角の領域は，平均値に関する二乗残差を表す．

常，物理科学の方が生物学や社会科学よりも大きな値が期待される．金融やマーケ
ティングでは，何をモデル化するかによっても異なる．

　注：独立変数と従属変数の間に非線形の関係がある場合，標本相関と R^2 は誤解を
招きやすい（図 11・4 参照）！

11・4　散 布 図 行 列

　互いに関連している可能性のある 3〜6 個の変数がある場合，**散布図行列**（scatter-
plot matrix）を使用して異なる変数間の相関を視覚化することができる（**図 11・7**）．
散布図行列の非対角要素は相関プロットからなり，対角要素は対応する変数のヒスト
グラムまたは KDE プロットである．

```python
import seaborn as sns
sns.set()

df = sns.load_dataset("iris")
sns.pairplot(df, hue="species", size=2.5)
```

11・5　相 関 行 列

　二つの変数から三つ以上の変数 $x_i,\ i = 1, \ldots n$ に移るとき，相関係数は**相関行列**

（correlation matrix）に置き換えられる．したがって，**要素** r_{ij} は，変数 x_i と x_j の間の相関係数を示す．そして，複数の変数の値を予測したい場合，線形回帰は，**多重線形回帰**（multilinear regression）に置き換えられなければならない．

しかし，多くの変数を扱う場合には，多くの落とし穴が待ち受けている！　次の例を考えてみよう．ゴルフは富裕層がプレーする傾向があり，平均して所得が増えるにつれて子供の数が減ることも知られている．言い換えれば，ゴルフをすることと子供の数にはかなり強い負の相関関係があり，ゴルフをすると少子化になるという（誤った）結論を導き出したくなるかもしれない．しかし実際には，両方の効果をもたらしているのは所得の高さなのである．Kaplan（2009）は，このような問題がどこから来るのか，そしてそれを避けるにはどうすればよいのかをうまく説明している．

視 覚 化

多数の変数間の相関を視覚化する優れた方法は相関行列である．*seaborn* を使って，

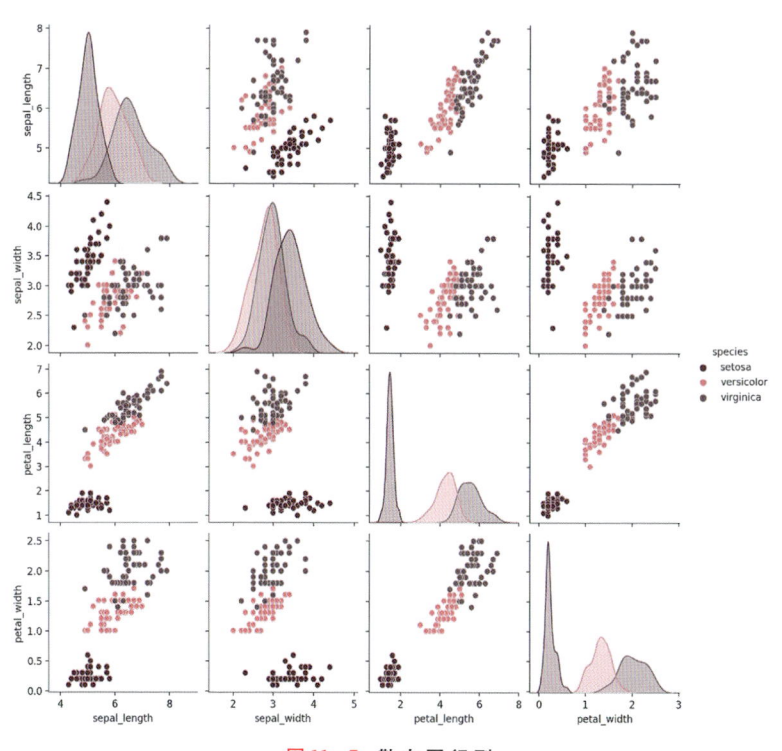

図 11・7　散 布 図 行 列

相関行列を実装する方法を以下の例で示す．この例では，np.random. のパラメータである．RandomState は乱数生成のシードである．データは正規分布のダミーデータで，26 種類の変数からそれぞれ 100 個の記録をシミュレートしている．以下のリストは，各変数の可能な組合わせ間の相互相関を計算し，視覚化したものである（図 11・8）.

リスト 11・1　corr_matrix.py

```python
""" 対角相関行列のプロット
Michael Waskom 氏の許可を得て
http://seaborn.pydata.org/examples/many_pairwise_correlations.
    html
"""

from string import ascii_letters
import numpy as np
import pandas as pd
import seaborn as sns
import matplotlib.pyplot as plt

sns.set_theme(style="white")

# 大規模なランダムデータ集合を生成する
# この構文は，以前
# 使用されていた np.random.seed. 詳細は
# https://stackoverflow.com/questions/5836335/consistently-
    create-same-random-numpy-array
rs = np.random.RandomState(1234)
df = pd.DataFrame(data=rs.normal(size=(100, 26)),
                  columns=list(ascii_letters[26:]))

# 相関行列の計算
corr = df.corr()

# 上部三角形のマスクを生成する
mask = np.triu(np.ones_like(corr, dtype=bool))

# matplotlib の図を設定する
f, ax = plt.subplots(figsize=(11, 9))
```

```python
# カスタムカラーマップの生成
cmap = sns.color_palette("viridis", as_cmap=True)

# マスクと正しい縦横比でヒートマップを描く
sns.heatmap(corr, mask=mask, cmap=cmap, vmax=.3, center=0,
 square=True, linewidths=.5, cbar_kws={"shrink": .5})
out_file = 'many_pairwise_correlations.jpg'
plt.savefig(out_file, dpi=300)
print(f'Correlation-matrix saved to {out_file}')

plt.show()
```

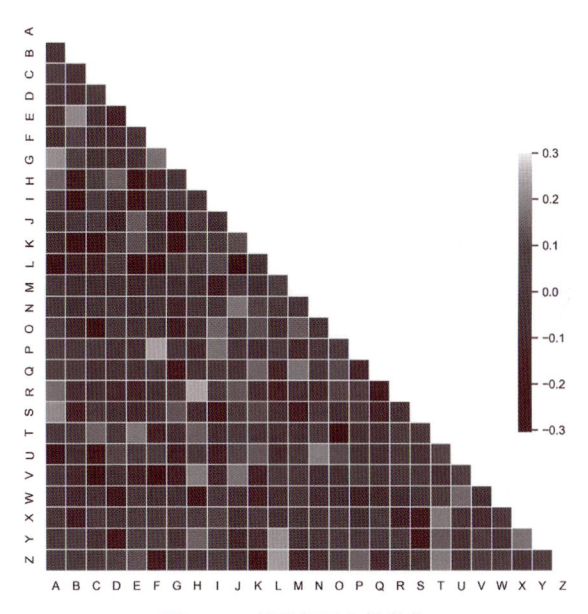

図 11・8　相関行列の視覚化

11・6　自 己 相 関

　シグナルの中に繰返し現れる未知のパターンを見つけるために，シグナルをそれ自身のシフトバージョンと比較することができる．統計学や時系列分析では，**自己相関**

係数（autocorrelation coefficient）は一般的に分散で正規化された**自己共分散係数**（autocovariance coefficient）として定義される[3]．したがって，ラグ k における自己共分散係数は，シグナルと，平均値が差し引かれた k ポイントシフトされたそれ自体のコピーとの間の相互相関によって与えられる．これは実際よりも難しく聞こえるかもしれないが，実際には，自己相関係数は，ラグ k における一連のサンプル自己共分散係数を次のように計算することによって計算される．

$$c_k = \frac{1}{N} \sum_{t=1}^{N-k} (x_t - \bar{x})(x_{t+k} - \bar{x}) \tag{11・11}$$

自己相関係数は次式で与えられる．

$$r_k = c_k / c_0 \tag{11・12}$$

§11・1 で説明した相互相関は，長いシグナルの中の短い特徴の発生を見つけるために一般的に使用されるが，自己相関関数は長いシグナルの中の繰返し特徴を検出するために一般的に使用される．次のセクションでその例を示す．

11・7　時系列分析

タイムスタンプされたデータを詳細に分析するための強力なツールであり，自己相関関数を適用するための良い例が**時系列分析**（time series analysis, TSA）である．しかし，すべての人がこのツールを必要とするわけではないので，データ解析の高度な側面に関連するこのセクションは，初読時には読み飛ばしても構わない．

株式市場や天候などでは，とりわけタイミングとできごとの順序が非常に重要である．そのため，そこで起きていることすべてに関する情報が，タイムスタンプとともに保存されている．センサーとデータ主導の世界では，今日，ほとんどすべてがデジタルで記録され，保存されている．時系列分析（TSA）は，時間の関数として記録されたそのようなデータから情報を抽出しようとする科学である．TSA は四つの目標を掲げている．

1. 記録されたシグナルの簡潔な説明
2. 観察されたパターンの説明
3. 将来のできごとの予測
4. 観測対象システムの制御

3）一方，シグナル処理や工学では，自己相関は単に関数とそれ自身との相互相関である．

非常に多くの分野に応用されているため，TSA が本書の範囲をはるかに越える分野であることは驚くにはあたらない．時系列分析の詳細な入門書としては，Chapman による古典的なテキストがある．

Chatfield and Xing（2019）は非常に推奨できる入門書である．

TSA はおもに一定時間間隔で記録されたデータに焦点を当てる．このようなデータを分析する方法は，周波数領域の方法と時間領域の方法の二つに分けられる．前者に

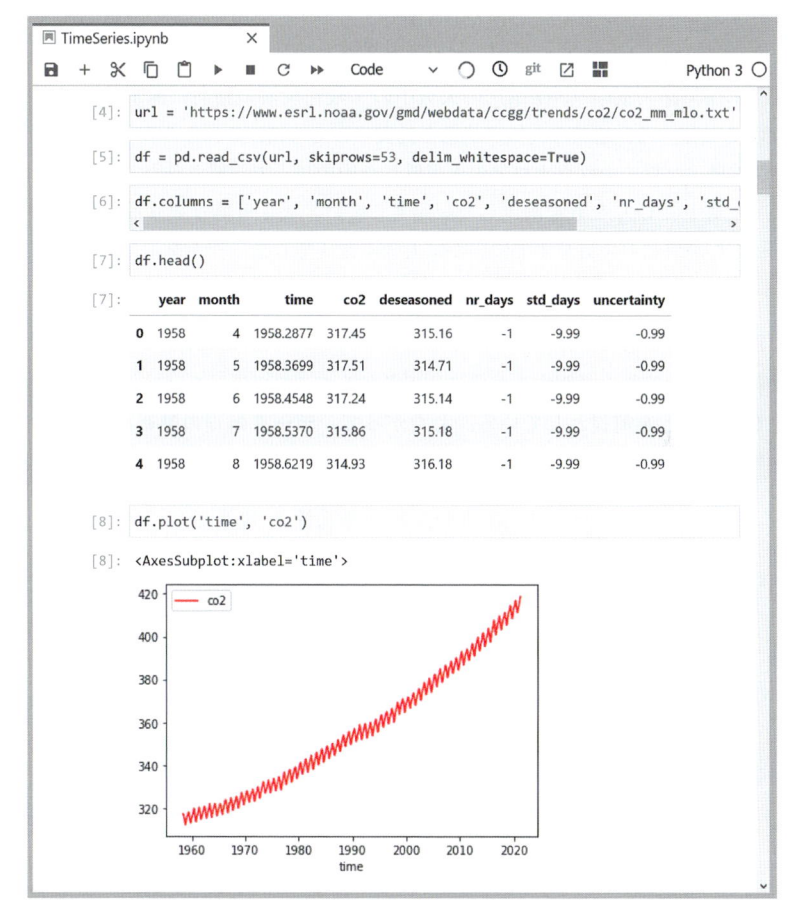

図 11・9　**本書の github アーカイブにある Jupyter ノートブック 11_timeSeries. ipynb から，TSA-example のデータを読み込む**　pandas コマンド pd.read_csv は，ウェブから直接データを読み込むことができることに注意されたい．

はスペクトル分析やウェーブレット分析があり，後者には自己相関分析や相互相関分析がある．周波数領域の手法については，Smith（2007）が良い入門書となっている．しかし，周波数領域解析は統計学よりもシグナル処理に関連するので，ここではとり上げない．

　このセクションでは，時系列分析の簡単な例を示し，時系列を記述するための時間領域法の基本原理のいくつかを示す．Python の実装には，*statsmodels* パッケージの tsa モジュールを使用する．予測のような時系列分析の他の重要な分野は，ここではとり上げない．予測の入門書としては，Hyndman and Athanasopoulos（2018）がお薦めのテキストで，オンラインでも入手可能である．

　地球温暖化は，人類が現在直面している最も差し迫った課題であるため，以下の例では，米国海洋大気庁（NOAA）の大気中の二酸化炭素の動向に関するデータ（図11・9）を使用する．地球の大気の状態を代表するために，これらのデータは，太平洋に浮かぶ島，ハワイのマウナロアの人里離れた山の頂上で記録された．これらのデータは，大気中の CO_2 を直接測定した記録としては，入手可能な限り最長のものであり，私たちが地球の大気をすでにいかに大きく変えてしまったかを示している．

11・7・1　データの分解

　観測データの特徴を説明するために使用されるモデルのほとんどは，プロセスが定常的であることを前提としている．したがって，データ処理の最初のステップは，データをトレンド，季節性，残差に分解することだ．この分解は加法的である．

$$\text{データ } = \text{ トレンド } + \text{ 季節性 } + \text{ 残差} \tag{11・13}$$

あるいは乗法的である．

$$\text{データ } = \text{ トレンド } * \text{ 季節性 } * \text{ 残差} \tag{11・14}$$

この例では，*statsmodels* の以下のコマンドを使用する．

```
from statsmodels.tsa.seasonal import seasonal_decompose
from statsmodels.tsa.stattools import acf, pacf
from statsmodels.graphics.tsaplots import plot_acf, plot_pacf
from statsmodels.tsa.arima.model import ARIMA
```

seasonal_decompose コマンドは，式(11・13) で示される分解を，かなり単純なアルゴリズムを使って実行する（図11・10）．

```
result_add = seasonal_decompose(df['co2'], model='additive',
            period=12, extrapolate_trend='freq')
result_add.plot()
plt.show()
```

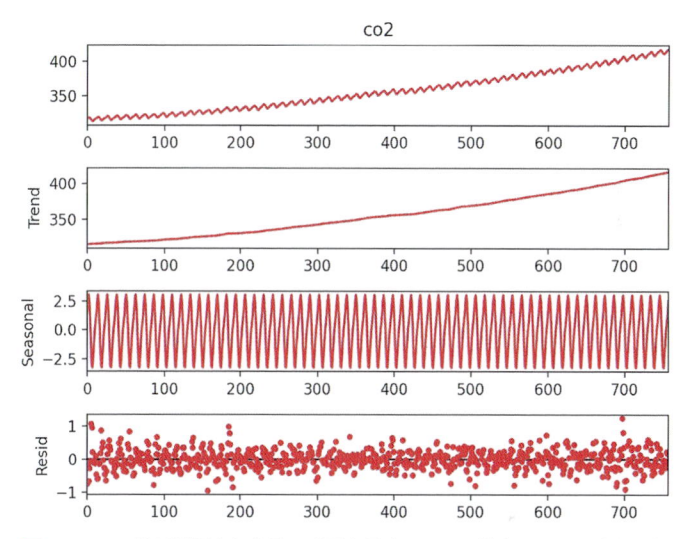

図 11・10　**x軸は記録された月の番号を示す**　　CO_2 濃度は ppm, すなわち空気中の分子の"百万分の一"で表される.

　ここでは, (乗法モデルではなく) 加法モデルを使用し, 季節成分は 12 タイムステップの期間をもつことを指定する (ここで使用したデータは毎月記録されている). パラメータ extrapolate_trend='freq' は, トレンドや残差に NaN 値がないことを保証する.

　その結果, 図 11・10 はいくつかのコメントに値する. 大気中の全体的な CO_2 濃度 (上のプロット) は, トレンド, 季節性, 残差の合計である. 気候の観点からは, トレンドが恐ろしい部分である. 産業革命以前は 280 ppm 前後でほぼ一定だったが, 現在は 420 ppm を超えている. 地球が最後に同じような CO_2 濃度を経験したのは約 2000 万年前である! 季節性は定義上, 一定であると仮定されているが, CO_2 レベルは年周期で変化していることがわかる. その他の変動は残差に移され, 残差には残りのすべての情報が含まれる. この図の三つのプロットの y スケールは異なることに注意!

　次のステップは, 残差からどのような追加情報を抽出できるかを確認することである.

コード: `ISP_TimeSeries.py`[4] マウナロア（ハワイ）の全球 CO_2 データの時系列分析.

11·7·2 残差分析

a. 自己相関 自己相関は，残差の未知の系統的パターンを見つけるために使用できる．しかし，Chatfield の言葉を引用すると，"標本の自己相関係数を解釈するには，かなりの経験が必要である．さらに，定常系列の確率論を学び，適切なモデルのクラスについて学ぶ必要がある．"（Chatfield and Xing 2019）と述べている．

自己相関関数（ACF）は次のようにして視覚化できる．

```
plot_acf(result_add.resid)
```

今回の例では図 11·11 になる．

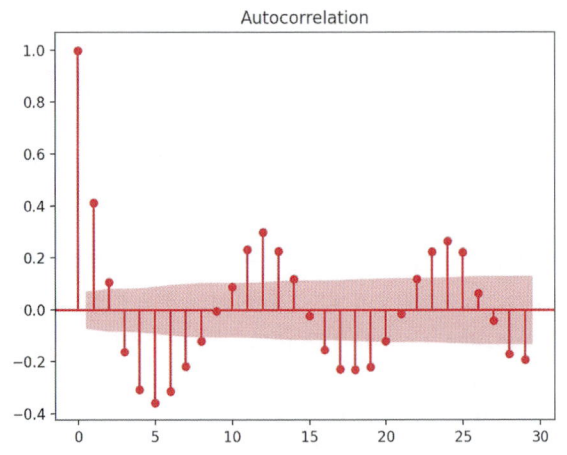

図 11·11 自己相関関数の系統的パターンは，いくつかの季節性が一定ではなく，見逃されていることを示している
赤い網掛け部分は自己相関係数の 95% 信頼区間を示す．

12 タイムステップの持続時間をもつ残りの振動は，いくつかの季節効果がまだ残差に残っていることを示している．ここでは，これらの残っている季節効果の原因については掘り下げないが，これは経時的な振幅の変化によるものである（これは，残差

---

4) <ISP2e>/11_Pattern/timeSeriesAnalysis/ISP_TimeSeries.py.

のより詳細な目視検査によって示すことができる）．その代わりに，ACFからの情報がTSAモデルでどのようにさらに分析されるかを見ることは有益である．

　おもなトレンド成分と季節性成分が除去された後は，データ中の残りの特徴をどのように説明するのが最も良いかを見るためにモデルが使用される．次のセクションでは，残差データを解釈するために使用される最も一般的なモデルを紹介する．しかし，モデルを紹介する前に，その後のモデル選択のためにもう一つのツールが必要だ．"偏自己相関関数"である．

b. 偏 自 己 相 関　　図11・11で注目すべき点は，シグナルの（残りの）周期的パターンがACFの反復ピークを誘発していることである．なぜなら，1サイクル，2サイクル，またはそれ以上の周期的なシグナルシフトが，シグナルパターンを一致させるからである．この"冗長性"を除去するために，ラグ k の**偏自己相関関数**（partial autocorrelation function, PACF）は，より小さいラグで説明されない残りの相関として定義される．相関関数と偏相関関数は，以下で説明するように，自己回帰モデルの評価で使用される（詳細はShumway and Stoffer 2017を参照）．

　平均ゼロの定常時系列に対するPACFを正式に定義するために，$h \geq 2$ の $\hat{x}_{t+h}$ は，x_{t+h} の $x_{t+h-1}, x_{t+h-2}, \ldots, x_{t+1}$ に対する回帰を表し，これは次式で書ける．

$$\hat{x}_{t+h} = \beta_1 x_{t+h-1} + \beta_2 x_{t+h-2} + \cdots + \beta_{h-1} x_{t+1} \tag{11・15}$$

また，$\hat{x}_t$ は $x_{t+1}, x_{t+2}, \ldots, x_{t+h-1}$ に対する x_t の回帰を表すとする．

$$\hat{x}_t = \beta_1 x_{t+1} + \beta_2 x_{t+2} + \cdots + \beta_{h-1} x_{t+h-1} \tag{11・16}$$

定常性のため，係数 $\beta_1, \ldots, \beta_{h-1}$ は式(11・15) と式(11・16) で同じである．定常過程 x_t の偏自己相関関数（PACF）は次式で定義される．

$$pacf(1) = corr(x_{t+1}, x_t) \tag{11・17}$$

$$pacf(h) = corr(x_{t+h} - \hat{x}_{t+h}, x_t - \hat{x}_t), \quad h \geq 2 \tag{11・18}$$

ここでcorrは相関係数である．言い換えれば，$pacf(h)$ は x_{t+h} と x_t の相関であり，$x_{t+1}, \ldots, x_{t+h-1}$ の線形依存性はそれぞれ取り除かれる．

11・7・3　ARMAモデル

　時系列を説明するために使われる最も一般的なモデルは，**自己回帰積分移動平均モデル**（autoregressive integrated moving average model），略して**ARIMAモデル**である．この名前は，その背後にある考え方よりも恐ろしいものである．これらのモデル

の背後にある数学的な詳細は非常に複雑であるため，このセクションでは ARIMA モデルを数学的に厳密な分析するわけではない．その代わり，ARIMA モデルの背後にあるおもな考え方を簡単に説明する．

a. ARMA モデルの前提条件　自己回帰移動平均（ARMA）モデルは，データが定常過程に由来するという仮定を立てる．大ざっぱに言えば，平均や分散に系統的な変化がなく，厳密に周期的な変動が取り除かれている場合，時系列は"定常的"であると言われる．二つ目の仮定は，平均がゼロで正規分布しているランダムな外部事象によってプロセスが駆動されていることである．以下では，Z_t は，観測されたプロセスの駆動要因と仮定されるランダムな外部入力を表し，σ_Z^2 の分散をもつと仮定する．

b. 移動平均プロセス（moving average processes，MA）　過程 X_t は，次の場合，"次数 q の移動平均過程"，略して $MA(q)$ 過程であるという．

$$X_t = \beta_0 Z_t + \beta_1 Z_{t-1} + \cdots + \beta_q Z_{t-q} \tag{11・19}$$

ここで MA 係数 β_i は定数である．Z_i は通常，$\beta_0 = 1$ となるようにスケーリングされる．言葉で表現すると，これは，時刻 t_i の状態が，後の時刻 t_{i+k} のシグナルを β_k だけ変化させることを意味する．この状態の影響は，t_{i+q} 以降は感じられなくなる．

c. 自己回帰過程（autoregressive processes，AR）　過程 X_t は，次の場合，"次数 p の自己回帰過程"，略して $AR(p)$ 過程であるという．

$$X_t = \alpha_1 X_{t-1} + \cdots + \alpha_p X_{t-p} + Z_t \tag{11・20}$$

言い換えると，時間 t_i での状態は，$k = 1, 2, \ldots, p$ の AR 係数 α_k によって決定される強さで，後の時間 t_{i+k} で記憶される．これは重回帰モデルのようなものだが，X_t が個別の予測変数ではなく，X_t の過去の値に回帰されているので，これは"自己回帰"過程とよばれる．

d. ARMA モデル　自己回帰過程と移動平均過程は組合わせると，いわゆるARMA 過程になる．

11・7・4　統合 ARMA（または ARIMA）モデル

実際には，ほとんどの時系列は非定常である．しかし，非定常な変動要因は，単純

微分または多重微分によって除去できることが多い．このようなモデルは統合モデル（ARIMA）とよばれる．なぜなら，差分されたデータに適合する定常モデルは，元の非定常データのモデルを提供するために，合計または"統合"されなければならないからである．

微分を示すために，以下の表記を用いる．

B は"タイムシフト演算子"である．

$$BX_t = X_{t-1} \qquad (11 \cdot 21)$$
$$B^2X = X_{t-2} \qquad (11 \cdot 22)$$
$$etc. \qquad (11 \cdot 23)$$

これによって，X_t の d 回微分は次のように書ける．

$$W_t = \Delta^d X_t = (1 - B)^d X_t, \quad d = 0, 1, 2, \ldots \qquad (11 \cdot 24)$$

この表記法を用いると，一般的な"自己回帰積分移動平均"（ARIMA）過程は次のような形になる．

$$W_t = \alpha_1 W_{t-1} + \cdots + \alpha_p W_{t-p} + Z_t + \beta_1 Z_{t-1} + \cdots + \beta_q Z_{t-q} \qquad (11 \cdot 25)$$

または（α_{i-s} の符号を適切に調整したうえで）以下のようになる．

$$\sum_{i=0}^{p} \alpha_i W_{t-i} = \sum_{j=0}^{q} \beta_j Z_{t-j} \qquad (11 \cdot 26)$$

ここで $\alpha_0 = \beta_0 = 1$ である．微分された時系列 W_t は ARMA(p, q) 過程を形成し，W_t は X_t から d 回微分して得られるので，これは一般に (p, d, q) 次数の ARIMA 過程とよばれる．

11・7・5　単純な ARIMA モデルの例

a. AR モデルと MA モデルの識別　　図 **11・12** は二つの ARMA$(1, 0)$ 移動平均モデルを示している．

$$X_t = 1 * Z_t \pm 0.9 * Z_{t-1} \qquad (11 \cdot 27)$$

これらのモデルは，次数1の移動平均過程（または"MA(1)過程"）に対応し，対応する MA 係数は $ma = [1, \pm 0.9]$ である．

左の MA モデル，$ma = [1, 0.9]$ が，二つの乱数を平均するローパスフィルターであるのに対し，右の MA モデル，$ma = [1, -0.9]$ は，二つの隣接する乱数を効果的に微

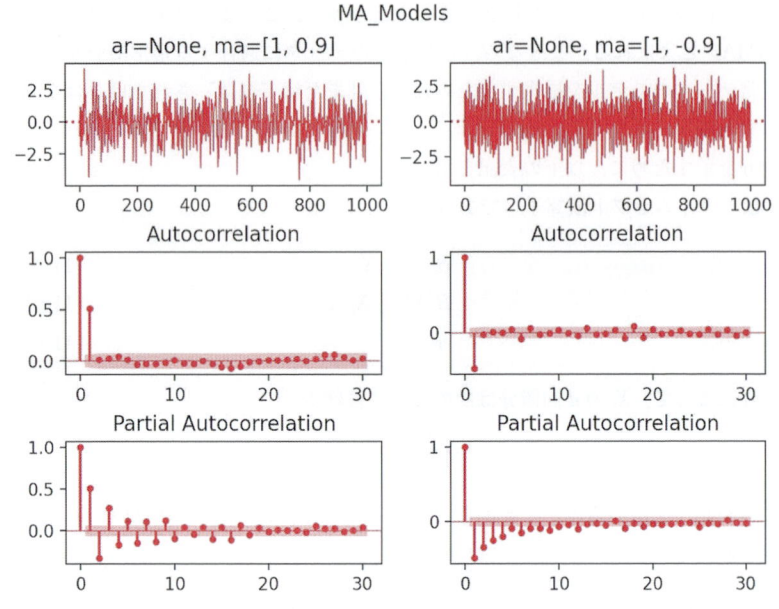

図 **11・12**　**MA モデル（上）と対応する ACF（中）と PACF（下）**　　左列の過程は $X_t = Z_t + 0.9 * Z_{t-1}$ に対応する．中段では，MA 係数が二つしかないこのモデルでは，ACF の最初の二つの値だけが有意であることに注意されたい．赤い網掛けは 95％信頼区間を示す．

分する．2 行目は対応する ACF を示している．MA(1) プロセスでは，ACF の最初の二つの値だけが重要であることに注意していただきたい！

次の図 **11・13** は，二つの ARMA(0, 1) 自己回帰モデルを示している．

$$X_t = \pm 0.9 * X_{t-1} + Z_t \tag{11・28}$$

これらの AR(1) 過程に対応する係数は $ar = [1, \mp 0.9]$ である．左列の過程が基本的に正負の値の間をジャンプするのに対して，右列の過程は"緩和されたランダムウォーク"に対応する（これは，図 11・13 で大まかにしか見えず，ISP-archive から `F11_TimeSeries.py` を実行し，一番上のタイムプロットを拡大するとよりよくわかる）．上記 MA 過程と比較すると，AR(1) 過程では，PACF の最初の二つの値だけが有意である．対照的に，ACF はゆっくりと減衰する振る舞いを示し，これは基礎となる過程を明確に識別するのに役立たない．

表 **11・2** は，これらの結果を要約し，純粋な AR 過程と MA 過程の基礎過程の順序を決定する方法を示している．

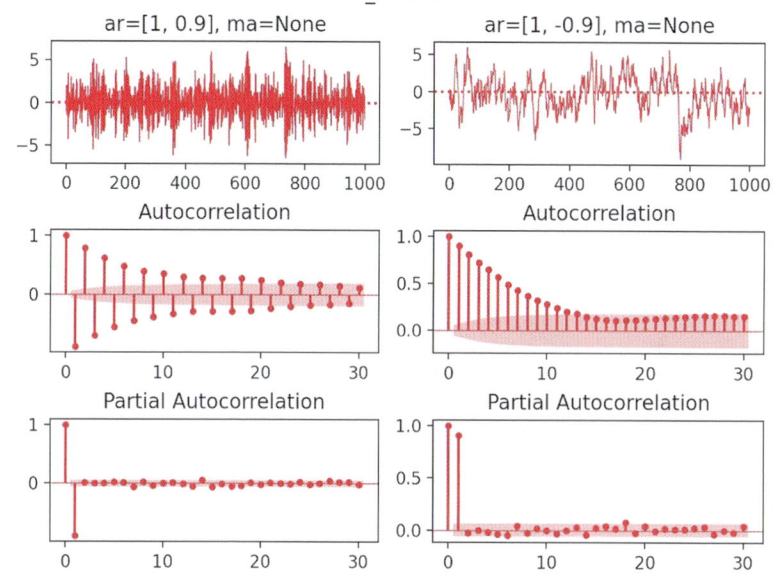

図 11・13　AR モデル（上）と対応する ACF（中）と PACF（下）　　右列の過程は, $X_t = 0.9 * X_{t-1} + Z_t$ に対応する. 下段では, AR 係数が二つしかないこのモデルでは, PACF の最初の二つの値だけが有意であることに注意されたい.

表 11・2　ARMA モデルの ACF と PACF の振る舞い

	AR(p)	MA(q)	ARMA(p, q)
ACF	尻尾を切る	ラグ q の後に切断	尻尾を切る
PACF	ラグ p の後に切断	尻尾を切る	尻尾を切る

b. ARMA モデルのフィッティング　　ARIMA モデルの次数が決まれば（実際には推定されれば）, 対応するモデル係数を簡単に求めることができる. たとえば, AR(1) 過程 $X_t = 0.9 * X_{t-1} + Z_t$（図 11・13 の右列）を生成し, 対応するベストフィットの AR 係数を求めるには, 次のようにする.

```python
from statsmodels import tsa

# データの作成
ar = [1, -0.9]
ma = None
n_samples = 100
np.random.seed(123)      # 再現性を高めるため
```

```
arma_process = tsa.arima_process.ArmaProcess(ar, ma)
y = arma_process.generate_sample(n_samples)

# モデルのフィット
model = tsa.arima.model.ARIMA(y, order=(1,0,0))
model_fit = model.fit()

print(f'ARMA = {(ar, ma)}')
print(model_fit.summary())
```

これにより，次のようなものが生成する.

```
ARMA = ([1, -0.9], None)
                           SARIMAX Results
========================================================================
Dep. Variable:                   y   No. Observations:           100
Model:               ARIMA(1, 0, 0)   Log Likelihood          -154.409
Date:             Fri, 28 May 2021   AIC                      314.818
Time:                     12:06:34   BIC                      322.633
Sample:                          0   HQIC                     317.981
                             - 100
Covariance Type:               opg
========================================================================
                 coef    std err        z    P>|z|     [0.025     0.975]
------------------------------------------------------------------------
const          0.1630      1.013    0.161    0.872     -1.823      2.149
ar.L1          0.8907      0.048   18.564    0.000      0.797      0.985
sigma2         1.2643      0.216    5.866    0.000      0.842      1.687
========================================================================
Ljung-Box (L1) (Q):           0.04   Jarque-Bera (JB):          1.62
Prob(Q):                      0.84   Prob(JB):                  0.45
Heteroskedasticity (H):       0.70   Skew:                      0.03
Prob(H) (two-sided):          0.31   Kurtosis:                  2.38
========================================================================
```

SARIMAX（"Seasonal AutoRegressive Integrated Moving Average exogenous model"）Results の一番上のボックスには，モデルを特徴づけるパラメータがある. これについては次の章（§12・4）で説明する. たとえば，**赤池情報量規準**（Akaike information criterion, AIC）は，異なるモデルを比較するために使用することができる. 最良のモデルは，通常，最小の AIC 値をもつものである.

SARIMAX Resultsの中央のセクションは，ベストフィットのパラメータとその有

意性についての情報を提供する．const は有意でないオフセット，ar.L1 はラグ1の自己回帰係数，sigma2（"シグマの二乗"）は残差値の分散を表す．この値は，非正規性という選択肢に対して残差の正規性を検定するために使用される．

　そして一番下のセクションには，残りのモデル残差の分布に関する情報が含まれている．

　以下の点に注意が必要である．

- 慣例により，式(11・26) の係数 α_0 と β_0 は1とされる．
- また，式(11・26) の定義により，AR 係数の符号は反転している．つまり，ここでの結果 ar.L1=0.9 は，ar=[1, -0.9] の AR(1)モデルに対応する．
- サンプル数が比較的少ないため，フィットした ARMA パラメータに（取るに足らない）オフセットが現れる．
- 複合 ARMA モデルの場合，モデルの次数は，異なる次数の ARMA モデルをフィッティングし，たとえば AIC を用いて最適なモデル次数を特定することによって決定することができる．
- モデルの正しい次数や，"定常"過程を得るために必要な微分（"ARIMA"の"I"）の数を正確に推定するには，かなりの経験が必要だ！　詳しくは，Chatfield and Xing（2019）や Shumway and Stoffer（2017）などの TSA を専門とする文献を参照されたい．

12

線形回帰モデル

　仮説検定と統計モデリングでは，アプローチに大きな違いがある．仮説検定では通常，帰無仮説から始める．質問とデータに基づいて，適切な統計的検定と望ましい有意水準を選択し，帰無仮説を受け入れるか棄却する．

　これとは対照的に，統計モデリングでは通常，データをよりインタラクティブに分析する．まずデータの目視検査から始め，相関関係や関連性を探す．この最初の検査に基づいて，データを説明できる統計モデルが選択される．簡単なケースでは，データの関係は線形モデルで説明できる．

$$y = m * x + b$$

次に，

- モデルパラメータ（ここでは，たとえば"傾き"を m，"切片"を b とする）が検出される．
- モデルの品質が評価される．
- 残差（すなわち残りの誤差）を検査し，提案されたモデルがデータの本質的な特徴を見逃していないかどうかをチェックする．

　残差が大きすぎる場合，または残差の目視検査で異常値が示されたり，別のモデルが示唆されたりする場合は，モデルを修正する．この手順は，結果が満足のいくものになるまで繰返される．

　この章では，Python で線形回帰モデルを実装して解く方法と，データ集合間の相関を定量化する方法を説明する．結果のモデルパラメータは，モデルの仮定とモデル結果の解釈と同様に議論される．**ブートストラップ**（bootstrapping）はいくつかのモデルの評価に役立つので，この章の最後のセクションでは，ブートストラップの例の

Python 実装を示す.

12・1 シンプルフィット

　線形回帰に慣れるために，このセクションでは，真のパラメータがわかっているノイズの多いデータ集合，つまり 3D のノイズの多い平面から始める（図 **12・1** と図 **12・2**）.

```python
# データの作成
np.random.seed(12345)
x = np.random.randn(100)*30
y = np.random.randn(100)*10
z = 3 + 0.4*x + 0.05*y + 10*np.random.randn(len(x))

# DataFrame に入れる
df = pd.DataFrame({'x':x, 'y':y, 'z':z})

# 見せる
fig, axs = plt.subplots(1,2)
df.plot('x', 'z', kind='scatter', ax=axs[0])
df.plot('z', 'y', kind='scatter', ax=axs[1])
```

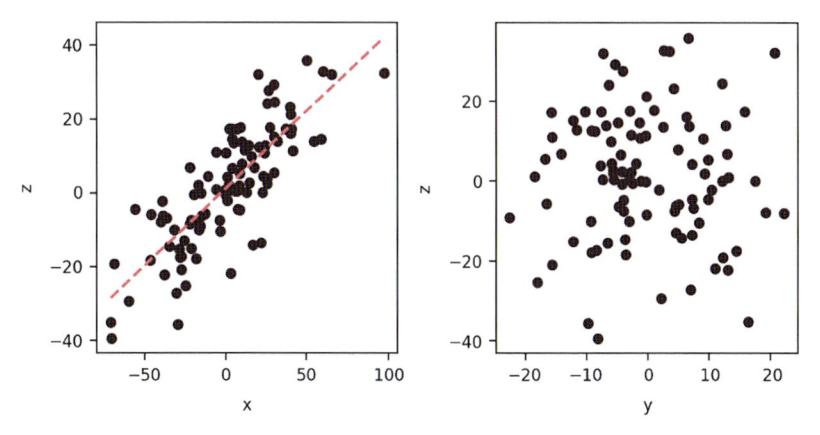

図 12・1　サンプルデータの **x/z**（"側面図"）および **y/z**（"正面図"）のプロット
左のプロットでは，データに最適な直線も示されている.

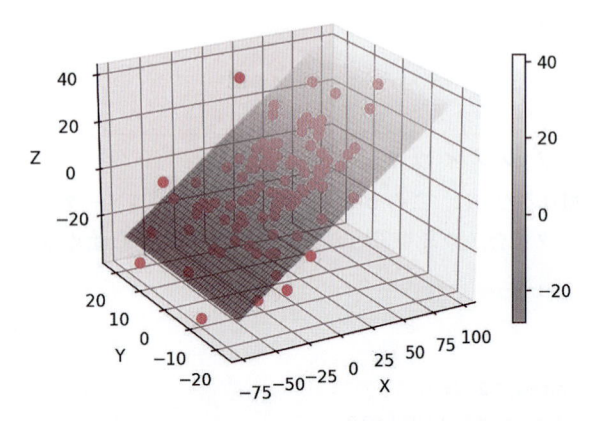

図 12・2 ***matplotlib*** で **3D** プロットを生成することはできるが，その使用は控えめにすることをお薦めする　　たいていの場合，定量的な関係は 2D 投影の方がはるかに明瞭に視覚化できる．

図 12・1（左）を目視すると，明らかな線形相関が見られるので，x/z データに次のような直線を当てはめることができる．

```
# 単純線形回帰
results = pg.linear_regression(df.x, df.z)
print(results.round(2))

#      names  coef    se      T  pval    r2  adj_r2  CI[2.5%]  CI[97.5%]
# 0  Intercept  1.27  0.96   1.33  0.19  0.65    0.65     -0.63       3.18
# 1         x  0.42  0.03  13.59  0.00  0.65    0.65      0.36       0.48

# 各パラメータへのアクセス方法を示す
print(f'p = {results.pval.values[1]:4.1e}')
# p = 2.9e-24
```

上記のコードセグメントのコメントにある出力は，次のように解釈できる．

- データに最もフィットする線は $z = 0.42 * x + 1.27$ である．
- 対応する p-val（すなわち，切片がゼロに等しい確率）が > 0.05 であるため，切片は有意ではない．これは，対応する 95% 信頼区間（95%-CI $= [-0.63, 3.18]$）がゼロと重なっていることからもわかる．
- "x" の 95% 信頼区間の両端が 0 より大きいので（95%-CI $= [0.36, 0.48]$），直線は有意に上昇している．（もし両方が 0 より小さければ，直線は有意に下降していると見なされ，もし 95%-CI が 0 に重なれば，直線は有意な傾きをもたない．）ここでも

$p < 0.05$ が反映されている.（$p < 0.001$ なので，線は非常に有意に上昇している.）

この事例では，x 変数と y 変数は互いに完全に独立しているので（ここでは両方とも単なる乱数であることがわかるが，一般的にはこれをチェックしなければならない！），pg.linear_regression を使用して，x と y に対する z の重回帰を計算することもできる（図 12・2）.

```
# 重回帰分析
results = pg.linear_regression(df[['x', 'y']], df['z'])
print(results.round(2))

#        names  coef    se      T  pval    r2  adj_r2  CI[2.5%]  CI[97.5%]
# 0  Intercept  1.28  0.96   1.33  0.19  0.65    0.65     -0.63       3.19
# 1          x  0.42  0.03  13.52  0.00  0.65    0.65      0.36       0.48
# 2          y  0.02  0.10   0.20  0.84  0.65    0.65     -0.18       0.22
```

結果の出力は，(a) 対応する p 値が 0.05 よりはるかに大きく（pval = 0.84），(b) 対応する 95%-CI = $[-0.18, 0.22]$ がゼロに重なるので，y に対する z の有意な依存性がないことを示している.

pg.linear_regression は，たとえば 99.9%-CI や重み付き線形回帰などの計算を可能にする，多くの強力なオプションで微調整できることに注意してほしい.

統計的モデリングの力をフルに発揮するために，以下のセクションでは，線形回帰分析の背景となる基本的な事項を説明する.

🐍 python™

コード: ISP_linearRegression.py[1] この節のソースコード.

12・2 計画行列と計算式

12・2・1 例1: 単純な線形回帰

七つのデータ点 $\{y_i, x_i\}$ があり，$i = 1, 2, \ldots, 7$ であるとする．単純な線形回帰モデルは，次のようになる.

$$y_i = \beta_0 + \beta_1 x_i + \epsilon_i \tag{12・1}$$

ここで β_0 は y 切片，β_1 は回帰直線の傾きである．このモデルは，次のように行列形式で表現できる.

---

1) <ISP2e>/12_LinearModels/linearRegression/ISP_linearRegression.py.

$$\begin{bmatrix} y_1 \\ y_2 \\ y_3 \\ y_4 \\ y_5 \\ y_6 \\ y_7 \end{bmatrix} = \begin{bmatrix} 1 & x_1 \\ 1 & x_2 \\ 1 & x_3 \\ 1 & x_4 \\ 1 & x_5 \\ 1 & x_6 \\ 1 & x_7 \end{bmatrix} \cdot \begin{bmatrix} \beta_0 \\ \beta_1 \end{bmatrix} + \begin{bmatrix} \epsilon_1 \\ \epsilon_2 \\ \epsilon_3 \\ \epsilon_4 \\ \epsilon_5 \\ \epsilon_6 \\ \epsilon_7 \end{bmatrix} \qquad (12 \cdot 2)$$

ここで, 右辺の行列の 1 列目の 1 は y 切片項を表し, 2 列目は x 値を含む. この行列は "計画行列" とよばれる (§ 12・3 では, Python を使って β_i についてこれらの方程式を解く方法を示している).

12・2・2 例2: 2次フィット

与えられたデータに対する 2 次フィットの方程式は次のようになる.

$$y_i = \beta_0 + \beta_1 x_i + \beta_2 x_i^2 + \epsilon_i \qquad (12 \cdot 3)$$

これは行列形式で書き直すことができる.

$$\begin{bmatrix} y_1 \\ y_2 \\ y_3 \\ y_4 \\ y_5 \\ y_6 \\ y_7 \end{bmatrix} = \begin{bmatrix} 1 & x_1 & x_1^2 \\ 1 & x_2 & x_2^2 \\ 1 & x_3 & x_3^2 \\ 1 & x_4 & x_4^2 \\ 1 & x_5 & x_5^2 \\ 1 & x_6 & x_6^2 \\ 1 & x_7 & x_7^2 \end{bmatrix} \cdot \begin{bmatrix} \beta_0 \\ \beta_1 \\ \beta_2 \end{bmatrix} + \begin{bmatrix} \epsilon_1 \\ \epsilon_2 \\ \epsilon_3 \\ \epsilon_4 \\ \epsilon_5 \\ \epsilon_6 \\ \epsilon_7 \end{bmatrix} \qquad (12 \cdot 4)$$

未知のパラメータ β_i は線形にのみ入り, 2 次成分は (既知の) データ行列に限定されることに注意. したがって, パラメータ β_i を検出するために必要なフィットは, 曲線が 2 次曲線であっても線形フィットである!

12・2・3 重回帰分析

変数が真に独立であれば, **重回帰** (multilinear regression) は, 線形単回帰の簡単な拡張である.

例として, 共変量 (すなわち, 独立変数) w_i と x_i をもつ重回帰を見てみよう. データが 7 個の観測値で, 予測される各観測値 (y_i) に対して, 同じく観測された二つの共変量 w_i と x_i があるとする. 考慮すべきモデルは, 次のとおりである.

$$y_i = \beta_0 + \beta_1 w_i + \beta_2 x_i + \epsilon_i \qquad (12 \cdot 5)$$

このモデルを行列で書くと次のようになる.

$$\begin{bmatrix} y_1 \\ y_2 \\ y_3 \\ y_4 \\ y_5 \\ y_6 \\ y_7 \end{bmatrix} = \begin{bmatrix} 1 & w_1 & x_1 \\ 1 & w_2 & x_2 \\ 1 & w_3 & x_3 \\ 1 & w_4 & x_4 \\ 1 & w_5 & x_5 \\ 1 & w_6 & x_6 \\ 1 & w_7 & x_7 \end{bmatrix} \cdot \begin{bmatrix} \beta_0 \\ \beta_1 \\ \beta_2 \end{bmatrix} + \begin{bmatrix} \epsilon_1 \\ \epsilon_2 \\ \epsilon_3 \\ \epsilon_4 \\ \epsilon_5 \\ \epsilon_6 \\ \epsilon_7 \end{bmatrix} \qquad (12 \cdot 6)$$

12・2・4 Patsy——数式言語

統計学の数式を記述するミニ言語は，R言語とS言語で最初に使用された．現在はPythonパッケージ *patsy* を通じてPythonでも使用できる.

たとえば，変数 y があり，それを別の変数 x に対して回帰したい場合，次のような構文を書けばよい.

$$y \sim x \qquad (12 \cdot 7)$$

デフォルトでは，数式言語では自動的にオフセットが仮定される． y が変数 x, a, b, および a と b の相互作用に依存するような，より複雑な状況は次のように表現できる.

$$y \sim x + a + b + a : b \qquad (12 \cdot 8)$$

この数式言語は，Wilkinson と Rogers (Wilkinson and Rogers 1973) によって導入

表12・1　数式構文の最も重要な要素

演算子	意　味
～	左辺と右辺を分離する．省略すると，数式は右辺のみであるとみなされる
＋	一方の側の項を結合する（集合の和集合）
－	左側の項の集合から右側の項を削除する（集合の差集合）
＊	$a * b$ は $a + b + a : b$ の展開の省略形である
/	a/b は，展開 $a + a : b$ の省略形である． b が a 内にネストされている場合に使用される（例: 州と郡）
:	左側と右側の項の相互作用を計算する
＊＊	左辺に項の集合，右辺に整数 n を取り，その項の集合とそれ自身との ＊ を n 回計算する

された表記法に基づいている．**表 12・1** の記号は，異なる相互作用を表すために右辺で使われている．記述の完全なセットは http://patsy.readthedocs.org で得られる．

12・2・5 計 画 行 列

a. 定　義　回帰モデルのごく一般的な定義は以下の通りである．

$$y = f(x, \epsilon) \tag{12・9}$$

線形回帰モデルの場合，モデルは次のように書き換えることができる．

$$y = \mathbf{X} \cdot \boldsymbol{\beta} + \boldsymbol{\epsilon} \tag{12・10}$$

行列 $\mathbf{X}$ は，モデルの**計画行列**（design matrix）とよばれることもある．線形回帰と重回帰の場合，対応する計画行列は，それぞれ式(12・2) と式(12・6) で与えられる．

n 個の統計単位からなるデータ集合 $\{y_i, x_{i1}, \ldots, x_{ip}\}_{i=1,\ldots,n}$ が与えられたとき，線形回帰モデルは，従属変数 y_i と p 個の回帰変数のベクトル x_i との関係が線形であると仮定する[2]．この関係は，従属変数と回帰変数の間の線形関係にノイズを加える観察されない確率変数である撹乱項または誤差変数 ε_i によってモデル化される．したがって，モデルは次のような形になる．

$$y_i = \beta_0 + \beta_1 x_{i1} + \cdots + \beta_p x_{ip} + \varepsilon_i = \beta_0 + \mathbf{x}_i^T \cdot \boldsymbol{\beta} + \varepsilon_i \qquad i = 1, \ldots, n \tag{12・11}$$

ここで ^{T} は転置を表し，$\mathbf{x}_i^T \cdot \boldsymbol{\beta}$ はベクトル $\mathbf{x}_i$ と $\boldsymbol{\beta}$ の内積である．

多くの場合，これらの n 個の方程式は積み重ねられ，ベクトル形式で次のように書かれる．

$$\mathbf{y} = \beta_0 + \mathbf{X} \cdot \boldsymbol{\beta} + \boldsymbol{\varepsilon} \tag{12・12}$$

ここで，

$$\mathbf{y} = \begin{pmatrix} y_1 \\ y_2 \\ \vdots \\ y_n \end{pmatrix}, \quad \mathbf{X} = \begin{pmatrix} \mathbf{x}_1^T \\ \mathbf{x}_2^T \\ \vdots \\ \mathbf{x}_n^T \end{pmatrix} = \begin{pmatrix} x_{11} \cdots x_{1p} \\ x_{21} \cdots x_{2p} \\ \vdots \ddots \vdots \\ x_{n1} \cdots x_{np} \end{pmatrix}, \quad \boldsymbol{\beta} = \begin{pmatrix} \beta_1 \\ \vdots \\ \beta_p \end{pmatrix}, \quad \boldsymbol{\varepsilon} = \begin{pmatrix} \varepsilon_1 \\ \varepsilon_2 \\ \vdots \\ \varepsilon_n \end{pmatrix} \tag{12・13}$$

---

2)　この節は Wikipedia から引用した．https://en.wikipedia.org/wiki/Linear_regression，最終アクセスは 2021 年 9 月 18 日．

用語と一般的な使用法に関する若干の注意:

- y_i は, 回帰変数, 内生変数, 応答変数, 測定変数, または**従属変数** (dependent variable) とよばれる. データ集合中のどの変数を従属変数としてモデル化し, どの変数を独立変数としてモデル化するかの決定は, 変数の一つの値が, 他の変数によってひき起こされるか, または他の変数によって直接影響されるという推定に基づいている場合がある. あるいは, 変数の一つを他の変数でモデル化する操作上の理由がある場合もあり, その場合は因果関係の推定は不要である.

- $\mathbf{x}_i$ は, 回帰変数, 外生変数, 説明変数, 共変量, 入力変数, 予測変数, または**独立変数** (independent variable) とよばれる. (独立変数という表現は, 従属変数とは対照的であるが, 独立確率変数と混同してはならない. "独立"とは, それらの変数が他のものに依存しないことを意味する.)

  - 通常, 回帰変数の一つとして定数が含まれる. たとえば, $i = 1, \ldots, n$ に対して $x_{i0} = 1$ とし, 式(12・12)を式(12・10)に単純化することができる. β の対応する要素は**切片** (intercept) とよばれる. 線形モデルの統計的推論手法の多くは, 切片が存在することを必要とするので, 理論的な考察からその値がゼロであるべきことが示唆されていても, 切片が含まれることが多い.

  - 多項式回帰や区分回帰のように, 回帰変数の一つが別の回帰変数の非線形関数であったり, データの非線形関数であったりすることもある. モデルは, パラメータベクトル β で線形である限り, 線形である (式12・4を参照).

- β は p 次元のパラメータベクトルである. その要素は, **効果** (effect) または**回帰係数** (regression coefficient) ともよばれる. 線形回帰での統計的推定と推測は, β に焦点を当てる.

- ε_i は, 残差, 誤差項, 撹乱項, またはノイズとよばれる. この変数は, 回帰変数 x_i 以外の従属変数 y_i に影響を与えるすべての要素を捕捉する. 誤差項と回帰変数の間の関係 (たとえば, それらが相関しているかどうか) は, 推定に使用する手法を決定するので, 線形回帰モデルを定式化する際の重要なステップである.

- 式(12・11)で $p = 1$ の場合, 式(11・4)に対応する単回帰になる. $i > 1$ の場合, 重回帰について述べる (式12・6を参照).

b. 例: 一元配置分散分析

一元配置分散分析 (セル平均モデル): この事例は, 3群と七つの観測値での一元配置分散分析 (ANOVA) を示す. 与えられたデータ集合は, 最初の三つの観測値が第1群に属し, 次の二つの観測値が第2群に属し, 最後の二つの観測値が第3群からのも

のである．適合するモデルが各グループの平均だけであれば，モデルは次のようになる．

$$y_{ij} = \mu_i + \epsilon_{ij} \qquad i = 1, 2, 3 \qquad (12 \cdot 14)$$

これは次のように書くことができる．

$$\begin{bmatrix} y_1 \\ y_2 \\ y_3 \\ y_4 \\ y_5 \\ y_6 \\ y_7 \end{bmatrix} = \begin{bmatrix} 1 & 0 & 0 \\ 1 & 0 & 0 \\ 1 & 0 & 0 \\ 0 & 1 & 0 \\ 0 & 1 & 0 \\ 0 & 0 & 1 \\ 0 & 0 & 1 \end{bmatrix} \cdot \begin{bmatrix} \mu_1 \\ \mu_2 \\ \mu_3 \end{bmatrix} + \begin{bmatrix} \epsilon_1 \\ \epsilon_2 \\ \epsilon_3 \\ \epsilon_4 \\ \epsilon_5 \\ \epsilon_6 \\ \epsilon_7 \end{bmatrix} \qquad (12 \cdot 15)$$

このモデルでは，μ_i は i 番目のグループの平均を表していることを強調しておく．

各カテゴリーの有無が 0/1 で示されるカテゴリー変数または順序変数のこのタイプのコーディングは，変数の "ダミーコーディング" または "1ホットコーディング" とよばれる．

一元配置分散分析（参照群からのオフセット）：ANOVA モデルは，各グループパラメータ τ_i が，ある全体的な参照からのオフセットであると等価に書くことができる．通常，この参照点は，考慮されるグループの一つとみなされる．これは，複数の処置群と統制群を比較するという意味があり，統制群は "参照" とみなされる．この例では，グループ 1 が参照群として選ばれた．したがって，適合されるべきモデルは，

$$y_{ij} = \mu + \tau_i + \epsilon_{ij} \qquad i = 1, 2, 3 \qquad (12 \cdot 16)$$

ただし，τ_1 がゼロであるという制約付きである．

$$\begin{bmatrix} y_1 \\ y_2 \\ y_3 \\ y_4 \\ y_5 \\ y_6 \\ y_7 \end{bmatrix} = \begin{bmatrix} 1 & 0 & 0 \\ 1 & 0 & 0 \\ 1 & 0 & 0 \\ 1 & 1 & 0 \\ 1 & 1 & 0 \\ 1 & 0 & 1 \\ 1 & 0 & 1 \end{bmatrix} \cdot \begin{bmatrix} \mu \\ \tau_2 \\ \tau_3 \end{bmatrix} + \begin{bmatrix} \epsilon_1 \\ \epsilon_2 \\ \epsilon_3 \\ \epsilon_4 \\ \epsilon_5 \\ \epsilon_6 \\ \epsilon_7 \end{bmatrix} \qquad (12 \cdot 17)$$

このモデルでは，μ は参照群の平均，τ_i は i 群と参照群との差である．τ_1 は，参照群（それ自身）との差が必然的にゼロとなるため，行列には含まれない．

12・3　Python を使った線形回帰分析

12・3・1　例1: 信頼区間を伴う直線フィット

　一変量分布の場合, 標準偏差に基づく95%信頼区間は, データの95%を含むと期待される区間を示し, 平均の標準誤差に基づく信頼区間は, 95%の確率で真の平均を含む区間を示す. 直線フィットでもこの2種類の信頼区間 (データに対する信頼区間と適合パラメータに対する信頼区間) があり, それらを図12・3に示す.

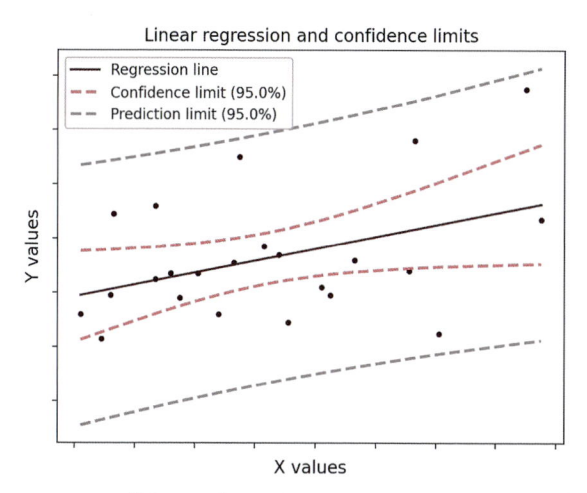

図12・3　平均と予測データの信頼区間を伴う回帰　　赤色の破線は平均の信頼区間を示し, 灰色の破線は予測データの信頼区間を示す. 対応するコードは ISP_fitLine.py にある.

　対応する方程式は式(11・4) であり, 公式構文は式(12・7) で与えられる.

🐍 python™

コード: ISP_fitLine.py[3] 線形回帰フィット, 出力は図12・3.

12・3・2　例2: ノイズのある2次多項式

　与えられたデータの集合を評価するために, どのように異なるモデルが使用できるかを見るために, 簡単な例, つまりノイズの多いわずかに2次曲線に当てはまる例を見てみよう. *numpy* に実装されているアルゴリズムから始めて, 線形, 2次, 3次曲線をデータに当てはめてみよう.

---

3)　<ISP2e>/12_LinearModels/fitLine/ISP_fitLine.py.

```
In [1]: import numpy as np
   ...: import matplotlib.pyplot as plt

In [2]: ''' ノイズの多い，わずかに 2 次関数的なデータ集合を生成する '''
   ...: x = np.arange(100)
   ...: y = 150 + 3*x + 0.03*x**2 + 5*np.random.randn(len(x))
   ...:

In [3]: # 線形，2 次，3 次方程式の計画行列を作成する
   ...: M1 = column_stack((np.ones_like(x), x))
   ...: M2 = column_stack((np.ones_like(x), x, x**2))
   ...: M3 = column_stack((np.ones_like(x), x, x**2, x**3))
   ...:
   ...: # 統計モデルによる同等の代替解は
        # 次のようになる
   ...: # M1 = sm.add_constant(x)
   ...:

In [4]: # 方程式を解く
   ...: p1 = np.linalg.lstsq(M1, y)
   ...: p2 = np.linalg.lstsq(M2, y)
   ...: p3 = np.linalg.lstsq(M3, y)
   ...:

In [5]: np.set_printoptions(precision=3)

In [6]: print(f'Coefficients from the linear fit: {p1[0]}'
Coefficients from the linear fit:
[ 100.42     5.98]

In [7]: print(f'Coefficients from the quadratic fit: {p2[0]}'
Coefficients from the quadratic fit:
[  1.48e+02    3.10e+00    2.91e-02]

In [8]: print(f'Coefficients from the cubic fit: {p3[0]}')
Coefficients from the cubic fit:
[  1.47e+02    3.12e+00    2.84e-02    4.81e-06]
```

　この単純な解析解法を使えば，線形，2次，3次モデルの適合係数（式12・11のβ_i）を求めることができる．図12・4でわかるように，2次関数と3次関数の適合度はどちらも非常によく，本質的に区別がつかない．

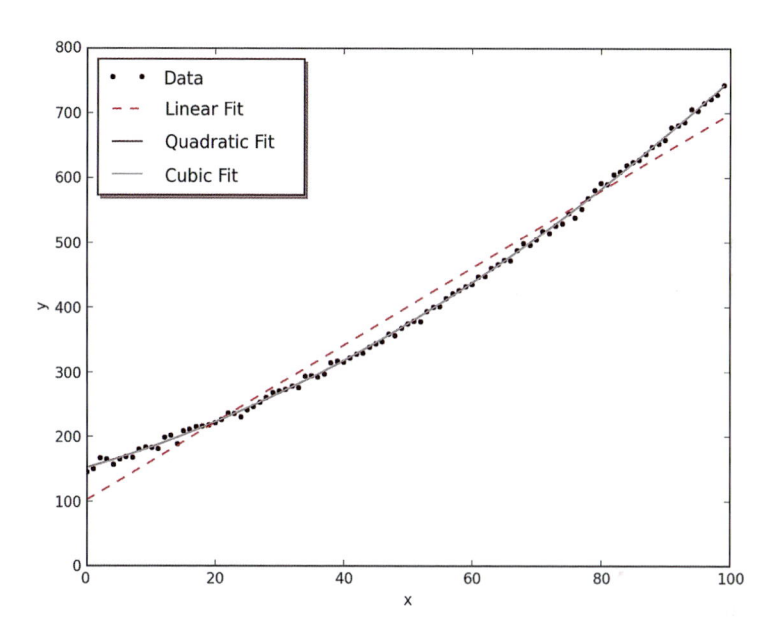

図12・4　ノイズの多い，わずかに2次関数的なデータ集合に，線形，2次関数，3次関数のフィットを重ねたもの　　2次曲線と3次曲線はほとんど同じである．

　どちらが"より良い"適合であるかを調べたい場合は，*statsmodels* が提供するツールを使ってモデルを再度適合させることができる．*statsmodels* を使うと，ベストフィットのパラメータだけでなく，モデルに関する豊富な追加情報が得られる．

```
In [9]: '''statsmodels のツールを使った解決策 '''
   ...: import statsmodels.api as sm
   ...:
   ...: Res1 = sm.OLS(y, M1).fit()
   ...: Res2 = sm.OLS(y, M2).fit()
   ...: Res3 = sm.OLS(y, M3).fit()


 In [10]: print(Res1.summary2())
```

```
              Results: Ordinary least squares
==================================================================
Model:              OLS          Adj. R-squared:      0.983
Dependent Variable: y            AIC:                 909.6344
Date:               2015-06-27 13:50 BIC:             914.8447
No. Observations:   100          Log-Likelihood:      -452.82
Df Model:           1            F-statistic:         5818.
Df Residuals:       98           Prob (F-statistic):  4.46e-89
R-squared:          0.983        Scale:               512.18
------------------------------------------------------------------
          Coef.    Std.Err.      t      P>|t|    [0.025    0.975]
------------------------------------------------------------------
const   100.4163   4.4925    22.3519   0.0000   91.5010  109.3316
x1        5.9802   0.0784    76.2769   0.0000    5.8246    6.1358
------------------------------------------------------------------
Omnibus:               10.925     Durbin-Watson:        0.131
Prob(Omnibus):          0.004     Jarque-Bera (JB):     6.718
Skew:                   0.476     Prob(JB):             0.035
Kurtosis:               2.160     Condition No.:        114
==================================================================

In [11]: print(f'The AIC-value is {Res1.aic:4.1f} for the
    linear fit,\n' +\
    ...: f'{Res2.aic:4.1f} for the quadratic fit, and \n' +\
    ...: f'{Res3.aic:4.1f} for the cubic fit')

    The AIC-value is 909.8 for the linear fit,
    578.7 for the quadratic fit, and
    580.2 for the cubic fit
```

　次のセクションでは，これらのパラメータの意味を詳しく説明する．ここでは，モデルの品質を評価するために使用できる**AIC値**（赤池情報量規準，Akaike Information Criterion）について説明したい．2次モデルが最も低い AIC 値をもち，したがって最良のモデルであることがわかる．これは3次モデルと同じフィット品質を提供するが，その品質を達成するために使用するパラメータはより少ない．

　次の例に進む前に，計画行列を手動で生成することなく，数式言語を使って同じフィットを実行する方法と，モデルパラメータ，標準誤差，信頼区間などを抽出する方法を紹介する．*pandas* の DataFrame を使用することで，Python が個々のパラメータに関する情報を追加できることに注意してほしい．

```
In [14]: ''' 数式ベースのモデリング '''
    ...: import pandas as pd
    ...: import statsmodels.formula.api as smf
    ...:
    ...: # データを pandas の DataFrame に変換し,
    ...: # 数式で名前を指定できるようにする
    ...: df = pd.DataFrame({'x':x, 'y':y})
    ...:
    ...: # モデルをフィットさせ, 結果を示す
    ...: Res1F = smf.ols('y~x', df).fit()
    ...: Res2F = smf.ols('y ~ x+I(x**2)', df).fit()
    ...: Res3F = smf.ols('y ~ x+I(x**2)+I(x**3)', df).fit()

In [15]: Res2F.params   # 2次フィットのパラメータなどを表示する
Out[15]:
        Intercept      148.022539
        x                3.043490
        I(x ** 2)        0.029454
        dtype: float64

In [16]: Res2F.bse      # 標準誤差
Out[16]:
        Intercept      1.473074
        x              0.068770
        I(x ** 2)      0.000672
        dtype: float64

In [17]: Res2F.conf_int()      # 95%-CI
Out[17]:
                              0                1
        Intercept    145.098896    150.946182
        x              2.907001      3.179978
        I(x ** 2)      0.028119      0.030788
```

コード: ISP_modelImplementations.py[4] Python で線形回帰モデルを解く三つ
の方法.

12・4　線形回帰モデルのモデル結果

　図 12・4 のような線形回帰モデルの出力は，最初はとっつきにくいかもしれない．この種の出力を理解することは，より複雑なモデルへの価値あるステップなので，以下では簡単な例を示し，出力を順を追って説明する．ここで，Python を使って線形回帰の適合度を調べることにする．つまり，決定係数 (R^2)，仮説検定 (F，T，オムニバス)，その他の測定値について調べる[5]．

12・4・1　例: 英国におけるタバコとアルコール

　まず，DASL ライブラリ (https://dasl.datadescription.com/datafile/tobacco-and-alcohol) から，英国の各地域におけるタバコとアルコールの購入の相関関係に関する小さなデータ集合を見てみよう．このデータ集合の興味深い特徴は，北アイルランドが異常値として報告されていることである．それにもかかわらず，このデータ集合を使って，線形回帰を計算するための二つのツールについて説明する．線形回帰の計算には *statsmodels* モジュールと *sklearn* モジュールを交互に使用し，データ管理には *pandas*，プロットには *matplotlib* を使用する．はじめに，モジュールをインポートし，データを Python に取込んで，それらを見てみよう (図 12・5)．

```
In [1]: import numpy as np
   ...: import pandas as pd
   ...: import matplotlib as mpl
   ...: import matplotlib.pyplot as plt
   ...: import statsmodels.formula.api as sm
   ...: from sklearn.linear_model import LinearRegression
   ...: from scipy import stats
   ...:

In [2]: data_str = '''Region Alcohol Tobacco
   ...: North 6.47 4.03
   ...: Yorkshire 6.13 3.76
   ...: Northeast 6.19 3.77
   ...: East_Midlands 4.89 3.34
   ...: West_Midlands 5.63 3.47
   ...: East_Anglia 4.52 2.92
   ...: Southeast 5.89 3.20
```

---

5) 以下は著者の許可を得て Connor Johnson 氏のブログ (http://connor-johnson.com/2014/02/18/linear-regression-with-python/) をもとに作成した．

```
...: Southwest 4.79 2.71
...: Wales 5.27 3.53
...: Scotland 6.08 4.51
...: Northern_Ireland 4.02 4.56'''
...:
...: from io import StringIO
...: df = pd.read_csv(StringIO(data_str),
                     delim_whitespace=True)
...:

In [3]: # データをプロットする
...: df.plot('Tobacco', 'Alcohol', style='o')
...: plt.ylabel('Alcohol')
...: plt.title('Sales in Several UK Regions')
...: plt.show()
...:
```

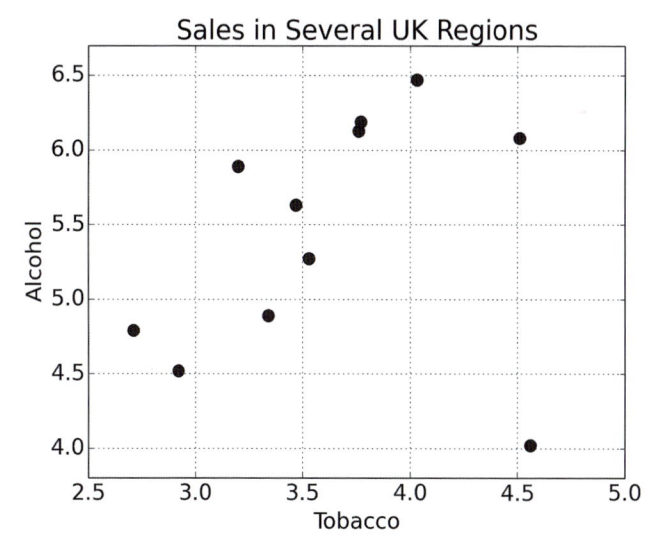

図 12・5 英国におけるアルコールとタバコの売上高　　直線的な
傾向と，北アイルランドの異常値があることがわかる.

外れ値（これは最後のデータポイントである）をひとまず除外してモデルを当ては
めるのは，非常に簡単である.

```
In [4]: result = sm.ols('Alcohol ~ Tobacco', df[:-1]).fit()
   ...: print(result.summary())
   ...:
```

statsmodels の formula.api モジュールを使うと，切片が自動的に追加されること
に注意してほしい．これで次のようになる．

```
                            OLS Regression Results
==============================================================================
Dep. Variable:              Alcohol   R-squared:                       0.615
Model:                          OLS   Adj. R-squared:                  0.567
Method:               Least Squares   F-statistic:                     12.78
Date:              Sun, 27 Apr 2014   Prob (F-statistic):            0.00723
Time:                      13:19:51   Log-Likelihood:                -4.9998
No. Observations:                10   AIC:                             14.00
Df Residuals:                     8   BIC:                             14.60
Df Model:                         1
==============================================================================
                 coef    std err          t      P>|t|      [95.0% Conf. Int.]
------------------------------------------------------------------------------
Intercept      2.0412      1.001      2.038      0.076      -0.268      4.350
Tobacco        1.0059      0.281      3.576      0.007       0.357      1.655
==============================================================================
Omnibus:                      2.542   Durbin-Watson:                   1.975
Prob(Omnibus):                0.281   Jarque-Bera (JB):                0.904
Skew:                        -0.014   Prob(JB):                        0.636
Kurtosis:                     1.527   Cond. No.                         27.2
==============================================================================
```

　さて，これでとてもわかりやすい数字の表ができあがった．一見すると，かなり難
しそうに見えるそれぞれの数字の意味を説明するために，一つ一つ見ていくことにし
よう．

　サマリーに記載されている値のほとんどは，result オブジェクトを介して利用可
能である．たとえば，R^2 値は result.rsquared で取得できる．IPython を使用して
いる場合は，result. と入力して TAB キーを押すと，result オブジェクトのすべ
ての属性のリストが表示される．

12・4・2　モデルの特徴

a. 自　由　度　　OLS 回帰結果は，三つのブロックで構成されている．最初のブ
ロックには，モデルの特徴を含まれている．最初の表の左の列は，ほとんど自明で

ある．モデルの自由度（*Df*）は，予測変数または説明変数の数である．残差の *Df* は，観測値の数からモデルの自由度を引いたものから 1（オフセット）を引いたものである．

　二乗和変数 SS_{xx} はすでに §11・3 で定義されている．n は観測値の数で，k は回帰パラメータの数である．たとえば，直線をあてはめる場合，$k = 2$ である．そして，上述（§11・3）と同様，$\hat{y}_i$ は適合したモデル値を示し，$\bar{y}$ は平均を示す．これらに加えて，以下の変数が使用される．

- $DF_{\mathrm{mod}} = k - 1$ は，（補正された）モデルの自由度である（"-1" は，データの絶対オフセットには関心がなく，相関関係にしか興味がないことに由来する）．
- $DF_{\mathrm{res}} = n - k$ は自由度の残差である．
- $DF_{\mathrm{tot}} = n - 1$ は（補正された）全自由度である．水平線回帰は帰無仮説モデルである．

　切片をもつ重回帰モデルの場合，$DF_{\mathrm{mod}} + DF_{\mathrm{res}} = DF_{\mathrm{tot}}$ である．

- $MS_{\mathrm{mod}} = SS_{\mathrm{mod}}/DF_{\mathrm{mod}}$：モデルの二乗平均
- $MS_{\mathrm{res}} = SS_{\mathrm{res}}/DF_{\mathrm{res}}$：残差の平均二乗．$MS_{\mathrm{res}}$ は，重回帰モデルの σ^2 の不偏推定値である．
- $MS_{\mathrm{tot}} = SS_{\mathrm{tot}}/DF_{\mathrm{tot}}$：y 変数の標本分散である二乗平均の合計．

b. R^2 値　　§11・3 ですでに見たように，R^2 値は，x 変数の変動に起因する y 変数の変動の割合を示す．単純線形回帰では，R^2 値は標本相関 r_{xy} の二乗である．切片を伴う重回帰（これは単純線形回帰を含む）の場合，R^2 値は次式で定義される．

$$R^2 = \frac{SS_{\mathrm{mod}}}{SS_{\mathrm{tot}}} \qquad (12 \cdot 18)$$

c. $\bar{R}^2$——調整済み R^2 値　　モデルの質を評価するために，多くの研究者は，一般的に $\bar{R}$ の上のバーで示される調整済み R^2 値を好む．これはモデル内のパラメータの数が多いとペナルティが課せられる．

　$R^2 = 1 - SS_{\mathrm{res}}/SS_{\mathrm{tot}}$ または $1 - R^2 = SS_{\mathrm{res}}/SS_{\mathrm{tot}}$ として定義される．回帰パラメータの数 p を考慮に入れるために，調整済み R^2 値を次式で定義する．

$$1 - \bar{R}^2 = \frac{残差分散}{全分散} \qquad (12 \cdot 19)$$

ここで，（標本の）残差分散は，$SS_{\text{res}}/DF_{\text{res}} = SS_{\text{res}}/(n-k)$によって推定され，（標本の）全分散は，$SS_{\text{tot}}/DF_{\text{tot}} = SS_{\text{tot}}/(n-1)$によって推定される．したがって，

$$1 - \bar{R}^2 = \frac{SS_{\text{res}}/(n-k)}{SS_{\text{tot}}/(n-1)} = \frac{SS_{\text{res}}}{SS_{\text{tot}}}\frac{n-1}{n-k} \tag{12 \cdot 20}$$

$$\bar{R}^2 = 1 - \frac{SS_{\text{res}}}{SS_{\text{tot}}}\frac{n-1}{n-k} = 1 - (1-R^2)\frac{n-1}{n-k} \tag{12 \cdot 21}$$

d. F 検 定　　切片をもつ重回帰モデルの場合，

$$\begin{aligned} Y_j &= \alpha + \beta_1 X_{1j} + \ldots + \beta_n X_{nj} + \epsilon_i \\ &= \alpha + \sum_{i=1}^{n} \beta_i X_{ij} + \epsilon_j \\ &= E(Y_j|X) + \epsilon_j \end{aligned} \tag{12 \cdot 22}$$

最後の行の$E(Y_j|X)$は，"X が与えられたときの Y の期待値"を示す．次の帰無仮説と対立仮説を検定する．

$H_0: \beta_1 = \beta_2 = \ldots = \beta_n = 0$

$H_1: \beta_j \neq 0$（少なくとも一つの j の値について）

この検定は，**回帰の総合 F 検定**（overall F-test for regression）として知られている．

もし $t_1,\ t_2,\ \ldots,\ t_m$，$N(0,\sigma^2)$ が独立な $N(0,\sigma^2)$ 個の確率変数であるとすると，$\sum_{i=1}^{m}\frac{t_i^2}{\sigma^2}$ は，自由度 m のカイ二乗確率変数である．H_0 が真で，残差が不偏で，等分散的（すなわち，すべての関数値が同じ分散をもつ）で，独立で，正規（§12・5参照）であるならば，次のことが示される．

1. SS_{res}/σ^2 は自由度 DF_{res} のカイ二乗分布である．
2. SS_{mod}/σ^2 は自由度 DF_{mod} のカイ二乗分布である．
3. SS_{res} と SS_{mod} は独立した確率変数である．

　u を自由度 n のカイ二乗確率変数，v を自由度 m のカイ二乗確率変数とし，u と v が独立であれば，$F = \frac{u/n}{v/m}$ となり，(n,m) の自由度をもつ F 分布となる．

　H_0 が真ならば，

$$F = \frac{(SS_{\text{mod}}/\sigma^2)/DF_{\text{mod}}}{(SS_{\text{res}}/\sigma^2)/DF_{\text{res}}} = \frac{SS_{\text{mod}}/DF_{\text{mod}}}{SS_{\text{res}}/DF_{\text{res}}} = \frac{MS_{\text{mod}}}{MS_{\text{res}}} \tag{12 \cdot 23}$$

は，自由度 $(DF_{\text{mod}}, DF_{\text{res}})$ の F 分布をもち，σ に依存しない．

これを Python で直接検定するには，

```
In [5]: N = result.nobs
   ...: k = result.df_model+1
   ...: dfm, dfe = k-1, N - k
   ...: F = result.mse_model / result.mse_resid
   ...: p = 1.0 - stats.f.cdf(F,dfm,dfe)
   ...: print(f'F-statistic: {F:.3f}, p-value: {p:.5f}')
   ...:
   F-statistic: 12.785, p-value: 0.00723
```

これは，上記のモデルサマリーの値に対応する．

ここで，stats.f.cdf(F, m, n)は，形状パラメータm = k-1 = 1, n=N-k = 8 の F 統計量 F までの F 分布の累積和を返す．この量を 1 から引くと，末尾の確率が得られ，これは観測された F 統計量よりも極端な F 統計量を観測する確率を表す．

e. 対数尤度関数　統計学において非常に一般的なアプローチは，最尤推定という考え方である．基本的な考え方は，OLS（最小二乗法）アプローチとはまったく異なる．最小二乗法では，モデルは一定で，応答の誤差は可変である．対照的に，最尤アプローチでは，データの応答値は一定とみなされ，モデルの尤度が最大化される（最尤推定のコンセプトは，Duda *et al.*, 2004 で非常によく説明されている）．

（正規誤差をもつ）古典的な線形回帰モデルについては，次式が成り立つ．

$$\epsilon = y_i - \sum_{k=1}^{n} \beta_k x_{ik} = y_i - \hat{y}_i \in N(0, \sigma) \tag{12・24}$$

したがって，確率密度は次式で与えられる．

$$p(\epsilon_i) = \Phi\left(\frac{y_i - \hat{y}_i}{\sigma}\right) \tag{12・25}$$

ここで $\Phi(z)$ は標準正規確率分布関数である．独立サンプルの確率は，個々の確率の積である．

$$\prod_{total} = \prod_{i=1}^{n} p(\epsilon_i) \tag{12・26}$$

対数尤度関数（log likelihood function）は次のように定義される.

$$\ln(\mathcal{L}) = \ln(\textstyle\prod_{total})$$

$$= \ln\left[\prod_{i=1}^{n} \frac{1}{\sigma\sqrt{2\pi}} \exp\left(-\frac{(y_i - \hat{y}_i)^2}{2\sigma^2}\right)\right]$$

$$= \sum_{i=1}^{n}\left[\ln\left(\frac{1}{\sigma\sqrt{2\pi}}\right) - \left(\frac{(y_i - \hat{y}_i)^2}{2\sigma^2}\right)\right]$$

σ^2 の最尤推定量は次のようになる.

$$E(\sigma^2) = \frac{SS_{\text{res}}}{n} \tag{12·27}$$

これを Python で計算すると以下のようになる.

```
In [6]: N = result.nobs
   ...: SSR = result.ssr
   ...: sigma2 = SSR / N
   ...: L = (1.0/np.sqrt(2*np.pi*sigma2))**N * np.exp(-SSR
       /(2*sigma2))
   ...: print('ln(L) =', np.log( L ))
   ...:
ln(L) = -4.9998
```

これもまたモデルのサマリーと一致する.

f. 統計モデルの情報量——AIC と BIC　　　モデルの質を判断するには，まず残差を視覚的に検査する必要がある．さらに，統計モデルの品質を評価するために，多くの数値基準を用いることもできる．これらの基準は，モデルの精度と倹約性のバランスをとるためのさまざまなアプローチを表す.

これは R^2 値とは対照的に，モデル内の回帰因子が多すぎると減少する.

他のよく使われる基準は，赤池情報量規準（AIC）とシュワルツ情報量規準または**ベイズ情報量規準**（Bayesian information criterion, BIC）で，これらは前のセクションで説明した対数尤度に基づいている．どちらの基準もモデルの複雑さに対するペナルティを導入するが，AIC は BIC よりも複雑さに対するペナルティが軽い．赤池情報

量規準（AIC）は次式で与えられる.

$$AIC = 2 * k - 2 * \ln(\mathcal{L}) \tag{12・28}$$

シュワルツ情報量規準またはベイズ情報量規準（BIC）は次のようになる.

$$BIC = k * \ln(N) - 2 * \ln(\mathcal{L}) \tag{12・29}$$

ここで, N は観測値の数, k はパラメータの数, $\mathcal{L}$ は尤度である. この例では, 傾きと切片の二つのパラメータがある. AIC は, 異なるモデル間の情報損失の相対推定である. BIC は, 当初ベイズの議論を使って提案されたもので, 情報の考え方とは関係ない. 両方の尺度は, 異なるモデルの間で決定しようとするときにのみ使用される. したがって, タバコの売上に基づくアルコール売上に関する回帰と, タバコの売上とライターの売上を組み込んだアルコール消費に関する別のモデルがある場合, AIC または BIC 値がより低いモデルを選ぶべきである.

12・4・3　モデルの係数とその解釈

§12・4・2のモデルサマリーの2番目のブロックには, モデル係数とその解釈が記載されている.

a. 係　　数　　線形回帰の係数または重みは result.params に含まれ, *pandas* Series オブジェクトとして返される. これは, 係数が便宜上命名されているためである.

```
In [7]: result.params
Out[7]:
Intercept    2.0412
Tobacco      1.0059
dtype: float64
```

これを直接求めるには, 次のように計算する.

$$\beta = (\mathbf{X}^T \cdot \mathbf{X})^{-1} \mathbf{X}^T \cdot \mathbf{y} \tag{12・30}$$

ここで, $\mathbf{X}$ は計画行列, すなわち, 予測変数を列とする行列で, 定数項を表す1の列が追加されている. $\mathbf{y}$ は応答変数の列ベクトル, β は $\mathbf{X}$ の列に対応する係数の列ベクトルである. Python では次のようになる.

```
In [8]: df['Ones'] = np.ones( len(df) )
   ...: Y = df.Alcohol[:-1]
   ...: X = df[['Tobacco','Ones']][:-1]
   ...:
```

注: 指数の "-1" は, 最後のデータ点, すなわち異常値である北アイルランドを除
外したものである.

b. 標 準 誤 差　　係数の標準誤差 (standard errors of the coefficient) を得るため
に, 予測変数の推定係数 β の**共分散分散行列** (covariance-variance matrix, **共分散行
列** covariance matrix ともいう) を, 次式で計算する.

$$C = cov(\beta) = \sigma^2 (\mathbf{X}^T \cdot \mathbf{X})^{-1} \qquad (12 \cdot 31)$$

ここで, σ^2 は分散, つまり残差の平均二乗誤差である. 標準誤差は, この共分散行
列の主対角上の要素の平方根である. 次の Python コードを用いて, 上記の操作を実
行し, 要素ごとの平方根を計算することができる,

```
In [9]: X = df.Tobacco[:-1]
   ...:
   ...: # 定数切片項に1の列を
       追加する
   ...: X = column_stack( (np.ones_like(X), X) )
   ...:
   ...: # 行列の乗算を実行する
   ...: # そして逆数を取る
   ...: C = np.linalg.inv(X.T @ X)
   ...:
   ...: # 残差の平均二乗誤差を掛ける
   ...: C *= result.mse_resid
   ...:
   ...: # 平方根をとる
   ...: SE = np.sqrt(C)
   ...:
   ...: print(SE)
   ...:
[[ 1.00136021        nan]
 [       nan  0.28132158]]
```

c. t 統 計 量　　任意の予測変数の係数が 0 であるという帰無仮説を検定するために t 検定を使用し，これは任意の予測変数が応答変数に顕著な影響を与えないことを意味する．対立仮説は，予測変数が応答に寄与するというものである．検定では，あるしきい値，$\alpha = 0.05$ または 0.001 を設定して，対応する t 値 "T" を計算し，もし $\Pr(T \geq |t|) < \alpha$ なら，しきい値 α で帰無仮説を棄却し，そうでなければ帰無仮説を棄却しない．一般に t 検定は，モデルの残差がゼロについて正規分布していると仮定して，異なる予測変数の重要性を評価することを可能にする．残差がこのように振舞わない場合，それは変数間にいくらかの非直線性があることを示唆し，個々の予測変数の重要性を評価するためにその t 検定を使用すべきではないことを示唆する．さらに，残差がゼロについて正規にクラスター化する傾向があるように，モデルを修正することを試みるのが最善かもしれない．

　t 統計量は，目的の予測変数の係数（または因子）とその対応する標準誤差の比によって与えられる．β が予測変数の係数または因子のベクトルで，SE が標準誤差であるなら，t 統計量は次式で与えられる

$$t_i = \beta_i / SE_{i,i} \tag{12・32}$$

　つまり，この例では勾配に相当する最初のファクターについては，次のようなコードになる．

```
In [10]: i = 1
    ...: beta = result.params[i]
    ...: se = SE[i,i]
    ...: t = beta / se
    ...: print(f't = {t:.3f}')
    ...:
t = 3.575
```

　t 統計量が得られたら，誤差の正規性についての仮定が与えられている場合，すでに観察した統計量と少なくとも同じくらい極端な統計量を観測する確率を，次のコードを使って計算することができる．

```
In [11]: N = result.nobs
    ...: k = result.df_model + 1
    ...: dof = N - k
    ...: p_onesided = stats.t(dof).sf(t)
    ...: p = p_onesided * 2.0
```

```
    ...: print(f'p = {p:.3f}')
    ...:
p = 0.007
```

　ここで, dof は自由度であり, 観測値の数 N からパラメータの数 2 を引いた 8 になる. CDF は, PDF の累積和である. t 統計量 t を超える右側の尾の下の領域に興味があるので, その統計量の生存関数を計算する. そして, 両側確率を得るために, この尾の確率を 2 倍する.

d. 信 頼 区 間　　信頼区間は, 標準誤差, t 検定からの p 値, および $N - k$ の自由度をもつ t 検定からの臨界値を用いて構築される. ここで, k は観測値の数, P はモデルパラメータの数, すなわち予測変数の数である. 信頼区間は, 観測結果に基づいて, 目的のパラメータを見つけることが期待される値の範囲である. 予測変数係数と定数項の信頼区間があることに注意していただきたい. 信頼区間が小さいほど, 推定係数または定数項の値に自信があることを示唆する. より大きな信頼区間は, 推定項により不確実性または分散があることを示唆する. 繰返すが, 仮説検定は一つの視点にすぎない. さらに, 仮説検定は 19 世紀後半から 20 世紀初頭に開発された視点で, 当時はデータ集合が一般的に小さく, 収集にコストがかかり, データ科学者が対数表を算術に使っていた時代である.

　信頼区間は次のように与えられる.

$$CI = \beta_i \pm z * SE_{i,i} \qquad (12 \cdot 33)$$

　ここで, β_i は推定係数の一つ, z は臨界値で, α 有意水準より小さい確率を得るために必要な t 統計量, $SE_{i,i}$ は標準誤差である. 臨界値は, 累積分布関数の逆関数を用いて計算される. コードでは, t 分布を用いた信頼区間は次のようになる

```
In [12]: i = 0
    ...:
    ...: # 推定係数とその分散
    ...: beta, c = result.params[i], SE[i,i]
    ...:
    ...: # t統計量の臨界値
    ...: N = result.nobs
    ...: P = result.df_model
    ...: dof = N - P - 1
    ...: z = stats.t( dof ).ppf(0.975)
```

```
    ...:
    ...: # 信頼区間
    ...: print(beta - z * c, beta + z * c)
    ...:
-0.2679 4.3504
```

12・4・4 残 差 分 析

p.258 のモデルサマリーの 3 番目のブロックには，残差を特徴づけるパラメータが含まれている．それらが明らかに正規分布から外れている場合，モデルはデータの本質的な要素を見逃している可能性が高い．

statsmodels.formula.api の OLS コマンドは，モデルの残差に関するいくつかの追加情報を提供する．Omnibus, Skewness, Kurtosis, Durbin Watson, Jarque-era, Condition number である．以下では，これらのパラメータについて簡単に説明する．

a. 歪 度 と 尖 度　　歪度と尖度は分布の形状を意味する（§6・1・3参照）．**歪度** (skewness) は分布の非対称性の尺度である．そして**尖度** (kurtosis) は，その曲率，具体的には曲線がどれだけ尖っているかの尺度であり，正規分布のデータではおよそ 3 である．これらの値は次式で定義される

$$S = \frac{\hat{\mu}_3}{\hat{\sigma}^3} = \frac{\dfrac{1}{N}\sum_{i=1}^{N}(y_i - \hat{y}_i)^3}{\left(\dfrac{1}{N}\sum_{i=1}^{N}(y_i - \hat{y}_i)^2\right)^{3/2}} \tag{12・34a}$$

$$K = \frac{\hat{\mu}_4}{\hat{\sigma}^4} = \frac{\dfrac{1}{N}\sum_{i=1}^{N}(y_i - \hat{y}_i)^4}{\left(\dfrac{1}{N}\sum_{i=1}^{N}(y_i - \hat{y}_i)^2\right)^{2}} \tag{12・34b}$$

ご覧のように，$\hat{\mu}_3$ と $\hat{\mu}_4$ は分布の 3 番目と 4 番目の中心モーメントである．過剰尖度は，正規分布の値がゼロに等しくなるように，$K - 3$ と定義される．

Python の実装としては，次のようなものが考えられる．

```
In [13]: d = Y - result.fittedvalues
    ...:
    ...: S = np.mean( d**3.0 ) / np.mean( d**2.0 )**(3.0/2.0)
```

```
    ...: # S = stats.skew(result.resid, bias=True)
    ...: # に相当
    ...:
    ...: K = np.mean( d**4.0 ) / np.mean( d**2.0 )**(4.0/2.0)
    ...: # K = stats.kurtosis(result.resid, fisher=False,
    ...: #                              bias=True)
    ...: # に相当
    ...: print(f'Skewness: {S:.3f}, Kurtosis: {K:.3f}')
    ...:
Skewness: -0.014,  Kurtosis:  1.527
```

b. オムニバス検定　　オムニバス検定 (Omnibus test) は，分布が正規分布であるという帰無仮説を検定するために，歪度と尖度を用いる．この場合，残差の分布を調べる．$P(Omnibus)$ がとても小さい場合，残差はゼロについて正規分布しておらず，モデルをより詳しく調べる必要がある．*statsmodels* OLS 関数は，stats. normaltest() 関数を使用する．

```
In [14]: (K2, p) = stats.normaltest(result.resid)
    ...: print(f'Omnibus: {K2:.3f}, p = {p:.3f}')
    ...:
Omnibus: 2.542, p = 0.281
```

　したがって，歪度か尖度のいずれかが非正規性を示唆していれば，このテストはそれを検出するはずである．

c. ダービン・ワトソン検定　　ダービン・ワトソン検定 (Durbin–Watson test) は，残差の自己相関（与えられたタイムラグによって互いに分離された値間の関係）の存在を検出するために使用される．ここでラグは1である．

$$DW = \frac{\sum_{i=2}^{N}((y_i - \hat{y}_i) - (y_{i-1} - \hat{y}_{i-1}))^2}{\sum_{i=1}^{N}(y_i - \hat{y}_i)^2} \qquad (12 \cdot 35)$$

```
In [15]: DW = np.sum( np.diff( result.resid.values )**2.0 ) \
    ...:          / result.ssr
    ...: print(f'Durbin-Watson: {DW:.3f}')
    ...:
Durbin-Watson: 1.975
```

d. ジャルク・ベラ検定　　ジャルク・ベラ検定 (Jarque–Bera test) は，歪度 (S) と尖度 (K) を考慮するもう一つの検定である．帰無仮説は，分布が正規分布であり，歪度と過剰尖度が両方とも0に等しいというものだ．残念なことに，小さな標本では，ジャルク・ベラ検定は，帰無仮説（分布が正規である）を棄却しやすい．

$$JB = \frac{N}{6}\left(S^2 + \frac{1}{4}(K-3)^2\right) \qquad (12・36)$$

　自由度2のカイ二乗分布を使ってジャルク・ベラ統計量を計算すると次のようになる．

```
In [16]: JB = (N/6.0) * (S**2.0 + (1.0/4.0)*( K - 3.0 )**2.0)
    ...: p = stats.chi2(2).sf(JB)
    ...: print(f'JB-statistic: {JB:.3f},  p-value: {p:.3f}')
    ...:
JB-statistic: 0.904,  p-value: 0.636
```

e. 条 件 数　　条件数 (condition number) は，入力に対する関数の出力の感度を測定する．二つの予測変数が高度に相関しているとき，これは**多重共線性** (multicollinearity) とよばれ，それらの予測変数の係数または因子は，データまたはモデルの小さな変化に対して不規則に変動することがある．理想的には，類似したモデルは類似している，すなわち，係数がほぼ等しい．多重共線性は，数値行列の逆行列がくずれたり，不正確な結果をもたらすことがある（Kaplan 2009 参照）．回帰におけるこの問題に対する一つのアプローチは，Python の *sklearn* パッケージで利用可能な**リッジ回帰** (ridge regression) の手法である．

　予測変数の積の固有値（1の定数ベクトルを含む）を取り，最小固有値に対する最大固有値の比の平方根を取ることによって，条件数を計算する．条件数が30より大きい場合，その回帰は多重共線性があるかもしれない．

```
In [17]: EV = np.linalg.eig( X * X.T )
    ...: print(EV)
    ...:
(array([   0.1841,  136.5153]),
 array([[-0.9633, -0.2683],
        [ 0.2683, -0.9633]]))
```

$X.T * X$ は，$(P+1) \times (P+1)$ であることに注意．ここで P はモデルの自由度（予測変数の数）であり，$+1$ は切片項のための 1 の定数ベクトルの追加を表す．この場合，積は 2×2 の行列でなければならないので，二つの固有値をもつことになる．そして，条件数は次式で与えられる

```
In [18]: CN = np.sqrt( EV[0].max() / EV[0].min() )
    ...: print(f'Condition No.: {CN:.3f}')
    ...:
Condition No.: 27.229
```

条件数は 30 弱（弱い！）だから，まあまあ眠れる．

12・4・5　外れ値を含むモデルとの比較

妥当な程度の直線性をもつ線形回帰の例を見てきたので，これを（そして p.258 の対応するモデルの結果を）有意な外れ値のある例と比較してみよう．実際，外れ値は，非常に重要であることが判明するかもしれないので，捨てられる前に理解されるべきである．なぜなら，外れ値は非常に重要であることが判明するかもしれないからである．

```
In [19]: X = df[['Tobacco','Ones']]
    ...: Y = df.Alcohol
    ...: result = sm.OLS( Y, X ).fit()
    ...: result.summary()
    ...:

                        OLS Regression Results
==============================================================================
Dep. Variable:              Alcohol   R-squared:                       0.050
Model:                          OLS   Adj. R-squared:                 -0.056
Method:               Least Squares   F-statistic:                    0.4735
Date:              Sun, 27 Apr 2014   Prob (F-statistic):              0.509
```

```
Time:                      12:58:27   Log-Likelihood:                   -12.317
No. Observations:                 11   AIC:                                28.63
Df Residuals:                      9   BIC:                                29.43
Df Model:                          1
===============================================================================
                  coef      std err        t      P>|t|     [95.0% Conf. Int.]
-------------------------------------------------------------------------------
Intercept       4.3512       1.607     2.708      0.024        0.717      7.986
Tobacco         0.3019       0.439     0.688      0.509       -0.691      1.295
===============================================================================
Omnibus:                        3.123   Durbin-Watson:                    1.655
Prob(Omnibus):                  0.210   Jarque-Bera (JB):                 1.397
Skew:                          -0.873   Prob(JB):                         0.497
Kurtosis:                       3.022   Cond. No.                          25.5
===============================================================================
```

12・4・6　*sklearn* を使った回帰

scikit-learn は，間違いなく最も先進的なオープンソースの機械学習パッケージである（http://scikit-learn.org）．データマイニングとデータ分析のためのシンプルで効率的なツールを提供し，教師あり学習と教師なし学習をカバーしている．以下のツールを提供する．

- **分類**　新しい観察がどのカテゴリーに属するかを特定する．
- **回帰**　新しい例の連続値を予測する．
- **クラスタリング**　類似したオブジェクトを自動的に集合にグループ化する．
- **次元削減**　考慮する確率変数の数を減らす．
- **モデルの選択**　パラメータとモデルの比較，検証，選択．
- **前処理**　特徴抽出と正規化．

ここでは，回帰分析という単純なケースで使用する．

sklearn を使うには，データを垂直ベクトルの形で入力する必要がある．

```
In [20]: data = df[['Alcohol','Tobacco']].values
    ...: X, Y = np.c_[data[:, 0]], np.c_[data[:, 1]]
```

次に，回帰オブジェクトを作成して，それらにデータを適合させる．ここでは，i) 北アイルランドを除く，すべての地域のデータからなるクリーンセット（線形回帰がよりよく適合する），および ii) オリジナルデータからなるオリジナルセットを考える．

```
In [21]: cln = LinearRegression()
    ...: org = LinearRegression()
    ...:
    ...: cln.fit(X[:-1], Y[:-1])
    ...: org.fit(X, Y)
    ...:
    ...: clean_score    = '{0:.3f}'.format(cln.score(X[:-1],
                                                      Y[:-1]))
    ...: original_score = '{0:.3f}'.format(org.score(X, Y))
    ...:
```

次に地域の散布図を作成する．北アイルランドを除くすべての地域が丸で描かれている（**図12・6**），ただし，北アイルランドは赤い星印で描かれている．

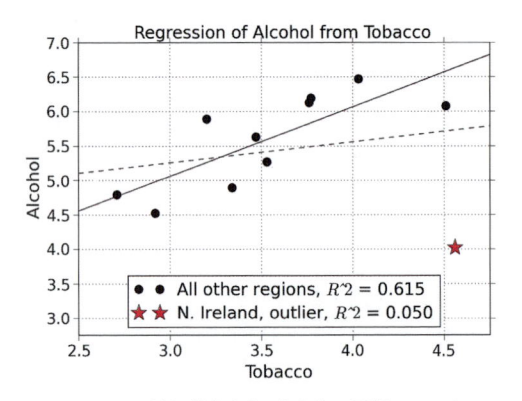

図 12・6　外れ値を含む/含まない回帰フィット

```
In [22]: mpl.rcParams['font.size']=16
    ...:
    ...: labelStart = 'All other regions, $R^2$ = '
    ...: plt.plot(df.Tobacco[:-1], df.Alcohol[:-1], 'bo',
    ...:     markersize=10, label = labelStart+clean_score)
    ...:
    ...: plt.hold(True)
    ...: labelStart = 'N. Ireland, outlier, $R^2$ = '
    ...: plt.plot(df.Tobacco[-1:], df.Alcohol[-1:], 'r*',
    ...:     ms=20, lw=10, label = labelStart+original_score)
    ...:
```

　次のパートでは，2.5 から 4.85 までの点のセットを生成し，クリーンセットとオリジナルセットでそれぞれ学習した線形回帰オブジェクトを用いて，それらの点の応答を予測する.

```
In [23]: test = np.c_[np.arange(2.5, 4.85, 0.1)]
    ...: plt.plot(test, cln.predict(test), 'k')
    ...: plt.plot(test, org.predict(test), 'k--')
    ...:
```

　最後に，軸を限定してラベルを付け，タイトルを追加し，グリッドをオーバーレイし，凡例を下部に配置して，図を保存する.

```
In [24]: xlabel('Tobacco') ; xlim(2.5,4.75)
    ...: ylabel('Alcohol') ; ylim(2.75,7.0)
    ...: title('Regression of Alcohol from Tobacco')
    ...: grid()
    ...: legend(loc='lower center')
    ...: plt.show()
    ...:
```

12・4・7 結　論

　何かをする前に，データを視覚化する．データの次元が高い場合は，少なくともボックスプロットを使っていくつかのスライスを調べる．最終的には，あなたの領域に関する知識に基づいて，モデルについてあなた自身の判断を用いてほしい．統計的検定は推論を導くべきだが，それを支配すべきではない．ほとんどの場合，データは，利用可能なテストのほとんどによって作られた仮定と一致しないだろう．古典的な仮説検定に関する非常に興味深く，オープンにアクセスできる記事が Nuzzo (2014) によって書かれている．仮説検定に対するより直感的な——しかしより数学的な——アプローチは，ベイズ分析である（第 14 章を参照）.

12・5　線形回帰の仮定と解釈

12・5・1 前 提 条 件

　標準的な推定手法による標準線形回帰モデルは，予測変数，応答変数，およびそれらの関係に関する多くの仮定を立てる．これらの各仮定を緩和し，場合によっては完

全に除去することを可能にする数多くの拡張が開発されてきた．一般に，これらの拡張は，推定手順をより複雑で時間のかかるものにし，正確なモデルを得るために，より多くのデータを必要とすることもある．

　以下は，標準的な推定手法（普通の最小二乗法など）を用いた標準線形回帰モデルによってなされる主要な仮定である．

1. **線形関係**：データに直線関係があること！
2. **均一分散性**：分散の等質性
3. **独立性**：残差に自己相関がない．
4. **残差の正規性**
5. **共線性がほとんどない**：予測変数は独立でなければならない．

それぞれについてもう少し詳しく説明しよう．

- **線形関係**：図 12・7（アンスコムの四重奏，Anscombe's quartet）は，間違ったモデルが選ばれたり，いくつかの仮定が満たされなかったりすると，線形適合がいかに無意味になるかを示している．意味のある適合のためには，応答変数は，パラメータ（回帰係数）と予測変数の線形結合でなければならない．この仮定は，最初に思われるよりもずっと制限が少ないことに注意．たとえば，変数を二乗して，その二乗を予測変数の一つとして用いると，線形回帰で多項式曲線をデータに適合させることができる（§12・2・2参照）．これは線形回帰を非常に強力なツールにする．

- **一定分散**（別名：**均一分散性**）：これは，予測変数の値に関係なく，異なる応答変数がそれらの誤差において同じ分散をもつことを意味する．実際には，応答変数が広い範囲で変化しうる場合，この仮定はしばしば無効である．たとえば，収入が $100,000 と予測された人は，実際の収入が $80,000 または $120,000（約 $20,000 の標準偏差）である可能性があるが，収入が $10,000 と予測された別の人は，同じ $20,000 の標準偏差をもつ可能性は低く，実際の収入は，－$10,000 から $30,000 の間で変化することになる．（実際，これが示すように，多くの場合——正規分布誤差の仮定が失敗するのと同じ場合が多い——分散または標準偏差は，一定ではなく，平均に比例すると予測されるべきである．）単純な線形回帰推定法は，実質的な不均一分散が存在する場合，より正確でないパラメータ推定値と，標準誤差のような誤解を招く推論量を与える．

　残差の散布図は，チェックするのによい方法である．データが均一分散的でない場合，残差は予測変数の値が大きくなるにつれて系統的に狭くなったり，広くなったりする．

- **誤差の独立性**: これは，応答変数の誤差が互いに相関していないことを仮定する．これは時系列ではそうでないことが多い．たとえば，今日の気温が高いとき，明日は少なくとも暖かくなる可能性が高い．隣接するデータ間の関係は，自己相関関数で見ることができ，ダービン・ワトソン検定で定量化することができる．
- **正規性**: モデルがデータをよく説明するとき，残差は正規分布しているはずである（§7・1・2参照）．残差が予測変数の値によって系統的に変化する場合，モデルはしばしばデータの重要な側面を見逃している．
- **予測変数の多重共線性の欠如**: 標準的な最小二乗推定法では，計画行列 $\mathbf{X}$ は完全な列順位 p をもたなければならない．さもなければ，予測変数の多重共線性として知られる状態になる．この問題は，明確かつ詳細に分析されている（Kaplan 2009）．

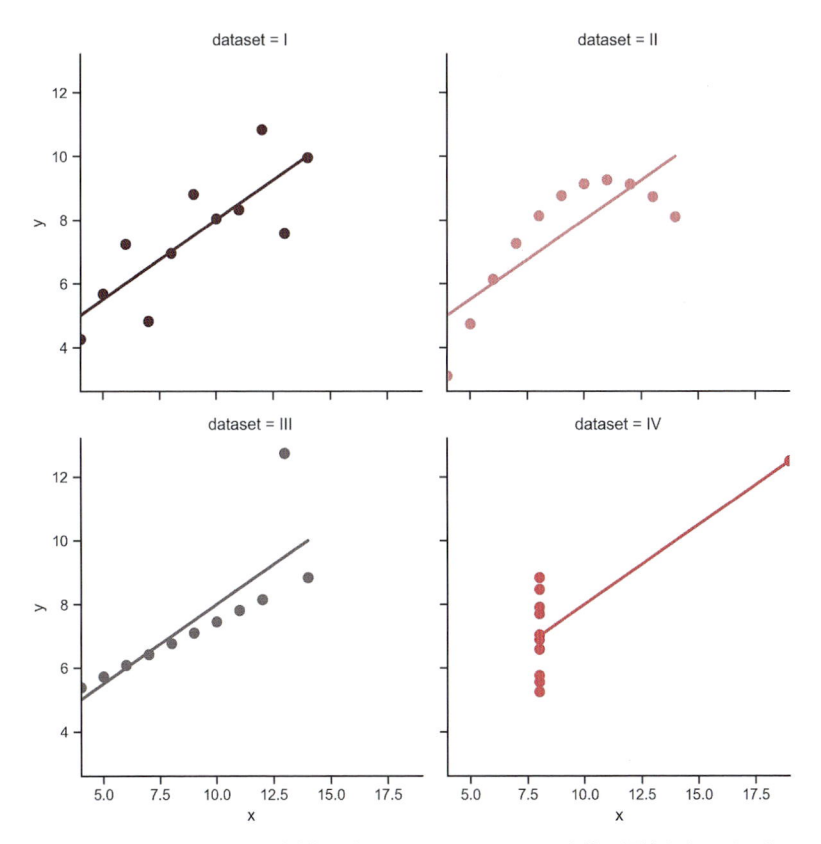

図 **12・7**　"アンスコムの四重奏"に含まれるセットは，同じ直線回帰線をもつが，それ自体は非常に異なっている．

これは，二つ以上の相関する予測変数をもつことによって誘発される．たとえば，所得が増加すると，通常，子供の数が減少し，ゴルフコートで過ごす時間が増加する．予測変数として両方の変数を使用すると，線形回帰の結果は，予測モデルが変数を用いた順序に依存するなど，変な結果を導くことになる．

あまり言及されない仮定は，独立変数が正確にわかっていて，すべての変動は残差に由来するというものである．たとえば図 **12・8** では，$y(x)$（赤色の線）をフィットするとき，x 値は固定され，y 値（破線）の残差は最小化される．一方，$x(y)$（黒色の線）をフィッティングするときは，y 値を固定し，点線の残差を最小化する．その結果，二つのフィットは異なる傾きをもつ！

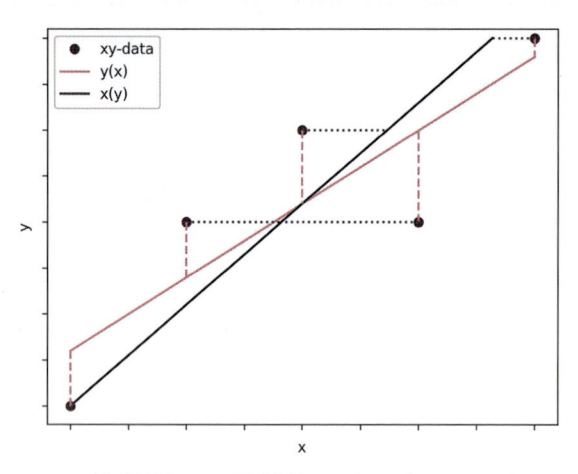

図 **12・8**　線形回帰では，予測変数が正確に既知であり，すべての変動は従属変数に由来すると仮定する　　その結果，直線 $y(x)$ のあてはめは，$x(y)$ のあてはめとは異なる結果になる．

コード：`ISP_anscombe.py`[6] アンスコムの四重奏を生成するコード．

これらの仮定以外にも，データのいくつかの統計的性質が，さまざまな推定手法の性能に強く影響する．

- 誤差項と回帰変数の間の統計的関係は，推定手順が偏りなく，一貫性があるなど，望ましいサンプリング特性をもつかどうかを決定するうえで重要な役割を果たす．

6）<ISP2e>/12_LinearModels/anscombe/ISP_anscombe.py

- **X** の予測変数の配置，つまり確率分布は，β の推定値の精度に大きな影響を与える．サンプリングと実験計画は，β の正確な推定を達成するような方法でデータを収集するためのガイダンスを提供する，統計学の高度に発達したサブフィールドである．

12・5・2　重回帰モデルの解釈

適合した線形回帰モデルは，モデル中の他のすべての予測変数が "固定" されているとき，一つの予測変数 x_j と応答変数 y の間の関係を識別するために使用できる（式12・11）．具体的には，β_j の解釈は，他の共変量が固定されているときの x_j の1単位変化に対する y の期待変化，つまり，x_j に関する y の偏微分の期待値である．これは，x_j が y に及ぼす固有の効果とよばれることもある．これとは対照的に，y に対する x_j の **限界効果**（marginal effect）は，x_j と y に関する相関係数または単純な線形回帰モデルを用いて評価することができ，この効果は x_j に関する y の全微分である．

回帰の結果を解釈するときには注意が必要で，回帰変数の中には（ダミー変数や切片項など）限界的な変化を許さないものもあれば，固定できないものもあるからである．（§12・2・2の多項式適合の例を思い出してほしい．"t_i を固定して"，同時に t_i^2 の値を変えることは不可能である．）

限界効果が大きい場合でも，固有の効果がほぼゼロになる可能性がある．これは，他の共変量が x_j のすべての情報を捕捉し，その変数がモデルに入ると，y の変動に x_j の寄与がないことを意味するかもしれない．逆に，x_j の固有の効果は大きくなる可能性があるが，その限界効果はほぼゼロになる．これは，他の共変量が y の変動の多くを説明するが，それらはおもに x_j によって捕捉されるものを補完する方法で変動を説明する場合に起こる．この場合，モデルに他の変数を含めると，y の変動のうち x_j と無関係な部分が減少し，それによって x_j との見かけ上の関係が強化される．

"固定された" という表現の意味は，予測変数の値がどのように生じるかに依存するかもしれない．実験者が研究デザインに従って予測変数の値を直接設定する場合，興味のある比較は，文字通り，予測変数が実験者によって "固定された" ユニット間の比較に対応するかもしれない．あるいは，"固定された" という表現は，データ分析の文脈で行われる選択を指すこともある．この場合，与えられた予測変数の共通の値をもつデータの部分集合に注意を制限することによって，"変数を固定したまま" にする．これは観察研究で使用できる "固定された" の唯一の解釈である．

複数の相互に関連する構成要素が応答変数に影響を与える複雑なシステムを研究する場合，"固有の効果" という概念は魅力的である．場合によっては，予測変数の値にリンクしている介入の因果効果として文字通り解釈できる．しかし，予測変数が互いに相関しており，研究デザインに従って割り当てられていない場合，多くの場合，重

回帰分析では予測変数と反応変数の間の関係を明らかにできないと論じられている
(Kaplan 2009).

コード: `ISP_simpleModels.py`[7] に例を示す.

12・6　ブートストラップ

　モデル化のもう一つのタイプは**ブートストラップ** (bootstrapping) である. ある分布を記述するデータがあっても, それがどのような分布なのかわからないことがある. では, たとえば平均の信頼値を知りたい場合, どうすればよいだろうか?

　その答えはブートストラップである. ブートストラップは, **再標本化** (resampling), すなわち, 初期標本から繰返し追加標本を採取して, その変動性の推定値を提供するスキームである. 初期標本の分布が未知の場合, ブートストラッピングは, 分布に関する情報を提供するという点で特別に役立つ.

　Python でのブートストラップの適用は, Constantine Evans (https://github.com/cgevans/scikits-bootstrap) による *scikits.bootstrap* パッケージによって非常に容易になった.

コード: `ISP_bootstrapDemo.py`[8] 標本分布の平均の信頼区間をブートストラップで求める例.

12・7　演　　習

1. ピーク観測

相関関係　　まず, `data/data_others/avgtemp.xls` ファイルから, オーストリアの最高気象観測所であるゾンブリックの年間平均気温のデータを読み込め. 次に, 気温と年のピアソン相関, スピアマン相関, ケンドールのタウを計算せよ.

回　帰　　同じデータについて, 時間とともに直線的に上昇すると仮定して, 気温の年間上昇を計算せよ. この上昇は有意か?

---

7) <ISP2e2/12_LinearModels/simpleModels/ISP_simpleModels.py.
8) <ISP2e>/12_LinearModels/bootstrapDemo/ISP_bootstrapDemo.py.

正規性のチェック　　回帰モデルからのデータについて，残差が正規分布しているかどうかを検定して（たとえば，コルモゴロフ-スミルノフ検定を使用して），モデルが正常かどうかをチェックせよ．

2.　気候危機

- ハワイのマウナロアで記録された CO_2 レベルを https://www.esrl.noaa.gov/gmd/webdata/ccgg/trends/co2/co2_mm_mlo.txt から読み込み，statsmodels 関数 seasonal_decompose で季節振動を除去せよ（§11・7・1参照）．

- 一次曲線，二次曲線，三次曲線を，*patsy* の式言語を使ってデータに当てはめよ．

- データをプロットし，フィット結果と重ね合わせよ．

- 結果の AIC 値を使って，これら三つの曲線のうちどれがデータに最もフィットするかを調べよ．

13

一般化線形モデル

データが離散的である理由はさまざまである．一つは，離散的な方法で取得されたデータである場合（例：アンケートのレベル），もう一つは，パラダイムが離散的な結果しか与えない場合である（例：サイコロを振る）．このようなデータの分析には，前の章ですでにとり上げた順位づけされたデータの分析ツールをベースにすることができる．この分析を順位データの統計モデルに拡張するには，**一般化線形モデル**（generalized linear model, GLM）を導入する必要がある．この章では，GLM のよく使われる応用例の一つである**ロジスティック回帰**（logistic regression）を，Python が提供するツールで実装する方法を示す．

13・1　順位づけされたデータの比較とモデリング

順序データは明確な順位づけができる．しかし順序データは連続的なデータではない．このような順序データの分析には，第8章で説明した順位法を使うことができる．

2群：三つ以上の順位づけされた群を比較する場合は，マン・ホイットニー検定を用いることができる（§8・2・4）．

三つ以上のグループ：二つの順位づけされたグループを比較するときは，クラスカル・ウォリス検定を使用できる（§8・3・3）．

仮説検定（hypothesis test）は，仮説の確率の値を提供する．そして**線形回帰モデリング**（linear regression modeling）は，与えられた入力に線形に依存する出力変数の予測を行い，信頼区間を与えることができる．しかし，多くの問題はこれらの要件を越える．たとえば，ある患者が受けた麻酔薬の量に基づいて，手術で生き残る確率を計算したいとしよう．そして，生き残る確率が少なくとも 95% になるように，患者に

投与できる麻酔薬の量を調べたいとしよう.

この質問に対する答えは,統計的モデリングと**ロジスティック回帰**(logistic regression)というツールが関係する.二つ以上の順序(すなわち,自然に順位づけされた)水準が関係する場合,いわゆる**順序ロジスティック回帰**(ordinal logistic regression)が使用される.

このような問題をカバーするために**一般化線形モデル**(generalized linear model, GLM)が導入され,線形回帰の技法を他の幅広い問題に拡張している.GLM を全般的にとり上げることは本書の目標を越えているので,Annette Dobson and Barnett (2018) の優れた書籍を参照したい.Dobson と Barnett は *R* と *Stata* での解答のみを示しているが,私はその書籍のほぼすべての例に対する *Python* の解法を開発した (https://github.com/thomas haslwanter/dobson).

次の章では,よく使われるケースの一つであるロジスティック回帰とその順序ロジスティック回帰への拡張をとり上げたい.提示される Python の解法は,読者が同じような問題を自分で解くことを可能にし,一般化線形モデルについての簡単な洞察が得られるだろう.

13・2 GLM の基本要素

ここでは,一般化線形モデル(GLM)の一般原則のみを説明する.詳細は,Dobson and Barnett (2018) の優れた書籍を参照していただきたい.

GLM は三つの要素からなる.

1. 指数族確率分布
2. 線形予測変数 $\eta = \mathbf{X} \cdot \beta$
3. $E(Y) = \mu = g^{-1}(\eta)$ となるようなリンク関数 g

13・2・1 指数族分布

指数族は,以下に示す特定の形式の確率分布の集合である.この特別な形式は,いくつかの有用な代数的性質を理由に数学的な便宜のために選ばれたものであり,また指数族はある意味で非常に自然な分布の集合であるため,一般性のために選ばれたものでもある.指数族は,正規分布,指数分布,カイ二乗分布,ベルヌーイ分布,ポアソン分布など,最も一般的な分布の多くを含んでいる(指数族以外の一般的な分布は t 分布である).

数学的には,指数族の分布は一般的な形式をもつ.

$$f_X(x\,|\,\theta) \,=\, h(x)g(\theta)\exp[\eta(\theta)\cdot T(x)] \tag{13・1}$$

ここで，$T(x)$，$h(x)$，$g(\theta)$，$\eta(\theta)$，$A(\theta)$は既知の関数である（gは前項の"リンク関数"とは異なる）．式(13・1) は非常に抽象的であるが，多くの異なる統計モデルに共通する一貫した取扱いの理論的基礎を提供するものである．

13・2・2　線形予測とリンク関数

GLM の線形予測変数は，線形モデルで使用されるものと同じである．結果の用語は，残念ながらかなり混乱している．

一般線形モデル: $y = \mathbf{X}\cdot\boldsymbol{\beta} + \epsilon$ の形のモデルであり，ϵ はここで正規分布している（第 12 章参照）．

一般化線形モデル: 指数族からのすべての分布とリンク関数を含む，モデルのより広いクラスを包含する．線形予測変数 $\eta = \mathbf{X}\cdot\boldsymbol{\beta}$ は，もはや分布関数の"単なる"要素であり，GLM の柔軟性を提供する．

リンク関数（link function）は任意の関数で，連続かつ可逆であることだけが条件である．

13・3　GLM 1: ロジスティック回帰

これまで，線形モデルを扱ってきた．そこでは，入力が線形に変化すると，出力もそれに対応する線形に変化する．

$$y \,=\, m * x + b + \epsilon \tag{13・2}$$

しかし，多くの応用にはこのモデルは適さない．ある患者が受けた麻酔の量に基づいて，手術が成功する確率を計算したいとしよう．この確率は 0 と 1 の間の値でなければならないので，両端に境界がある．

しかし，式(13・2) の出力を直接使わず，別の関数でラップすれば，このような境界のある関係を実現できる．ここでは，よく使われる**ロジスティック関数**（logistic function）を用いてこれを実現する．

$$p(y) \,=\, \frac{1}{1 + e^{\beta y + \alpha}} \tag{13・3}$$

例: チャレンジャー号爆発事故

ロジスティック回帰の良い例は, スペースシャトルの打ち上げにおけるOリングの故障確率を温度の関数としてシミュレーションすることがあげられる. ここでは, ロジスティック回帰モデルで分析するが, 次の章ではベイズモデリングのツールで分析する.

1986年1月28日, 米国のスペースシャトル計画25回目の飛行は, シャトルチャレンジャーのロケットブースターの一つが離陸直後に爆発し, 乗組員7人全員が死亡するという大惨事に終わった. 事故に関する大統領委員会は, 事故の原因はロケットブースターのフィールドジョイントにあるOリングの不具合であり, この不具合はOリングが外気温を含む多くの要因に許容できないほど敏感に反応する設計上の欠陥によるものであると結論づけた. 過去24回のフライトのうち, 23回 (1回は海上で失われた) のOリングの不具合に関するデータが入手可能であり, これらのデータはチャレンジャー打ち上げ前夜に議論されたが, 残念ながら破損事故のあった7回のフライトに対応するデータのみが重要視され, これらは明らかな傾向を示さないと考えられていた (図13・1の上段の点). しかし, データ一式を見ると, 温度が低いほどOリングが破損する傾向があることがわかる. 全データ集合を以下に示す.

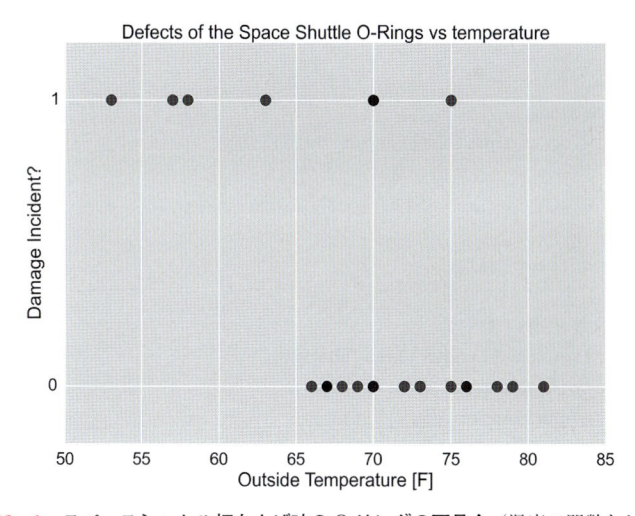

図13・1 スペースシャトル打ち上げ時のOリングの不具合 (温度の関数として)

Oリングが故障する確率をシミュレートするには, ロジスティック関数 (式13・3) を使用することができる.

与えられたp値で, 二項分布 (§6・2・2) は与えられたシャトルの打ち上げ回数 n

の確率質量関数を決定する．これにより，n 回の打ち上げの間に 0, 1, 2, … の故障
が発生する確率がわかる．

リスト 13・1　L13_1_logitShort.py

```python
# 標準パッケージのインポート
import numpy as np
import os
import pandas as pd

# 追加パッケージ
from statsmodels.formula.api import glm
from statsmodels.genmod.families import Binomial

# データの取得
inFile = '..\data\challenger_data.csv'
challenger_data = np.genfromtxt(inFile, skip_header=1,
                    usecols=[1, 2], missing_values='NA',
                    delimiter=',')
# NaN の除去
challenger_data = challenger_data[~np.isnan(challenger_data[:, 1])]

# フィットに適した列をもつデータフレームを作成する
df = pd.DataFrame()
df['temp'] = np.unique(challenger_data[:,0])
df['failed'] = 0
df['ok'] = 0
df['total'] = 0
df.index = df.temp.values

# スタートと失敗の回数を数える
for ii in range(challenger_data.shape[0]):
    curTemp = challenger_data[ii,0]
    curVal = challenger_data[ii,1]
# 以下の行は，df の現在の温度を見つけ，
# 'total' と 'failed' または 'ok' のカウントに 1 を加える
    df.loc[curTemp,'total'] += 1
    if curVal == 1:
        df.loc[curTemp, 'failed'] += 1
    else:
        df.loc[curTemp, 'ok'] += 1
```

```
# モデルにフィットする

# --- >>> START stats <<< ---
model = glm('ok + failed ~ temp', data=df, family=Binomial()).fit()
# --- >>> STOP stats <<< ---

print(model.summary())
```

 python™

コード: ISP_logisticRegression.py[1) に図 **13・2** の全コードを示す.

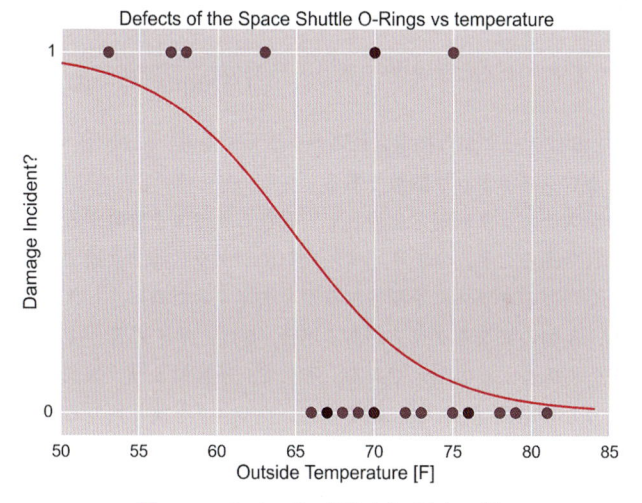

図 **13・2** **O リングの故障確率**（赤色の線）

要約すると，モデルには三つの要素がある.

1. ある試行における結果の確率を決定する確率分布（ここでは二項分布）.
2. 共変量（ここでは温度）と変量（O リングの故障/成功）を関係づける線形モデル.
3. 線形モデルをラップして確率分布のパラメータを生成するリンク関数（ここでは
   ロジスティック関数）.

---

1) <ISP2e>/13_LogisticRegression/LogisticRegression/ISP_logisticRegression.py.

13・4   GLM 2: 順序ロジスティック回帰

13・4・1   モ デ ル

§13・3では，GLM の一例であるロジスティック回帰を示した．このセクションでは，はい/いいえの決定から多群（Group$_1$/Group$_2$/Group$_3$）の決定へのさらなる一般化が，数値最適化の領域にどのように導くかを示したい．

比例オッズモデルとしても知られる順序ロジスティック回帰モデルは，McCullagh らによって80年代初頭に導入され，順序変数，つまり（分類のように）離散的であるが（回帰のように）順序づけられる変数を予測する場合に特別に調整された一般化線形モデルである（McCullagh 1980; McCullagh and Nelder 1989）[2]．これは，上述のロジスティック回帰モデルを順序設定に拡張したものとして見ることができる（図13・3）.

$$P(y \leq j | X_i) = \phi(\theta_j - w^T X_i) = \frac{1}{1 + \exp(w^T X_i - \theta_j)} \tag{13.4}$$

ここで，w と θ はデータから推定されるベクトルであり，ϕ は $\phi(t) = \frac{1}{1 + \exp(-t)}$ として定義されるロジスティック関数である．

多クラスロジスティック回帰と比較して，異なるクラスを分離する超平面がすべてのクラスで平行であること，つまり，ベクトル w がクラス間で共通であるという制約を追加した．X_i がどのクラスに予測されるかを決定するために，しきい値 θ のベクトルを利用する．K 個の異なるクラスがある場合，θ は，サイズ $K-1$ の非減少ベクトル（つまり，$\theta_1 \leq \theta_2 \leq ... \leq \theta_{K-1}$）である．そして，予測値 $w^T X$（線形モデルであることを思いだそう）が区間 $[\theta_{j-1}, \theta_j[$ にある場合，クラス j を割り当てる．極値クラスについて同じ定義を保つために，$\theta_0 = -\infty$ と $\theta_K = +\infty$ を定義する．

直感的には，$X \cdot w$ が異なるしきい値 θ_i によって異なるクラスによく分離された値の集合を生成するようなベクトル w を求めているということである．確率 $P(y \leq j | X_i)$ をモデル化するためにロジスティック関数を選ぶが，他の選択も可能である．比例ハザードモデル（McCullagh 1980）では，確率は次のようにモデル化される．

$$-\log(1 - P(y \leq j | X_i)) = \exp(\theta_j - w^T \cdot X_i) \tag{13・5}$$

他のリンク関数も可能である．たとえば，リンク関数は，

$$link(P(y \leq j | X_i)) = \theta_j - w^T \cdot X_i$$

---

2) このセクションは，順序ロジスティック回帰に関する Fabian Pedregosa のブログから許可を得て引用したものである．http://fa.bianp.net/blog/2013/logistic-ordinal-regression/ を参照．

を満たす.

　この枠組みでは,ロジスティック順序回帰モデルはロジスティックリンク関数をもち,比例ハザードモデルは対数–対数リンク関数をもつ.

　ロジスティック順序回帰モデルは,二つの異なる標本 X_1 と X_2 の対応するオッズの比が $\exp(w^T \cdot (X_1 - X_2))$ であり,したがって,クラス j に依存せず,標本 X_1 と X_2 の間の差にのみ依存するので,**比例オッズモデル**(proportional odds model)としても知られている.

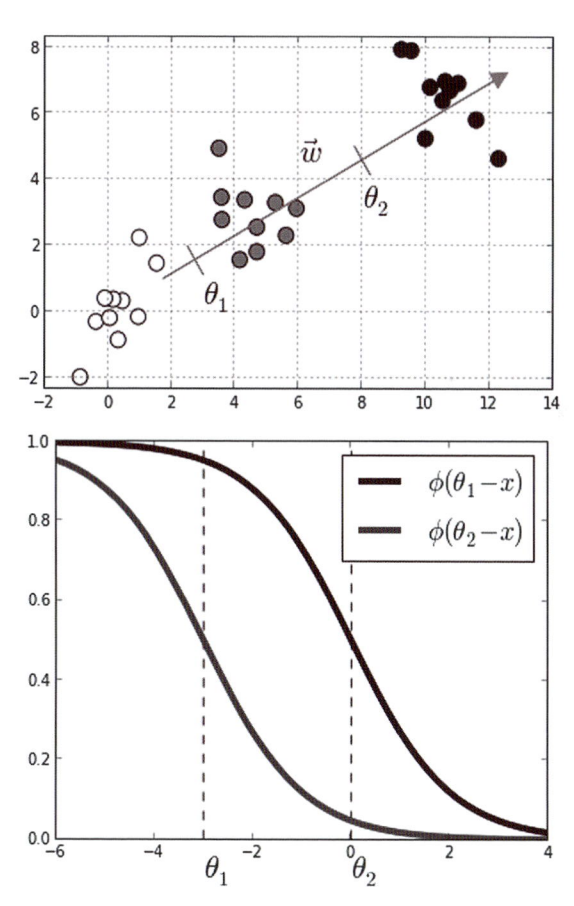

図 13・3　三つのクラスを異なる色で示した例.係数 **w** のベクトルとしきい値 θ_0 と θ_1 も示す　　図は Fabian Pedregosa の許可を得て使用.

13・4・2 最 適 化

モデル推定は最適化問題として提起することができる．ここでは，対数尤度を差し引いた損失関数を最小化する．

$$\mathcal{L}(w, \theta) = -\sum_{i=1}^{N} \log(\phi(\theta_{yi} - w^T \cdot X_i) - \phi(\theta_{yi-1} - w^T \cdot X_i)) \quad (13 \cdot 6)$$

この和では，すべての項は w に凸であり，したがって損失関数は w に凸である．解答では，`scipy.optimize` の関数 `fmin_slsqp` を用いて，θ が非減少ベクトルであるという制約の下で $\mathcal{L}$ を最適化する．

$\log(\phi(t))' = (1 - \phi(t))$ という式を使えば，損失関数の勾配を次のように計算できる．

$$\nabla_w \mathcal{L}(w, \theta) = \sum_{i=1}^{N} X_i(1 - \phi(\theta_{yi} - w^T \cdot X_i) - \phi(\theta_{yi-1} - w^T \cdot X_i))$$

$$\nabla_\theta \mathcal{L}(w, \theta) = \sum_{i=1}^{N} e_{yi}\left(1 - \phi(\theta_{yi} - w^T \cdot X_i) - \frac{1}{1 - \exp(\theta_{yi-1} - \theta_{yi})}\right)$$

$$+ e_{yi-1}\left(1 - \phi(\theta_{yi-1} - w^T \cdot X_i) - \frac{1}{1 - \exp(-(\theta_{yi-1} - \theta_{yi}))}\right)$$

ここで e_i は i 番目の正準ベクトルである．

13・4・3 性 能

Fabian Pedregosa は，機械学習でよく使われるデータ集合であるボストンの住宅価格について，平均絶対誤差の意味でこのモデルの予測精度を比較した．順序変数をもつために，彼は値を最も近い整数に丸め，その結果，46 の異なる目標値をもつサイズ 506 * 13 の問題が得られた．精度が大きく向上したわけではないが，このモデルはこの特定のデータ集合でより良い結果をもたらした（**図13・4**）．

ここでは，順序ロジスティック回帰が最も性能の良いモデルで，線形回帰モデルと scikit-learn で実装された 1 対全ロジスティック回帰モデルがそれに続く．

 python™

コード: Fabian Pedregosa による `ISP_ordinalLogisticRegression.py`[3]．これは，*scipy* の `optimize.fmin_slsqp` 関数を用いて，上述のアルゴリズムの *Python* 版

---

3) <ISP2e>/13_LogisticRegression/OrdinalLogisticRegression/ISP_ordinalLogisticRegression.py.

を実装したものである．これは損失関数，先に示した勾配，θ の不等式が満たされたときに >0 となる関数を引数として取る．

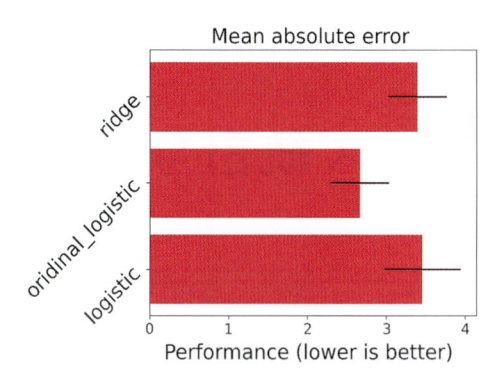

図 13・4　Fabian Pedregosa より許可を得て引用

13・5　演　習

1. 正しい花を見つける

- *iris*（アヤメ）のデータ（§11・2・1 参照）を取得し，測定された花がどの `petal_length` で *iris setosa* 種であるかをプロットせよ（図 13・5 参照）．
- ロジスティック回帰曲線をデータに当てはめ，プロット上に重ね合わせよ．
- *iris setosa* である確率がまだ 10％ある最大のがく片の長さを見つけよ．

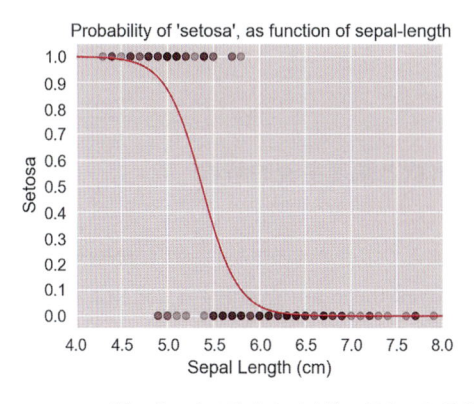

図 13・5　*iris setosa* 種の花である確率をがく片の長さから予想する関数

ベイズ統計学

確率の計算は統計学の一部分にすぎない．もう一つは確率の解釈であり，解釈の違いによって生じる結果である．

これまでは，p を発生頻度として解釈する頻度主義的解釈に限定してきた．これは，ある実験の結果が確率 p である場合，その実験を N 回（N は大きな数）繰返せば，この特定の結果が $N * p$ 回観測されることを意味する．言い換えれば，あるモデルが与えられたとき，観測されたデータの集合を見つけるために尤度を見るということである．

ベイズ的な p の解釈はまったく異なり，p をある結果の可能性に対する確信として解釈する．ここでは，観測されたデータを固定の値とし，あるモデルのパラメータを見つけるために尤度を見る．事象によっては，この方がはるかに理にかなっている．たとえば，大統領選挙は 1 回限りのイベントであり，N 回という大きな回数の繰返しが発生することはない．

14・1　ベイズ的解釈と頻度主義的解釈

14・1・1　ベイズの定理

この解釈の違いに加えて，ベイズのアプローチにはもう一つの利点がある．それは，ベイズの定理（Bayes' theorem）を適用することによって，確率 p の計算に事前知識を持込むことができるという点である．

最も一般的な形は次のようなものだ．

$$P(A\,|\,B) = \frac{P(B\,|\,A)P(A)}{P(B)} \qquad (14\cdot1)$$

　ベイズ的解釈では，確率は確信の度合いを測る．ベイズの定理は，証拠を考慮する前と考慮した後の命題に対する確信の度合いを結びつける．たとえば，コインは表が出る確率が裏が出る確率の2倍であると50％の確率で信じられているとする．コインを何回も投げて，その結果を観察すると，その結果によって確信の度合いが上がったり下がったり，あるいは変わらなかったりする．

　偉大な経済学者であり思想家であった John Maynard Keynes は，"事実が変われば，私は考えを変える．あなたはどうしますか？"と言った．この言葉は，ベイズ主義者が証拠を見た後に自分の確信を更新する方法を反映している．

　命題Aと証拠Bに対して，

- **事前確率**（prior probability）$P(A)$ は，Aに対する最初の確信度合いである．
- $P(A|B)$ は**事後確率**（posterior probability）であり，Bを考慮した確信の度合いである．これは "Bが事実であると仮定した場合のAの確率" とも読める．
- 商 $P(B|A)/P(B)$ は，BがAに与える支持を表す．

　利用可能なデータ点の数が多ければ，解釈の違いによって結果が大きく変わることは通常ない．しかし，データ点の数が少ない場合は，外部の知識を取入れる可能性があるため，p の推定値が大幅に改善される可能性がある．

14・1・2　ベイズの定理の例

　ある男性が，電車の中で誰かと楽しい会話をしたと言ったとする．この会話について何も知らない場合，彼が女性と話していた確率は50％である（話し手が男性と会話をする可能性も女性と会話をする可能性も同じくらいであると仮定する）．ここで，彼が "会話の相手が長髪だった" と言ったとしよう．彼は女性と話していた可能性が高くなる．女性は男性よりも長髪である可能性が高いからだ．ベイズの定理を使って，その人が女性である確率を計算することができる．

　Wは女性と会話をしたこと，Mは男性と会話したこと，Lは長髪の人と会話したことを表す．この例では，女性が人口の半分を占めると仮定できる．つまり，他のことは何も知らないので，Wが起こる確率は $P(W) = 0.5$ である．

　また，女性の75％が長髪であることがわかっていると仮定しよう．これを $P(L|W) = 0.75$ と表す〔読み: 事象 W が与えられた場合の事象 L の確率は0.75，つまり，ある人が長髪である確率（事象 "L"）は，その人が女性であること（事象 "W"）がすでにわかっている場合，75％であることを意味する〕．同様に，男性の15％が長髪であることがわかっているとすると，$P(L|M) = 0.15$ となる．ここで M は W の補完事象，つまり男性と会話が行われたという事象である（すべての人間は男性か女性のどちら

かであると仮定する).

目的は，その人が長髪であったという事実から，その会話が女性となされた確率を計算すること，つまり表記法では $P(W|L)$ である．ベイズの定理の公式を使うと，次のようになる．

$$P(W|L) = \frac{P(L|W)P(W)}{P(L)} = \frac{P(L|W)P(W)}{P(L|W)P(W) + P(L|M)P(M)}$$

ここで，$P(L)$ を展開するために**全確率の法則**（law of total probability）を用いた．上記の値をこの式に代入することで数値の答えが得られる（代数的乗算は"＊"で注釈されている）．この結果，

$$P(W|L) = \frac{0.75 * 0.50}{0.75 * 0.50 + 0.15 * 0.50} = \frac{5}{6} \approx 0.83$$

つまり，その人が長髪であった場合，その会話が女性となされた確率は約 83% である．

この計算の別のやり方は以下の通りである．最初に，女性と会話する確率も男性と会話する確率も等しいので，事前の確率は 1 : 1 である．男性と女性が長髪である確率はそれぞれ 15% と 75% である．女性が長髪である確率は男性が長髪である確率の 5 倍である．これを**尤度比**（likehood ratio）または**ベイズ係数**（Bayes factor）は 5 : 1 であるという．**ベイズの法則**（Bayes' rule）としても知られるオッズ形式のベイズの定理は，その人物が女性である事後オッズも 5 : 1（事前オッズ 1 : 1 × 尤度比 5 : 1）であることを教えてくれる．式にすると，

$$\frac{P(W|L)}{P(M|L)} = \frac{P(W)}{P(M)} \cdot \frac{P(L|W)}{P(L|M)}$$

14・2　コンピュータ時代のベイズアプローチ

ベイズの定理は，二項分布の確率パラメータの分布を計算する方法を研究した Thomas Bayes 牧師（1701〜1761）にちなんで名づけられた．つまり，ベイズの定理は古くから存在していたのである．ベイズの定理が近年，統計学でこれほどポピュラーになったのは，膨大な計算能力が安価に利用できるようになったからである．これによって，新しい証拠の一つ一つについて，事後確率を経験的に計算できるようになった．これはマルコフ連鎖モンテカルロ（MCMC）シミュレーションのような統計

的アプローチと組合わせると，まったく新しい統計解析手順を可能にし，異なる哲学の信奉者間の "statistical trench warfare" とでもよぶべき事態を招いた．もし私の言うことが信じられなければ，ウェブ上の対応する議論を調べてみてほしい．

このトピックの詳細については，以下をチェックしてほしい（簡単な順に）．

- ウィキペディアには，"ベイズ..."の下に素敵な説明がある．
- ハッカーのためのベイズ手法．C. Davidson Pilon, "Practical introduction to pyMC", p.323 の 'Web Resources' の章を参照．
- PyMC ユーザーガイド（http://pymc.io/pymc/）：PyMC は非常に強力な Python パッケージで，MCMC 手法の適用を非常に簡単にする．
- **パターン分類**（pattern classification）は数学を避けているのではなく，最も重要な機械学習技術をより深く理解するために，実用的な方法で数学を使用している（Duda *et al.,* 2004）．
- **パターン認識**（pattern recognition）と**機械学習**（machine learning），Christopher Bishop（2007）による包括的で，かなり専門的な書籍．

14・3　例: マルコフ連鎖モンテカルロシミュレーション

以下では，前章ですでに使用したチャレンジャー号爆発事故のデータを，今回はマルコフ連鎖モンテカルロ（MCMC）シミュレーションを用いて再分析する．〔このセクションは，"Bayesian Methods for Hackers"（Pilon 2015, 著者からの許可を得て掲載）からの抜粋〕

データは再びチャレンジャー号爆発事故からのものである（§13・3参照）．シミュレーションを実行するために，MCMC シミュレーション（http://pymc-devs.github.io/pymc/）を含むベイズ統計モデルとフィッティングアルゴリズムを実装したPython モジュールである PyMC を使用する．PyMC の柔軟性と拡張性により，多くの問題に適用できる．中核となるサンプリング機能とともに，PyMC には出力の要約，プロット，適合度，収束診断のためのメソッドが含まれている．

PyMC はベイズ分析をできるだけ簡単にするための機能を提供する．ここでは，その機能の一部を紹介する．

- マルコフ連鎖モンテカルロ法やその他のアルゴリズムを用いてベイズ統計モデルに適合する．
- 十分に文書化された統計分布の大規模なスイートを含む．
- ガウス過程をモデル化するモジュールを含む．

- 表やプロットを含むサマリーを作成する.
- トレースは, プレーンテキスト, Python ピクル, SQLite または MySQL データベース, HDF5 アーカイブとしてディスクに保存できる.
- 拡張性: カスタムのステップメソッドや特殊な確率分布を簡単に組込むことができる.
- MCMC ループはより大きなプログラムに組込むことができ, 結果は Python のフルパワーで分析できる.

O リングが故障する確率をシミュレートするには, 1 から 0 になる関数が必要である. 再びロジスティック関数を適用する.

$$p(t) = \frac{1}{1 + e^{\beta t + \alpha}}$$

このモデルでは, 関数が 1 から 0 に変化する速さを表す変数 β と, この変化の位置を示す α が用いられる.

Python のパッケージ PyMC を使えば, このモデルのモンテカルロシミュレーションを驚くほど簡単に行うことができる.

```python
# --- MCMC シミュレーションの実行 ---
temperature = challenger_data[:, 0]
D = challenger_data[:, 1]  # 欠陥があるのかないのか？

# alpha と beta の事前分布を定義する
# 'value' はシミュレーションの開始パラメータを設定する.
# 正規分布の 2 番目のパラメータは
# "precision", すなわち標準偏差の逆数である
beta = pm.Normal("beta", 0, 0.001, value=0)
alpha = pm.Normal("alpha", 0, 0.001, value=0)

# 温度のモデル関数を定義する
@pm.deterministic
def p(t=temperature, alpha=alpha, beta=beta):
    return 1.0 / (1. + np.exp(beta * t + alpha))

# 'p' の確率は, ベルヌーイ確率変数を通して,
# 観測結果と結びつけられる
```

```
observed = pm.Bernoulli("bernoulli_obs", p, value=D,
                        observed=True)

# 値を組合わせてモデルにする
model = pm.Model([observed, beta, alpha])

# シミュレーションの実行
map_ = pm.MAP(model)
map_.fit()
mcmc = pm.MCMC(model)
mcmc.sample(120000, 100000, 2)
```

このシミュレーションから，α と β の最良推定値だけでなく，これらの値に関する不確かさの情報も得られる（図 14・1）.

したがって，O リングが故障する確率曲線は図 14・2 のようになる.

MCMC シミュレーションの利点の一つは，確率の信頼区間値も得られることであ

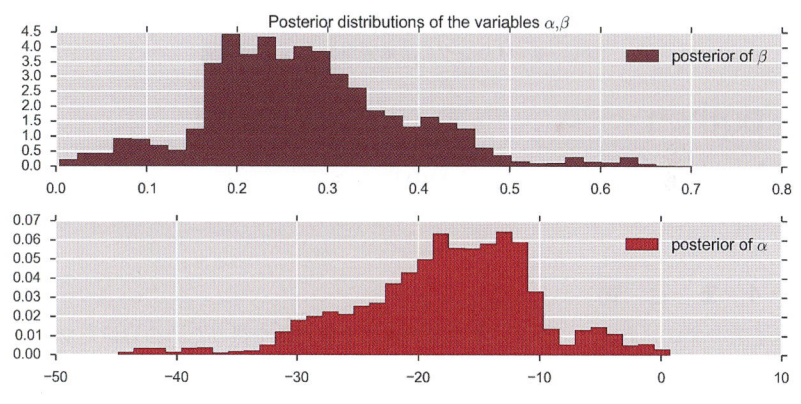

図 14・1 **MCMC シミュレーションによる α と β の確率**

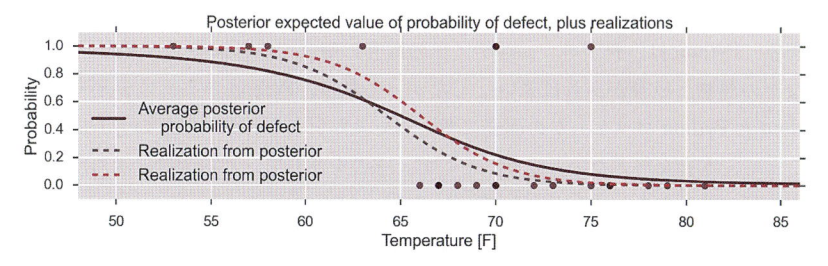

図 14・2 **O リングが故障する確率**（温度の関数として）

る（図 14・3）.

　チャレンジャー号の事故当日，外気温は華氏 31 度だった．この気温を考えると，欠陥が発生する事後分布は，チャレンジャー号に欠陥のある O リングが装着されることをほぼ保証していた．

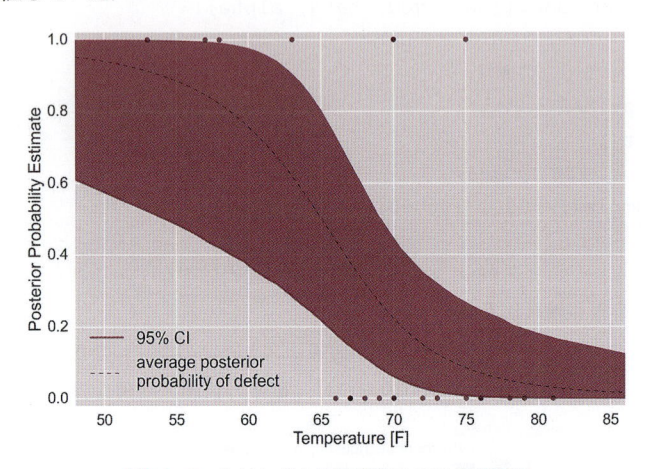

図 14・3　O リングの故障確率の 95 % 信頼区間

python™

コード: `ISP_bayesianStats.py`[1] MCMC シミュレーションの完全な実装.

14・4　ま　と　め

　ベイズアプローチは，パラメータやモデルの不確実性を扱うための自然なフレームワークを提供し，特に機械学習のような分野で非常に人気がある．しかし，計算負荷が高いため，*PyMC* や *scikit-learn* のような既存のツールを使って実装するのが一般的だ．

　これはまた，Python のようなフリーでオープンな言語の利点の一つを示すものでもある．Python は，科学コミュニティーの既存の研究を基に構築する方法を提供し，あなたの熱意と献身があればよい．したがって私は，Python コミュニティーがコア Python と Python パッケージの開発に費やしてきた信じられないほどの労力に感謝することで，本書を終えたいと思う．そして，本書を通じて，この活気に満ちた言語に対する私の熱意を少しでも共有していただければ幸いである．

---

1) <ISP2e>/14_Bayesian/bayesianStats/ISP_bayesianStats.py.

用　語　集

ROC 曲線［ROC-curve, receiver-operator-characteristic curve］　　受信者特性曲線. 真陽性率対偽陽性率を示すグラフ. ROC 曲線は, 二つのグループを区別するための最適値を決定するツールである.

一般化線形モデル［generalized linear model, GLM］　　リンク関数を介して線形モデルを応答変数に関連づけることによる線形回帰の一般化. たとえば, 線形モデルは $y = m * x + b$ であるが, GLM は $y = \dfrac{1}{1 + \exp(-m * x + b)}$ である.

因 子［factor］　　処置 (treatment) または独立変数 (independent variable) ともよばれ, 実験者によって操作される説明変数のこと. 研究の制御されたパラメータ.

後ろ向き研究［retrospective study］　　過去にさかのぼって, 研究開始時に確立された結果に関連する, リスク因子または保護因子の疑いのある曝露を調べる研究である.

回 帰［regression］　　一つまたは複数の他の変数の値から, 一つの変数の値を予測すること.

確率質量関数［probability mass function, PMF］　　実験または観測において, 指定された数の事象が発生する確率を定義する離散関数.

確率密度関数［probability density function, PDF］　　ある点における値によって, 対応する確率変数の値がその点に近いという相対的な尤度を提供する連続関数. ある区間で確率変数の値を見つける確率は, その区間上の確率密度関数の積分である.

仮説検定［hypothesis test］　　統計的仮説の検定に用いられる統計的推論の方法.

カテゴリーデータ［categorical data］　　自然な順序はなく, 限られた, 通常は固定された数の可能な値のいずれかを取りうるデータ. 平均値は意味をなさない.

観察研究［observational study］　　被験者を治療群と対照群に割り当てることが, 研究者の管理外にある研究.

関 数［function］　　入力データを受取り, そのデータでコマンドや計算を実行し, 一つ以上の戻り値オブジェクトを返すことができる Python オブジェクト.

感 度［sensitivity］　　実際に陽性者であると正しく識別された人の割合 (たとえば, 病状があると正しく識別された病人の割合).

共同因子［co-factors］　　研究の管理されていないパラメータ.

共変量［covariate］　　研究対象の結果を予測する可能性のある変数を指し, 因子または共因子の可能性がある.

クロスオーバー研究 [crossover study]　すべての被験者が一連の異なる治療を受ける縦断的研究.

計画行列 [design matrix]　回帰モデル $y = \mathbf{X} \cdot \beta + \epsilon$ のデータ行列 $\mathbf{X}$.

形状パラメータ [shape parameter]　確率分布の形状を制御する，位置や尺度以外のパラメータ．めったに使われない.

検出力 [power]　感度（sensitivity）と同じ．$1 - \beta$ で表す．β はタイプⅡエラーの確率.

検出力分析 [power analysis]　ある大きさの効果を検出する可能性が合理的に高くなるように，必要な最小標本サイズを計算すること.

コホート研究 [cohort study]　観察研究の一種で，まず患者を選び，その経過を観察する．たとえば医学では，コホート研究は危険因子の分析から始まる．次に，病気にかかっていない人のグループを追跡する．最後に，相関関係を用いて対象者の発症の絶対リスクを決定する（まず選択し，次に治療する）.

最小化 [minimization]　無作為化（randomization）と密接な関係がある．無作為化により，被験者数が最も少ない治療法を選び，この治療法を次の患者に 0.5 以上の確率で割り当てる.

最尤法 [maximum likelihood]　固定されたデータ集合と基礎となる統計モデルに対して，最尤法は尤度関数を最大化するモデルパラメータの値の集合を選択する．直観的には，これは選択されたモデルと観測データとの"一致"を最大化するものであり，離散確率変数の場合は，結果として得られる分布の下での観測データの確率を実際に最大化するものである.

残 差 [residual]　観測値と関数で予測される推定値の差.

サンプル [sample]　母集団からの一つまたは複数の観測値.

自己相関 [auto-correlation]　シグナルとそれ自身のシフトされたコピーとの相関．シグナルの隠れたパターンを見つけるために使用される.

事後分析 [post-hoc analysis]　事前に特定されなかったパターンについてデータを分析すること．たとえば，ANOVA によって，検定されたグループの少なくとも一つが同じ母集団から得られていないことが立証された後，事後分析は，どのグループが互いに異なるかを調査することができる.

実験的研究 [experimental study]　被験者の選択および研究の条件が研究者の管理下にある研究.

四分位 [quartile]　データの 25%/50%/75% 以上の値（第1四分位数/第2四分位数/第3四分位数）．第2四分位値は中央値に相当する.

自由度 [degrees of freedom]　統計量の最終計算において，自由に変化する値の数である.

主要アウトカム指標 [primary outcome measure]　研究において最も重要な結果指

標.

症例対照研究［case control study］　　観察研究の一種で，結果が異なる二つのグループを特定し，想定される何らかの因果関係に基づいて比較するもの.（最初に治療し，次に選択する.）

処　理［treatment］　　因子（factor）と同じ.

信頼区間［confidence interval］　　パラメータの場合：母集団パラメータの区間推定値で，定義されたパーセント確率（たとえば，95%-CI）でパラメータの真の値が含まれる．データの場合：データの 95% を含む区間推定値.

数値データ［numerical data］　　（連続または離散）数値で表現できるデータ.

スケール［scale］　　確率分布の分散を制御するパラメータ.

正規表現［regular expression］　　検索パターンを定義する文字の並びで，おもに文字列のパターンマッチングに使用される．Unix のほか, *Python, Perl, Java, C++* など多くのプログラミング言語で利用できる.

線形回帰［linear regression］　　線形予測関数を用いたスカラー変数（従属変数）のモデル化．未知のモデルパラメータは，データから推定される.

単回帰：$y = k * x + d$

重回帰：$y = k_1 * x_1 + k_2 * x_2 + \cdots + k_n * x_n + d$

尖　度［kurtosis］　　正規分布に対する分布のピーク度を表す尺度．正規分布のデータでは約 3 である．3 からの偏差は過剰尖度（excess kurtosis）とよばれる.

相　関［correlation］　　二つ以上の確率変数が独立性から逸脱すること.

タイプ I エラー［type I error］　　帰無仮説が真であるにもかかわらず，それを棄却すると生じるエラー．タイプ I エラーの確率は仮説検定の有意水準であり，一般に α で示される.

タイプ II エラー［type II error］　　対立仮説が真であるにもかかわらず，対立仮説を棄却する（帰無仮説を棄却できない）場合に起こるエラー．したがってそれは対立仮説に依存する．タイプ II エラーの確率は一般に β で示される.

中央値［median value］　　データサンプルの上位半分と下位半分を分ける値.

特異性［specificity］　　陰性であると正しく識別された実際の陰性者の割合（たとえば，病気ではないと正しく識別された健康な人の割合）.

バイアス［bias］　　対応する母集団の統計量からの標本の統計量の系統的な偏差．多くの場合，対象の選択ミスによって起こる.

場　所［location］　　確率分布の平均を移動させるパラメータ.

パーセンタイル［percentile］　　百分位（centile）ともよばれる．$0 < p < 1$ の場合，データの $p * 100$% 以上の値.

パッケージ［package］　　一つ以上の Python モジュールと ".ini" ファイルを含むフォルダ.

非対照検定［unpaired test］　　2組の独立したデータで行うテスト.

百分位［centiles］　　パーセンタイル（percentile）ともよばれる. $\alpha\%$百分位は, 標本/母集団の $\alpha\%$ より大きい統計量の値である. たとえば, 中央値は 50% パーセンタイルである.

標準誤差［standard error］　　平均の標準誤差の略. 統計量の分散の平方根.

標準偏差［standard deviation］　　分散の平方根.

ブロッキング［blocking］　　無作為化できない変数を固定することによって, 変動幅を小さくすること.

分位数［quantile］　　$0 < p <= 1$ の場合, データの $p*100\%$ 以上の値.

分　散［variance］　　一組の数値がどの程度広がっているかを表す尺度. 数学的には, 平均からの偏差の二乗の期待値である: $Var(X) = E[(X-\mu)^2]$. 標本の分散は, 母集団分散の推定値を与えるが, それは $\frac{n-1}{n}$ の係数で偏っている. したがって, 母集団分散の最良の不偏推定値は, $s^2 = \frac{1}{n-1}\sum_{i=1}^{n}(y_i - \bar{y})^2$ で与えられ, これは（不偏）標本分散とよばれる.

分散分析［analysis of variance］　　ANOVA ともいう. グループ内の変動とグループ間の変動の比較. 三つ以上のグループの測定値を比較するときに使用される.

分　布［distribution］　　無作為実験の可能な結果の測定可能な部分集合に確率を割り当てる関数.

ペアテスト［paired test］　　二つのデータ集合の値の間に次のような1対1の関係がある場合, 二つのデータ集合が対になる.（1）各データ集合には同じ数のデータ点がある.（2）一方のデータ集合の各データ点は, もう一方のデータ集合の一つのデータ点に関連している.

ベイズの定理［Bayes' Theorem］　　ある事象の確率を, その事象に関連する可能性のある条件についての事前知識に基づいて記述すること. たとえば, 健康上の問題を発生するリスクが年齢とともに増加することが知られている場合, ベイズの定理により, 年齢がわかっている個人のリスクを, その個人が集団全体の典型であると単純に仮定するよりも（年齢を条件とすることにより）より正確に評価することができる. ベイズの確率論的解釈では, この定理は, 確率として表現される確信の程度が, 関連する証拠の入手可能性を考慮して, どのように合理的に変化するかを表現している. ベイズ推論はベイズ統計学の基本である.

変　数［variable］　　量のプレースホルダとして機能する記号. たとえば, 変数 *weight* は被験者の体重を表す. 変量（variate）の意味と比較せよ.

変　量［variate］　　変数の特定の表現. たとえば, 変量[65.3, 73.2]は変数 *weight* の特定のインスタンスである.

母集団［population］　　データ集合のすべての要素を含む.

ボックスプロット［box-plot］　　データの分布を視覚化に表す一般的な方法で，ボックスとそのボックス内の線，上下のひげで表される．ボックスは第1四分位数と第3四分位数を示し，線はデータサンプルの中央値を示す．ひげは，データの範囲，または 1.5 ＊ 四分位範囲内の最も極端な値のいずれかを示す．

前向き研究［prospective study］　　研究期間中の疾病の発症などの結果を観察し，その結果を危険因子や防御因子などの他の因子と関連づける．

マルコフ連鎖［Markov Chain］　　各状態の確率が前の状態にのみ依存する過程の確率モデル．

密　度［density］　　確率変数が特定の値をとる相対的な尤度を表す連続関数．例：カーネル密度推定（KDE），確率密度関数（PDF）．

無作為化［randomization］　　均質な被験者群を対照群（control group，治療を受けない群）と治療群（treatment group）に分けることで，研究結果から偏りを排除する方法．

モジュール［module］　　Python の変数と関数の定義を含むファイル．

モード値［mode value］　　離散的確率分布または連続的確率分布における最高値．

モンテカルロシミュレーション［Monte Carlo Simulation］　　確率変数の繰返しサンプリングに基づく，あるパラメータの挙動の繰返しシミュレーション．

有意水準［significance level］　　帰無仮説が真であると仮定した場合，α は帰無仮説を棄却する確率である．有意差については，通常 $\alpha = 5\%$ の有意水準が使用される．

ランクデータ［ranked data］　　番号付きデータ．番号はデータのランク，すなわちソートされたデータの並びの番号に対応し，連続値には対応しない．

累積分布関数［cumulative distribution function］　　指定された値より小さい値をもつ確率変数を見つける確率．

ロジスティック回帰［logistic regression］　　ロジット回帰（logit regression）ともいう．1回の試行で可能な結果を記述する確率は，ロジスティック関数 $f(x) = \dfrac{L}{1 + e^{-k(x-x_0)}}$ を用いて，説明変数（予測変数）の関数としてモデルされる．

歪　度［skewness］　　分布の非対称性の尺度．

参 考 文 献

Altman, D. G. (1999). *Practical statistics for medical research*. London: Chapman & Hall/ CRC.

Andrade, C. (2015). The primary outcome measure and its importance in clinical trials. *76*, e1320– e1323.

Bishop, C. (2007). *Pattern recognition and machine learning*. Berlin: Springer.

Box, J. F. (1978). *R. A. Fisher: The life of a scientist*. New York: Wiley.

Button, K. S., Ioannidis, J. P. A., Mokrysz, C., Nosek, B. A., Flint, J., Robinson, E. S. J., & Munafò, M. R. (2013). Power failure: Why small sample size undermines the reliability of neuroscience. *14*, 365–376.

Chatfield, C., & Xing, H. (2019). *The analysis of time series* (7th ed.). London: Chapman and Hall/CRC.

Chow, S-C., Shao, J., & Wang, H. (2008). *Sample size calculations in clinical research* (2nd ed.). Boca Raton: Chapman & Hall/CRC.

Dobson, A., & Barnett, A. (2018). *An introduction to generalized linear models* (4th ed.). Boca Raton: CRC Press.

Duda, R. O., Hart, P. E., & Stork, D. G. (2004). *Pattern classification* (2nd ed.). New York: Wiley Interscience.

Ghasemi, A., & Zahediasl, S. (2012). Normality tests for statistical analysis: A guide for non statisticians. *International Journal of Endocrinology and Metabolism, 10*(2), 486– 489.

Haslwanter, T. (2021). *Hands-on signal analysis with python*. Berlin: Springer International Pub lishing.

Holm, S. (1979). A simple sequentially rejective multiple test procedure. *Scandinavian Journal of Statistics, 6*, 65–70.

Hyndman, R. J., & Athanasopoulos, G. (2018). *Forecasting: Principles and practice* (3rd ed.). OTexts.

Ioannidis, J. P. A. (2005). Why most published research findings are false. *2*, e124.

Kaplan, D. (2009). *Statistical modeling: A fresh approach*. Saint Paul: Macalester College.

Kaplan, R. M., & Irvin, V. L. (2015). Likelihood of null effects of large nhlbi clinical trials has increased over time. *PLoS One, 10*(8), e0132382.

Klamroth-Marganska, V., Blanco, J., Campen, K., Curt, A., Dietz, V., Ettlin, T., et al.

(2014). Three dimensional, task-specific robot therapy of the arm after stroke: A multicentre, parallel-group randomised trial. *The Lancet Neurology, 13*(2), 159–166.

McCullagh, P. (1980). Regression models for ordinal data. *Journal of the Royal Statistical Society. Series B (Methodological), 42*(2), 109–142.

McCullagh, P., & Nelder, J. (1989). *Generalized linear models* (2nd ed.). Berlin: Springer.

McGraw, K. O., & Wong, S. P. (2022). A common language effect size statistic. *111*(2), 361–365.

Montgomery, D. C. (2019). *Introduction to statistical quality control* (8th ed.). New York: Wiley.

Nuzzo, R. (2014). Scientific method: Statistical errors. *Nature, 506*(7487), 150–152.

OSC, O. S. C. (2015). Psychology. Estimating the reproducibility of psychological science. *Science*, 349(6251):aac4716.

Pilon, C. D. (2015). Probabilistic programming and bayesian methods for hackers.

Riffenburgh, R. (2012). *Statistics in medicine* (3rd ed.). Cambridge: Academic.

Rosenbaum, P. R., & Rubin, D. B. (1983). The central role of the propensity score in observational studies for causal effects. *Biometrika, 70*(1), 41–55.

Scopatz, A., & Huff, K. D. (2015). *Effective computation in physics*. Sebastopol: O'Reilly Media Inc.

Sellke, T., Bayarri, M. J., & Berger, J. O. (2001). Calibration of p values for testing precise null hypotheses. *The American Statistician, 55*, 62–71.

Shumway, R. H., & Stoffer, D. S. (2017). *Time series analysis and its applications*. Berlin: Springer.

Smith, III, J. O. (2007). *Mathematics of the Discrete Fourier Transform (DFT): With audio appli cations*. W3K Publishing.

Ulm, K. (1990). A simple method to calculate the confidence interval of a standardized mortality ratio (smr). *131*, 373–375.

Wilkinson, G., & Rogers, C. (1973). Symbolic description of factorial models for analysis of vari ance. *Applied Statistics, 22*, 392–399.

寺
小　寺　正　明

1977 年　滋賀県に生まれる
2004 年　京都大学大学院理学研究科博士課程　修了
現　株式会社 Preferred Networks リサーチャー，
　　東京科学大学 医療・創薬イノベーション
　　　　　　　　　　　　　　　　　　　　教育開発機構 客員教授

専門　生命情報学
博士(理学)

第 1 版 第 1 刷　2025 年 1 月 20 日 発行

Python で学ぶ統計学入門
（原著第 2 版）

© 2 0 2 5

訳　　者　　小　寺　正　　明
　　　　　　石　田　勝　彦

発　行　者

発　　行　株式会社 東京化学同人
東京都文京区千石 3-36-7（〒112-0011）
電話 03-3946-5311・FAX 03-3946-5317
URL : https://www.tkd-pbl.com/

印刷・製本　美研プリンティング株式会社

ISBN978-4-8079-2072-3
Printed in Japan

無断転載および複製物（コピー，電子データ
など）の無断配布，配信を禁じます．

Rで基礎から学ぶ 統計学

J. Schmuller 著／笠田 実 訳

B5 判　352 ページ　定価 4180 円（本体 3800 円＋税）

ゼロからRと統計学を一体で学べる，初めて統計を学ぶ人向けの教科書．特に大学，大学院などで統計を学び始めた方に有益．"統計だけ"，"Rだけ"ではなく，二つをしっかり結びつけたテキストで，どの章からでも読み始めることができる．

Rで学ぶ 統計学入門

嶋田正和・阿部真人 著

A5 判　296 ページ　定価 2970 円（本体 2700 円＋税）

正しい統計・データ分析の基礎を体系的に学べる教科書．近年広く使われるようになった無料の標準統計ソフト"R"を用いた実践的なデータ分析をわかりやすく解説．初級〜上級の難易度を目次に★印で示した．

2025 年 1 月現在（定価は 10 ％税込）

実験データ分析入門
― 統計の基礎と実践的な使い方 ―

G. Currell 著／小澤岳昌 訳

A5 判　416 ページ　定価 4950 円（本体 4500 円＋税）

統計学の知識を科学研究における実験データ分析にどのように活用するか，多用な事例を用いて実践的に実験データ解析を学べる教科書．初めて実験データ分析をする前の下地づくりに好適．

- -

主要目次　I.統計を理解する（統計的な概念／回帰分析／仮説検定／データの比較）　II.実験データの分析（研究プロジェクトのデータ分析／単一応答変数／関連した変数／頻度データ／多変数）

2025年1月現在（定価は 10 ％税込）

Python を完全習得したい人 必携の本

ダイテル
Python プログラミング
基礎からデータ分析・機械学習まで

P. Deitel・H. Deitel 著

史　蕭逸・米岡大輔・本田志温 訳

B5 判　576 ページ　定価 5280 円（本体 4800 円＋税）

- -

世界的に評価の高いダイテルシリーズの
Python 教科書の日本語版

記述はシンプルで明快！　独習にも最適な一冊！

多くの分野から集められた豊富な例が含まれ，実世界のデータセットを使ってPythonプログラミングを本格的に学べる．全16章から構成され，1〜5章でPythonプログラミングに必要な基礎を学んだのち，6〜9章でPythonのデータ構造，文字列，ファイルについて学ぶ．10章ではより高度なトピックを扱い，11〜16章で AI，クラウド，ビッグデータでの事例を紹介する．

2025 年 1 月現在（定価は 10 % 税込）

13歳からの
Python 入門
新時代のヒーロー養成塾

J. R. Payne 著

竹内 薫 監訳／柳田拓人 訳

B5 判　260 ページ　定価 2420 円（本体 2200 円＋税）

Python でのプログラミングに興味のある
ビギナー対象の入門書

◆ Python でのプログラミングを学びたい，
◆ 初心者としてプログラミング自体を学びたい，
◆ スキルとして Python を身につけたい，という方に有用！

クリエイティブなプログラマーこそが社会で活躍するヒーローになる時代．教養として必須の Python の基本文法からゲーム制作までを初心者が楽しく独習できる．教育・研修用のテキストとしてもお薦め．

2025 年 1 月現在（定価は 10 ％税込）

Python で学ぶ
プログラミング入門

Bradley N. Miller ほか著／大窪貴洋 訳

B5 判　2 色刷　304 ページ　定価 3850 円 (本体 3500 円＋税)

学部を問わず Python でプログラミングの基礎を学べる教科書. 最初に関数やライブラリの概念を学ぶユニークな構成で, 全体を俯瞰しつつ効率的に学習できる.

Python, R で学ぶ
データサイエンス

C. D. Larose・D. T. Larose 著／阿部真人・西村晃治 訳

A5 判　264 ページ　定価 2640 円 (本体 2400 円＋税)

データサイエンスを実践的に学べる教科書・実用書. 実社会における分析課題を解決する技量を養う.

ミュラー Python で実践する
データサイエンス 第 2 版

J. P. Mueller・L. Massaron 著／佐藤能臣 訳

B5 判　368 ページ　定価 4400 円 (本体 4000 円＋税)

課題設定からデータ収集・整形, 機械学習による分析, 可視化まで. コードを実行しながら一通り学べる入門書. 最初のステップに最適.

2025 年 1 月現在 (定価は 10 % 税込)